江苏省高等学校重点教材（编号：2021-2-077）

航空航天领域智能制造丛书

飞机装配技术

田　威　齐振超　王　珉　主编

科学出版社

北　京

内容简介

本书系统介绍飞机装配技术的科学理论和工程方法，主要包括机体结构及装配要求、装配工艺设计、数字化装配技术、连接技术与装备、装配工艺装备、数字化测量技术、飞机总装配等内容。一方面，结合国内外最新研究进展，以了解技术的本质为出发点，对飞机装配技术进行系统梳理；另一方面，以学生的思维发展为中心，强化哲学思辨，潜移默化航空报国意识，立足应用，回归基础，帮助读者更好地理解飞机装配的理论体系和技术体系。

本书内容丰富，是一本全面、系统的飞机装配技术教材，可供高等院校飞行器制造工程及相关专业的本科生和硕士研究生使用。

图书在版编目（CIP）数据

飞机装配技术/田威，齐振超，王珉主编. —北京：科学出版社，2023.1
（航空航天领域智能制造丛书）
江苏省高等学校重点教材
ISBN 978-7-03-074368-8

Ⅰ. ①飞…　Ⅱ. ①田…　②齐…　③王…　Ⅲ. ①飞机–装配（机械）–工艺学–高等学校–教材　Ⅳ. ①V262.4

中国版本图书馆 CIP 数据核字（2022）第 248268 号

责任编辑：李涪汁　李　策　曾佳佳 / 责任校对：任苗苗
责任印制：吴兆东 / 封面设计：许　瑞

科学出版社出版
北京东黄城根北街 16 号
邮政编码：100717
http://www.sciencep.com

北京凌奇印刷有限责任公司印刷
科学出版社发行　各地新华书店经销

*

2023 年 1 月第　一　版　开本：787×1092　1/16
2025 年 1 月第四次印刷　印张：15 1/2
字数：380 000

定价：89.00 元

（如有印装质量问题，我社负责调换）

航空航天领域智能制造丛书
编委会

丛书序

当今世界百年未有之大变局加速演进，国际环境错综复杂，全球产业链与供应链面临系统重塑。制造业是实体经济的重要基础，我国正在坚定不移地建设制造强国。2020 年 6 月，习近平总书记主持召开中央全面深化改革委员会第十四次会议，会议强调加快推进新一代信息技术和制造业融合发展，要顺应新一轮科技革命和产业变革趋势，以供给侧结构性改革为主线，以智能制造为主攻方向，加快工业互联网创新发展，加快制造业生产方式和企业形态根本性变革，夯实融合发展的基础支撑，健全法律法规，提升制造业数字化、网络化、智能化发展水平。

智能制造是实现我国制造业由大变强的核心技术和主线，发展高质量制造更需要优先推进制造业数字化、网络化、智能化制造。智能制造就是将数字化设计、制造工艺、数字化装备等制造技术、软件、管理技术、智能及信息技术等集成创新与融合发展。智能产品与智能装备具有信息感知、优化决策、执行控制等功能，能更高效、优质、清洁、安全地制造产品、服务用户。数字制造、智能制造、工业互联网变革制造业发展模式，代表制造业的未来。变革制造模式，推动生产资料与生产工具协同，实现网络化制造；变革管理模式，推动异地管理与远程服务融合，实现数字化管理；变革生产方式，推动数字世界与机器世界融合，实现智能化生产。通过发展智能制造，人、机、物全面互联互通，数据驱动，高度智能，从订单管理到设计、生产、销售、原辅材料采购与服务，可实现产品全流程、全生命周期的数字化、智能化、网络化。不仅可以用数字化智能化技术与装备促进传统制造业转型升级，而且可以用数字化智能化技术促进产业基础高级化、产业链现代化。涌现出离散型智能制造、流程型智能制造、网络协同制造、大规模个性化定制、远程运维服务等制造业新模式新业态。更好适应差异化更大的定制化服务、更小的生产批量和不可预知的供应链变更，应对制造复杂系统的不确定性，实现数据驱动从规模化生产到定制化生产，推动更高质量、更高效率、更高价值的制造。

要发展智能制造，就需要加大智能制造相关理论方法、工艺技术与系统装备创新研发，就需要加快培养智能制造领域高水平人才。智能制造工程技术人员主要来自于机械、计算机、仪器仪表、电子信息、自动化等专业领域从业人员，未来需要大量从事智能制造的专门人才。航空航天是关系国家安全和战略发展的高技术产业，是知识密集型、技术密集型、综合性强、多学科集成的产业，也是引领国家技术创新的主战场。与一般机械制造相比，航空航天装备服役环境特殊，产品结构和工艺过程复杂，配套零件种类、数量众多，生产制造过程协同关系繁杂，同时质量控制严格和可靠性要求高，普遍具有多品种变批量特点，这些都为航空航天实现智能制造带来了诸多挑战。为更好实现航空航天领域的数字化智能化发展，推动我国航空航天领域智能制造理论体系建设和人才培养，我们以南京航空航天大学在航空航天制造领域的数字化智能化科研创新成果及特色优势为基础，依托工业和信息化部“十四五”规划航空航天领域智能制造教材建设重点研究基地，从智能制造基本内涵和基本范式出发，面向航空航天领域的重大工程需求，规划编纂了航空航天领域智能制造系列教材，包括智能设计、智能成形、智能加工、智能装配、智能检测、智能系统、应用实践等。这套丛书汇聚了长期活跃在航空航天领域教学科研一线的专家学者，在翔实的研究实践基础上凝练出切实可行的理论方法、典型案例，具有较强的原创性、学术前瞻性与工程实践性。本套丛书主要面向航空航天领域智能制造相关专业的本科生和研究生，亦可作为从事智能制造领域的工程技术人员的参考书目。由衷希望广大读者多提宝贵意见和建议，以便不断完善丛书内容。

航空航天智能制造发展对高水平创新人才提出新需求，衷心希望这套丛书能够更好地赋能教育教学、科研创新和工程实践，更好地赋能高水平人才培养和高水平科技自立自强。让我们携起手来，努力为科技强国、人才强国、制造强国、网络强国建设贡献更多的智慧和力量。

最后，谨向为这套丛书的出版给予关心支持、指导帮助与付出辛勤劳动的各位领导、专家学者表示衷心的感谢。

单忠德

中国工程院院士

2022 年 6 月

前　　言

由于飞机产品的特点，飞机与一般机械产品相比，虽然其具有一般机械产品的共性，但其研制过程有着鲜明的区别。体现最明显的一点就是，装配成为飞机制造中最为重要的环节。飞机装配技术作为航空制造业的关键和核心，已成为提升航空整体研制水平和核心竞争力的重要手段。

飞机装配技术难度大、涉及面广，既有鲜明的工程问题导向，又蕴含着跨学科的基础科学问题。因此，在学习本书前，需要有相关课程基础，包括“概率论与数理统计”“互换性与测量技术”“计算机辅助几何造型”“金属塑性成形原理”“机械加工工艺”等。如果没有修读相关课程，可以在学习相关章节后找到相关书籍针对性地补课。

本书在广泛查阅资料的基础上，从相关手册、专著、论文中借鉴了经典的观点和描述，融合了飞机装配团队的科研成果，借鉴了航空工业一线技术人员的工程经验。在此特别感谢各位前辈和专家，为本书提供了大量的珍贵资料。

本书有鲜明的特色。一方面，结合国内外最新研究进展，以了解技术的本质为出发点，对飞机装配技术进行系统梳理；另一方面，作为一本教材，本书尝试依据学习活动的基本规律，关注学生思维发展，对关键技术做出辨析和引导，争取让学生愿意看、容易学、理解深。本书的特色概况如下：

(1) 强化哲学思辨能力。从历史的角度，用宏观与微观相结合的方式看待技术的变迁，使学生明白技术发展的来龙去脉，从哲学角度认识技术的发展规律，从而培养对未来技术预判的欲望和能力。

(2) 潜移默化航空报国意识。通过阐述航空工业的重要性、难度、与国外的差距、取得的成就，激发学生的学习热情和技术创新意愿。

(3) 立足应用，强化工程认知。以我国明星型号 Y20、C919 等为例，更加生动形象，增加说服力，大量使用方便理解、更加真实的实物图和三维模型图。

(4) 回归基础，深化科学本质。挖掘工程问题中的基础科学知识，剖析工程问题的内在数学、力学逻辑，引导学生与前置专业基础课程相结合，增强其知识体系的连贯性。

本书的编写得到了陈文亮、安鲁陵等的大力支持，各方面专家给出了建设性指导意见，在此表示衷心的感谢！

本团队致力于飞机装配教学资源的建设和共享，本课程包含 PPT、大规模开放网络课程(massive open on-line course，MOOC)视频、教学设计案例、虚拟仿真试验等教学资源，都是无偿共享的，有需要的朋友欢迎联系我们(邮箱：qizhenchao2007@foxmail.com)，也欢迎加入我们，与我们一起探讨教学资源共建共享之路。

限于知识和专业水平，书中难免有不足之处，欢迎大家批评指正。

作　者

2022 年 8 月于南京

目　　录

第1章　绪　　论

飞机是指具有一具或多具发动机的动力装置产生前进的推力或拉力，由机身的固定机翼产生升力，在大气层内飞行的重于空气的航空器。飞机自20世纪初问世，开启了人类征服蓝天的历史，深刻地改变和影响了人们的生活，目前已经成为服务人类生活的必需品和捍卫国家安全的重要武器装备。

飞机集各类高精尖技术于一体，被誉为"现代工业之花"。以飞机为主要产品的航空工业，作为带动国民经济相关的支柱产业，带动了其他高新技术特别是高新制造技术的飞速发展。因此，飞机制造已经成为一个国家制造业的核心和衡量一个国家是否为"制造强国"的重要标志以及国家竞争力的制高点。

由于飞机产品的特点，飞机与一般机械产品相比，虽然其具有一般机械产品的共性，但其研制过程有着鲜明的区别。体现最明显的一点就是，装配成为飞机制造中最为重要的环节。飞机装配技术难度大、涉及面广，既有鲜明的工程问题导向，又蕴含着跨学科的基础科学问题，值得作为一门学问重点讨论。

本章主要介绍飞机装配的内涵和特点，使读者对飞机装配的主要内容有系统的了解，同时对飞机装配技术的发展历程有初步的认知。

1.1　飞机装配的内涵

本节先阐述广义制造业内装配的内涵以及装配技术的发展历程。

装配是所有产品制造过程中的一个重要环节，直接影响产品性能和可靠性。据统计，在现代制造中，装配工作量占整个产品研制工作量的20%～70%，装配时间占整个产品制造时间的30%～40%。

装配技术是随着产品质量的要求不断提高和生产批量不断增大而发展起来的。机械制造业发展初期，加工和装配没有分开，相互配合的零件都实行"配作"，装配多用锉、磨、修刮、锤击和拧紧螺钉等操作，使零件配合和连接起来。如果某零件不能与其他零件配合，就必须先在已加工的零件中寻找适合的零件或者对其进行再加工，然后进行装配，因此生产效率很低。

18世纪末期，随着产品批量增大，加工质量提高，互换性生产提上日程。1789年，美国惠特尼公司制造了1万支具有可以互换零件的滑膛枪，依靠专门工具使不熟练的工人也能从事装配工作，工时大为缩短，从一年生产500支跨越到近1万支。可互换零件概念并不是惠特尼提出的，考古发现，秦国弓弩的悬刀弩牙(扳机和钩弦)已经实现了批量生产和可交换。1760年，法国"炮兵之父"格里博瓦尔提出了火炮标准化和零件可交换。惠特尼的贡献为推广了可交换零件概念，使可交换零件和大批量生产的概念深入人心，启发了后来的美国枪械制造业。

最早的公差制度出现在 1902 年英国 Newall 公司制定的尺寸公差“极限表”，1906 年英国出现了公差国家标准。公差和互换性的出现使得零件的加工及装配可以分开，并且这两项工作可以在不同的工厂或不同的地点进行。19 世纪初至中叶，互换性装配逐步推广到武器、纺织机械和汽车等产品，互换性所带来的装配技术的一个重大进步是美国福特汽车公司提出的“装配线”。20 世纪初，美国福特汽车公司首先建立了采用运输带的移动式汽车装配线，将不同地点生产的零件以物流供给的方式集中在一个地方，在生产线上进行最终产品的装配，同时将工序细分，在各工序上实行专业化装配操作，使装配周期缩短了约 90%，大幅降低了生产成本。

互换性生产和移动式装配线的出现及发展，为在大批量生产中采用自动化装配开辟了道路。国外在 20 世纪 50 年代开始发展自动化装配技术，在 60 年代发展自动装配机和自动装配线，在 70 年代机器人开始应用于产品装配。

长期以来，机械加工与装配技术的发展并不平衡。一方面，装配工艺装备(工装)与机械加工用的机床等工艺装备不同，它是一种特殊的机械，通常是为特定的产品装配而设计和制造的，因此具有较高的开发成本和较长的开发周期，在使用中柔性也较差，导致装配工艺类装备的发展滞后于机械加工工艺类装备；另一方面，装配具有系统集成和复杂性特征，产品装配性能是指受装配环节影响的部分产品性能，通常装配不仅要保证产品的几何装配性能，还要保证产品的物理装配性能，装配问题的复杂性导致与机械加工工艺类装备相比，装配工艺类装备基础研究进展方面也相对滞后。

通常，产品的性能是由设计、加工与装配等环节共同保证的，其中装配对产品性能有很大的影响。在工程中，相同的零部件，若装配工艺不同，则装配后的产品性能可能存在很大的差异。装配质量较差时，即使有高质量的零件，也可能出现不合格的产品。同时，装配过程不仅要考虑如何保障产品的初始装配性能，也要考虑如何在产品服役过程中保持产品的装配性能。

随着卫星、火箭、飞机、高端数控机床等产品向着复杂化、轻量化、精密化和光机电一体化等方向发展，服役环境越来越恶劣化和极限化，装配精度要求越来越高，装调难度越来越大，产品装配性能保障也越来越困难。麻省理工学院(Massachusetts Institute of Technology, MIT)的 Charles 指出“装配是最关键的环节”。《机械工程学科发展战略报告(2011～2020)》指出，“随着现代机械系统结构的大型化和复杂化以及服役环境的恶劣化趋势越来越显著，人们对整机工作性能的可靠性和可持续性要求也愈加严格。而超精密加工等技术的发展使得零部件设计与加工精度的一致性得到显著提高，因此，产品整机装配性能的保障正在由最初的设计加工环节逐渐向装配环节转移，相关研究得到了世界各国的广泛关注。”

将目光从历史长河的细节提升到全貌不难发现，整个装配技术的发展始终围绕着一个主要矛盾，即相对落后的装配技术和产品不断提高的性能要求之间的矛盾。技术在需求和生产力发展的刺激下不断更新，现在使用的技术绝对不是理所当然从开始就有的，也不会一直用下去。在新一代超精密复杂产品的需求刺激下，装配理论和技术能否发生类似 18 世纪末革命性的突破，是一个非常有趣的话题。而正在读本书的你，能否在这个重要的历史阶段激起一朵浪花，也是一件非常值得期待的事情。

1.1.1 飞机研制的一般流程

飞机的研制，从需求的提出到投入使用，需要经历很长的时间，是一项非常复杂的系统工程。简单而言，可以将飞机的研制流程分为下述五个阶段，如图 1-1 所示。

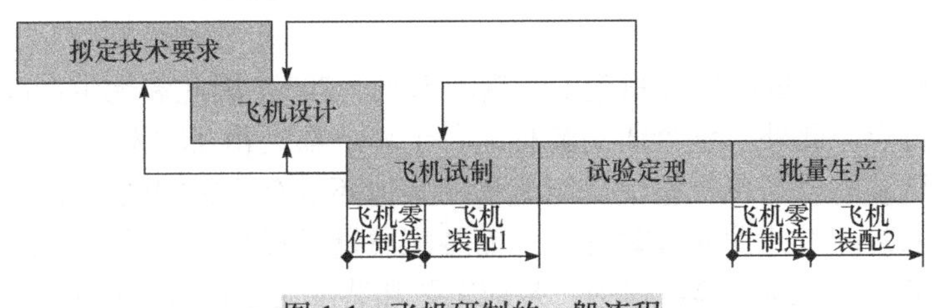

图 1-1 飞机研制的一般流程

1. 拟定技术要求

新型飞机的战术技术要求和使用技术要求通常可由飞机设计单位和订货单位协商后共同拟定。技术要求用于确定飞机的主要性能指标、主要使用条件和机载设备等。设计单位必须保证新型飞机能够达到这些技术要求，订货单位则根据这些技术要求验收新型飞机。因此，飞机的技术要求是飞机设计的基本依据。

2. 飞机设计

设计单位根据拟定好的飞机技术要求进行飞机设计。飞机设计一般分为两大部分，即总体设计和结构设计。总体设计的任务是确定飞机的主要参数、基本外形与部位安排，这个过程必须通过仔细地分析、计算和试验，以保证所确定的总体设计能够满足飞机的技术要求。在总体设计的基础上进行飞机各部件的结构设计，对全机结构进行强度计算，完成零构件的详细设计和细节设计，完成结构的全部零构件图纸和部件、组件安装图。

3. 飞机试制

飞机制造厂根据飞机设计单位提供的设计图纸和技术资料进行试制，该过程包括飞机零件制造和飞机装配。在飞机零件制造和飞机装配完成后，装上全部设备、系统和发动机，由飞机制造厂首批(一般称为“0”批，生产 2～4 架)试制出来的新飞机即可投入全机强度、疲劳和损伤容限的验证试验和试飞。

4. 试验定型

试验定型的任务是检验新型飞机的实际性能是否满足设计要求。与飞机设计阶段的局部性能试验不同，这一阶段的试验是整体性的全部件试验和全机试验。试验样机的试验分为地面试验和试飞(空中试验)两大部分，新型飞机只有在地面试验完全合格后，才能进行试飞。地面试验的主要内容包括静力试验、动力试验、环境试验、发动机试车等；试飞主要分为工厂试飞、国家试飞、小批试飞三个阶段。若在试飞过程中发现缺点或问题，则必须更改设计或改进制造方法。将试飞中所有的问题都排除完毕后，相应的设计图纸即可确定，此过程称为设计定型。

新型飞机在经过设计定型之后，经国家有关机构批准决定进入批量生产，生产单位应尽早进行生产准备工作，包括绘制模线、制造样板、编制工艺规程、研制工艺装备、拟定生产检验大纲等。在生产准备工作圆满结束之后，即可进入试生产阶段，经过小批量生产过程的考验，对工艺规程和工艺装备等进行必要的修改和调整；再经过小批量生产过程的进一步考验，直至取得满意的结果，即可进行工艺定型。

5. 批量生产

工艺定型经过技术鉴定小组的审查和有关机构批准之后，即可正式开始批量生产。批量生产可以分为飞机零件制造和飞机装配两部分。值得一提的是，批量生产阶段的飞机装配与飞机试制阶段的飞机装配具有完全不同的技术特点，二者在成本控制、技术成熟度、产品一致性等方面都有不同的要求。

飞机制造中装配工作量占直接制造工作量的50%～70%，因此装配生产成为重点，也成为飞机制造的主要特点。此外，整个研制流程的各个环节都是相互联系的，具有支撑、反馈、制约等关系，飞机装配也与飞机整个研制流程的其他环节有着紧密的联系，即飞机的结构设计必须考虑飞机的装配工艺才能有效开展，而装配质量又直接决定试验过程能否取得理想的结果，甚至在飞机服役、维修等过程中，装配工艺和装配质量都有密切的联系。

通过分析飞机研制一般流程的五个阶段，可以了解飞机装配在其中的位置和作用，这对于理解飞机装配的内涵是非常有帮助的。

1.1.2 飞机装配的定义

随着人类社会的不断进步和科学技术的不断发展，飞机装配被赋予了很深的时代内涵，在不同的人类历史发展时期，飞机装配具有不同的含义，目前对飞机装配的理解有狭义和广义之分。

狭义上的飞机装配指的是将大量的飞机零件和组件按照图纸及技术要求进行定位、连接的过程。

广义上的飞机装配指的是贯穿整个飞机研制过程，主要包含装配设计、装配工艺规划、装配连接、装配检测、装配管理等一系列工作。

广义上的飞机装配不仅是连接操作，还是多学科融合的产物，其包含力学、机械、电气、控制、材料、计算机、测绘、软件、管理等学科的精髓。

飞机装配通常分为部件装配和总装配两大部分。

部件装配，简称部装，指的是从零件装配为组件，再从组件装配为前机身、后机身、左机翼、右机翼等大部件的过程。

总装配，简称总装，指的是将已制成的飞机结构部件(包括部分功能系统)进行对接，在机器上进行各种功能装置和功能系统的安装、调整、试验及检测，使飞机成为具有飞行功能和使用功能的整体。

通常飞机制造仅指飞机机体零构件制造、部件装配和整机总装等，而飞机其他部分，如航空发动机、仪表、机载设备、液压系统和附件等均由专门工厂制造，不列入飞机制造的范围。但是它们作为成品，在飞机上的安装、整个系统的连接、电缆和导管的敷设，以及各系统的功能调试都是总装的工作，是飞机制造的一个组成部分。换句话说，在部件装配阶段，飞机装配的对象仅是飞机机体；在总装配阶段，飞机装配的对象是包含系统和附件的整个飞机。

1.2 飞机装配的特点

1.2.1 飞机产品及其结构的特点

本节讨论飞机作为一个特别的机械产品相对于一般机械产品的不同之处，而这些不同之处将直接或间接决定飞机装配工艺的特点。

飞机作为一种机械产品，其与众不同之处在于飞行能力。飞行能力是飞机的代表性产品力，但在研制过程中，是飞机的“原罪”。为了保证飞行能力，需要使飞机结构重量尽可能小。在相同的性能指标下，飞机结构重量减小 1%可使飞机总重量比原来降低 3%～5%，油耗比原来减少 3%～4%。据估算，对于某型喷气式客机，减小 1kg 的结构重量就能增加 2.7 万元的收入；对于航天飞机，减重 1kg 的经济效益将近 65 万元；对于军机，减重更能带来机动性能和武器载荷的增加。因此，结构减重对飞机具有十分重要的意义，“为减轻每一克重量而奋斗”是飞机研制的重要理念。

类似于鸟类将骨骼进化为中空结构，飞机将机翼、机身等设计为中空结构，将零件设计为薄壁件，采用大量零件组合连接的方式形成中空结构，如图 1-2 所示。这些极致减重的设计理念对于保证飞机的安全性是一个巨大的挑战，在减重和安全性两个矛盾需求的夹缝中，设计人员规定了非常严格的零部件加工、装配公差，提出了非常高的精度要求。

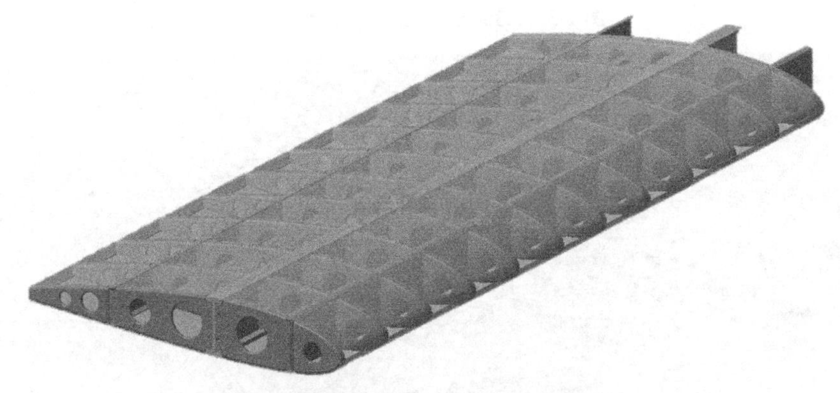

图 1-2 极致减重的飞机机翼骨架结构

飞机本身就是个复杂的庞然大物，内部系统繁多，再加上这种零件组合的结构方式，最终导致飞机零件数量令人惊叹。一辆载重汽车包括发动机在内大约有 3000 个零件，而一架飞机仅壳体上的零件就有 1 万～10 万件不等，其中还不包括几百万件的螺钉、铆钉等标准件。例如，C919 飞机总计 100 多万个零件。

减重的另一个思路是使用强度大、刚度大而重量轻的材料。早期飞机广泛采用木质材料，后来被力学性能更好的金属材料代替，如铝合金、铝锂合金、铝镁合金、钛合金等。近年来，密度小而强度大、刚度大的复合材料广泛应用于飞机中。2013 年首飞的空中客机 A350XWB 的结构选材布局如图 1-3 所示。铝锂合金、钛合金、复合材料都是非常难加工的材料，切削和装配过程中容易造成刀具磨损、材料失效、内部分层等问题。

为了保证飞行能力，需要保证飞机能够提供足够的升力。一方面，要求飞机的机身和机翼外部具有精密的气动外形，这些气动外形通常是不规则的曲面，往往不能用一个简单的数学公式表达。由于蒙皮传力，与蒙皮连接的长桁、框、梁等零件都具有复杂的外形，整体来看，飞机外形复杂的零件极多。另一方面，要求飞机气动外形有足够的面积，这导致飞机零件、部件的尺寸非常大，A380 的机翼右上壁板可达 33m，波音 747 机翼上一块整体壁板长达 34m，长度方向可以容纳四个三居室的房子，如图 1-4 所示。

钛合金	铝/铝锂合金	复合材料		
		机身	机翼	尾翼
发动机吊挂 加强件 起落架	翼肋 起落架舱 地板梁	骨架 机腹大梁 蒙皮 后机身	桁条 肋 蒙皮	平尾 垂尾

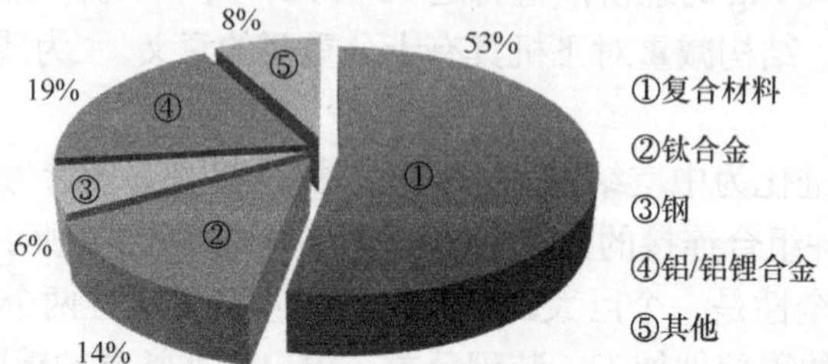

图 1-3 A350XWB 的结构选材布局

图 1-4 波音 747 机翼壁板长度和三居室房子对比

零部件厚度小、尺寸大，因此飞机零部件特别容易变形，这种情况称为工艺刚度小或弱刚性。波音 747 一块机翼壁板长 34m，蒙皮厚度为 2～5mm，长厚比为 6800～17000，A4 纸厚度为 0.1mm，长度为 297mm，长厚比为 2970，飞机蒙皮的易变形程度可以直观感受。

此外，飞机产品的批量很小，汽车等产品都是以万计数，而飞机订单过百的不多。伊尔-2 是苏联伊留申设计局的经典强击机，有资料记载的生产数量为 36163 架，它是史上量产最多的飞机。波音 747，这个服役近半个世纪，保持全世界载客量最高纪录长达 37 年的机型，目前产量为 1564 架。另外，飞机产品往往伴随着不断的改型和升级。

飞机产品及其结构的特点总结如下：

(1)精度要求高；

(2)构造复杂，零件数量大、品种多；

(3)外形复杂，骨架和蒙皮具有各种不规则的曲面；

(4)尺寸大，弱刚性，易变形；

(5)新材料比例大，难加工材料多；

(6)批量小，改型快。

1.2.2 飞机装配工艺的特点

考虑飞机产品及其结构的六大特点，在这种苛刻的约束下完成飞机装配操作，需要采取不同于一般机械产品的工艺措施。本节介绍这些工艺措施的不同之处，即飞机装配工艺的特点。

飞机装配工艺的特点包括以下几方面：

(1)采用保证互换协调的方法。仅采用一般机械制造业的公差配合制度，不能保证各零件、部件间的相互协调与互换要求，因此应采用飞机工业中特有的、保证产品互换协调的方法，即模拟量传递方法和数字量传递方法。其中，模拟量传递方法即模线样板工作法或模线样板标准样件工作法；数字量传递方法即数字化协调方法。这是飞机装配的核心基础科学问题，相关概念在第 3 章详细介绍。

(2)生产准备工作量大。零件品种数量多、外形复杂，零件的工艺刚度小，装配时需要采用大量的夹具、型架以及必要的标准工艺装备，这些工艺装备都是专用的，需要根据飞机设计图纸定制，因此飞机生产准备工作量很大，而且要求周期尽量短。工艺装备的相关内容在第 8 章详细介绍。

(3)手工劳动量大。由于飞机批量小，型号、结构改动频繁，要求生产方式具有很大的机动性，再加上很多操作空间开敞性差，均要求人工完成。目前，尽管自动化设备、柔性工装承担了不少的工作任务，但仍然需要大量的手工劳动。生产的机动性要求与机械化、自动化之间的矛盾成为需要解决的问题。

(4)具有多样性和先进性。飞机制造业集多学科的高精尖技术于一身，装配面临严格的技术要求、苛刻的约束条件，技术人员需要不断探索新技术、新材料和新工艺。诸多开创性的新技术率先在飞机产品的装配过程中研究和应用，然后推广到一般机械产品中。例如，先进复合材料的应用，目前正逐步由航空工业推广到整个制造业。

(5)具有严格的质量监控。飞行器质量的优劣直接影响产品的使用安全性。一架大型客机的安全性关系数百名乘客的生命，一个小零件的失灵可能会造成无法挽回的损失。因此，装配过程中应该完全杜绝由质量隐患造成的事故。飞机装配应具有严格的工艺规程和质量监控体系，以确保装配质量的稳定性。

(6)具有高度、广泛的生产协作。飞机机体不可能全部由飞机总装厂生产，因此需要厂际之间的广泛合作，国内、国际之间的协作不断增强。目前，民用飞机多采用“主制造商-供应商”的模式，即由一个制造商负责总体设计与统筹管理，由多个供应商参与研制生产任务的一对多的合作模式。这种模式建立了企业之间的合作关系，以分享合作产出和收益为目的，合理利用双方的优势，使得供应链整体性能最优，进而在全球化的工业环境下，供应商能够在大型客机的质量、交付、成本控制和新型号研制等方面为主制造商提供保障。例如，C919 飞机的前机身和中后机身由洪都集团装配，后机身由沈飞装配，机头由成飞装配，机翼由西飞装配，最后由上飞进行总装，如图 1-5 所示。

图 1-5　C919 大部件供应商

FACC 为菲舍尔未来先进复合材料股份公司简称；RAT 舱门为应急发电机舱门简称；APU 舱门为辅助动力装置舱门简称

1.3　飞机装配的发展历程

莱特兄弟于 1903 年 12 月 17 日研制出人类历史上第一架依靠自身动力进行载人飞行的飞机——飞行者一号，并试飞成功。随着人类历史的不断前进及科学技术的不断发展，飞机装配技术得到了蓬勃发展，根据飞机工业的发展，到目前为止，飞机装配技术发展历程大致可以分为五个阶段，如图 1-6 所示。

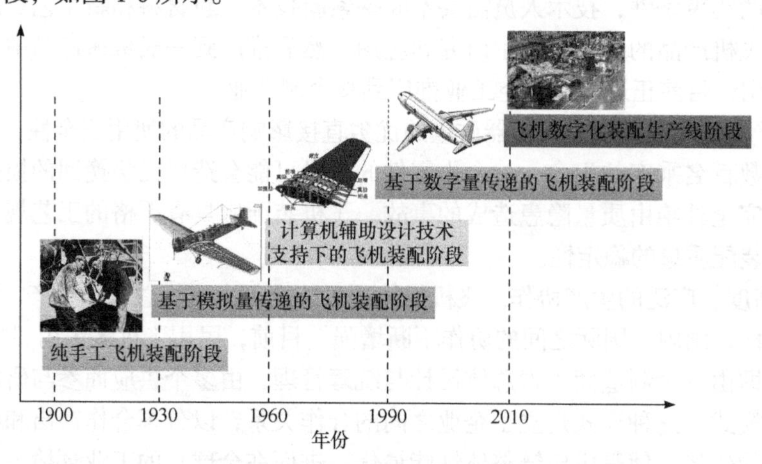

图 1-6　飞机装配技术发展历程

1) 纯手工飞机装配阶段

在飞机工业发展初期，飞机仅是实现人类"上天梦"的工具，其结构形式简单，零件较少，装配精度要求低，依靠普通的装配方法和装配技术，以及少量的装配工装即能完成装配。在此阶段，飞机的装配工作完全依靠于手工进行。

2) 基于模拟量传递的飞机装配阶段

随着战争对飞机性能的要求不断提高，飞机上的零件个数不断增加，进而对性能和精度的要求不断提高。在飞机装配的过程中，为保证装配准确度，工程师通常先制造出一架木质样机，再根据木质样机中的零件，依靠大量的装配工装完成对飞机的装配，这样制造出的飞机各零件之间可以实现很好的配合。随着科技的不断进步，木质样机逐渐被“模线”和“样板”所取代，随着飞机制造技术的不断革新，基于“模线”和“样板”等模拟量传递的飞机装配技术逐渐风靡全球，以苏联飞机厂商为代表的企业逐渐形成了一套系统的基于模拟量传递的飞机装配技术。

3) 计算机辅助设计技术支持下的飞机装配阶段

随着工业效率要求的不断提高以及计算机技术的不断发展，计算机开始逐渐应用于飞机装配工艺准备阶段。计算机辅助设计技术开始应用于飞机3D产品的设计过程中，计算机出图技术的普及极大简化了设计人员和工艺人员的工作。三维模型的逐步普及和计算机应用水平的不断发展，使得计算机辅助设计(computer aided design，CAD)、计算机辅助制造(computer aided manufacturing，CAM)、计算机辅助工艺设计(computer aided process planning，CAPP)、装配仿真、企业资源规划(enterprise resource planning，ERP)等软件逐渐应用于飞机装配过程中，极大地缩短了工艺准备周期，提升了产品制造效率。在此阶段，虽然计算机扩展到了装配过程中，但飞机装配的原理仍然是在模拟量环境下展开的，较之前而言，极大地提高了生产效率。由于较早采用计算机辅助技术，并形成了一系列的技术累积，波音、空中客车、洛克希德・马丁等公司逐渐成为世界航空业巨头。

4) 基于数字量传递的飞机装配阶段

随着现代工业技术的不断发展，大型、专用飞机的需求量越来越大，装配精度的要求越来越高。与此同时，模拟量传递技术下要求的装配工装、航空制造企业的生产成本逐年递增，基于模拟量传递的飞机装配技术已不再适应市场需求。随着自动化技术、测量技术、计算分析技术的不断发展，“模线”和“样板”等逐渐退出历史的舞台，取而代之的是基于数字量传递的飞机装配技术，即通过实施测量、自动控制、柔性工装、自动连接、数字化无型架装配等数字化手段来完成飞机的装配。在数字量传递技术的支持下，波音737、波音747、波音777、A320、A340等大型客机，以及F16、F18、F22等经典机型破茧而出，极大地推动了世界航空产业的发展。

5) 飞机数字化装配生产线阶段

航空业市场的不断竞争，使得各大主流制造厂商不断革新自己的技术，随着科学技术的不断进步，数字化装配生产线已经逐步开始在飞机装配过程中应用。全方位的数字化仿真、数字化移动、数字化连接、知识工程技术等先进技术的不断发展，使得目前的飞机装配过程中已经逐步开始应用数字化装配生产线。

目前，与欧美等地的飞机制造强国相比，我国的飞机装配技术还存在很大的差距，处于传统的飞机装配模式向数字量传递装配模式过渡阶段，严重制约了我国参与国际航空市场的竞争实力。飞机作为《国家中长期科学和技术发展规划纲要(2006—2020年)》的16项重大科技专项之一，已成为建设创新型国家、提高我国自主创新能力和增强国家核心竞争力的重要手段。飞机装配技术作为飞机制造业的关键和核心，已成为提升航空整体研制水平和核心竞争力的重要手段。

1.4 本书章节安排

由于飞机装配的技术特点，其知识体系逻辑关系比较复杂，形成适合于本科生学习的章节体系是一件困难但又非常重要的事情。

飞机装配技术的知识逻辑体系复杂性体现在以下几点：

(1)部件装配和总装配有同有异。二者有共同的支撑技术，但是也有各自的差别和特点。

(2)工艺过程和技术模块相互交叉。定位和连接是典型的工艺过程，众多技术服务于该过程，而这些技术又从科学原理上形成相对独立的模块，如测量、工艺装备等。

(3)数字化装配技术体系和传统装配技术体系耦合。传统飞机装配是一个独立完全的体系，近年来随着技术发展形成的数字化装配技术体系，是对传统飞机装配技术体系的升级，其中不仅有升级的技术模块，如计算机辅助容差分配方法、轨道机器人制孔设备等，也有新增的技术模块，如数字化产品定义(digital product definition，DPD)、虚拟装配等。

为了方便理解，本节结合教学规律和飞机装配知识点集，梳理了飞机装配技术体系，如图 1-7 所示。

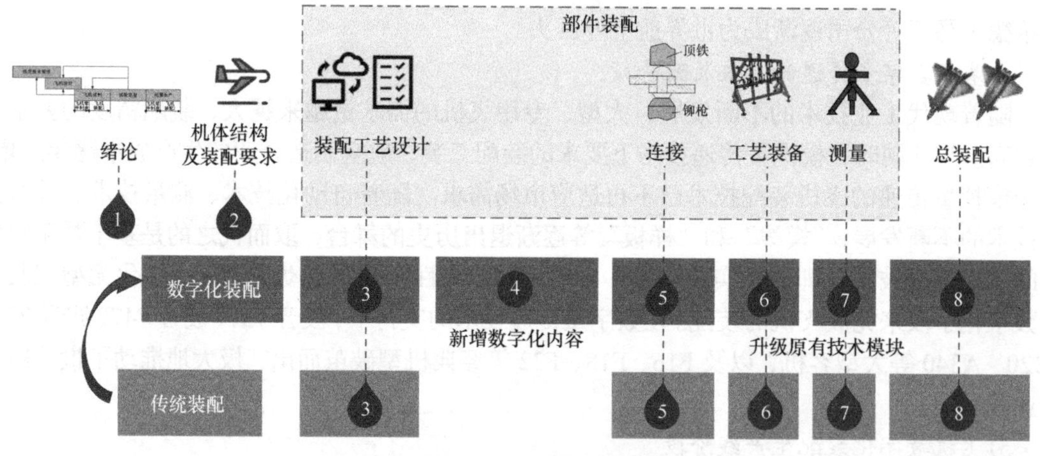

图 1-7　飞机装配技术体系

第 1 章绪论，告诉大家飞机装配是什么，具有什么特点和内容。

第 2 章介绍机体结构及装配要求，主要内容包括飞机装配所针对的对象及要求。

第 3 章是飞机装配的技术核心，即装配工艺设计所用的理念、方法，主要内容包括装配单元划分、装配工艺基准与定位方法、装配协调原则与方法、装配误差累积分析与容差分配、误差补偿方法及其应用等。

第 4 章是装配体系在数字化变革后新增的内容。该章先介绍数字化装配体系相对于传统装配体系的变革点，并剖析每个变革点，对原有技术模块的升级应用于其他章节中。该章重点介绍新增内容，包括数字化产品定义、基于模型的工艺设计、装配仿真技术等。这些内容对其他模块的数字化升级有显著的支撑作用，因此作为第 4 章的主要内容。

第 5 章～第 7 章属于重要的技术模块，包括连接、工艺装备、测量等内容，主要支撑部件装配工艺，这些章节包含传统装配和数字化装配等内容。

第 8 章是飞机总装配，总装配中也会应用前面模块中涉及的技术，但区别于部装，其具有自己的特点，该章重点介绍总装配特色部分。

习 题

1-1 飞机研制的一般流程是什么?

1-2 飞机装配的定义是什么?

1-3 飞机产品及其结构具有什么特点?

1-4 飞机装配工艺的特点是什么?

1-5 飞机装配发展历程是什么样的?

第2章　机体结构及装配要求

本章主要介绍飞机装配的对象及装配要求，属于全书的目标，下面所有章节都是为本章服务的。

飞机主要包括机体结构、推进装置、机载设备和标准件等四大部分。机体结构保证飞机的气动外形，并将飞机各个部分连接成一个整体，机体结构价值量占整机总价值量的比例约为 30%；发动机作为飞机的推进装置，是保证飞机克服空气阻力向前飞行的动力源，发动机价值量占整机总价值量的比例约为 25%；机载设备主要包括飞行控制系统、液压系统、燃油系统、通信系统、导航系统等，是飞机的指挥中枢，用于控制和协调各部件的工作，机载设备价值量占整机总价值量的比例约为 30%；标准件及其他部件，主要包括紧固件、密封件、操纵件、内饰、电线电缆和电气通用元器件等部分，其价值量占整机总价值量的比例约为 15%。

飞机装配在部件装配阶段面向的对象是飞机机体结构，推进装置、飞机系统和机载设备在总装配阶段才会介入，因此本章前半部分重点针对飞机机体结构展开介绍。

为了保证飞机产品的性能，机体结构需要满足严格的要求。怎么样才算是装配合格呢？零件制造领域常用“加工精度”来评价制造的好坏，在飞机装配领域该怎么评价呢？为了回答这两个问题，本章后半部分主要介绍装配准确度和互换协调要求。

2.1　飞机对机体结构的基本要求

由于使用目的不同，飞机结构和一般的机械结构相比，具有自身的特殊要求。这些要求可以概括为气动要求、结构完整性要求、最小质量要求、使用维护要求、工艺性要求、材料要求。

⑴气动要求：飞机的机翼、尾翼和机身等部件的几何外形参数与其总体性能密切相关，上述部件的制造过程应保证构造外形满足总体设计规定的外形准确度，不允许机翼、尾翼、机身结构有过大变形，以保证飞机具有良好的气动升力、阻力特性、稳定性和操纵性。

⑵结构完整性要求：飞机结构完整性是确保飞机安全寿命和高可靠性的重要条件之一，其主要包括机体结构的强度、刚度、损伤容限及耐久性等设计指标，保证结构在承受各种规定的载荷状态下具有足够的强度，不会产生未允许的残余变形，同时也要具有足够的刚度，以避免出现未允许的气动弹性现象与共振现象。

⑶最小质量要求：飞机结构质量显著影响飞机性能的优劣，在满足飞机的空气动力要求和结构完整性的前提下，结构质量应尽可能轻，这意味着有效载荷、飞行速度和飞行距离的增加。

⑷使用维护要求：飞机的使用维护品质是衡量飞机性能的一项重要技术指标，良好的维修性意味着维护成本低、无故障的飞行时间更长以及飞机的经济性更好。飞机在结构上必须

按照维修方式(定检、小修、中修)合理确定检查口盖的数量及种类。同时，飞机良好的维修性也体现在结构上需要布局合理的分离面与各种舱口，在结构内部安排必要的检查和维修通道，增加结构的开敞性和可达性等。

(5)工艺性要求：飞机零件数量多，多采用薄壁结构，开敞性差，形状和结构复杂，尺寸大而刚度小，使得飞机制造困难，手工劳动量大，因此飞机结构需要具有良好的工艺性，以便于零部件的制造加工和后续飞机结构的装配。

(6)材料要求：在保证结构具有足够的刚度、强度及抗疲劳特性的情况下，为了满足结构质量的要求，大量采用铝合金、镁铝合金、钛合金等比强度高的金属材料。随着飞机性能的逐步提高，对飞机的要求也越来越高，复合材料在飞机结构中的应用日益广泛，在第四代战斗机 F-22 中复合材料用量约为飞机结构重量的 40%，在 B787 干线客机中复合材料用量已达到飞机结构重量的 50%。

2.2　飞机机体结构

常规布局的飞机机体通常由机翼、机身、尾翼、起落架等组成，如图 2-1 所示。机翼上装有副翼和襟翼，机身可以分为机头、前机身、中机身、后机身，尾翼可以分为垂直尾翼和水平尾翼。某些特殊布局的飞机会省略一些部件，如无尾式飞机没有水平尾翼、飞翼式飞机没有水平尾翼和垂直尾翼等，但这些特殊布局的飞机必定会采用相应的装置来实现所省略部件的功能。

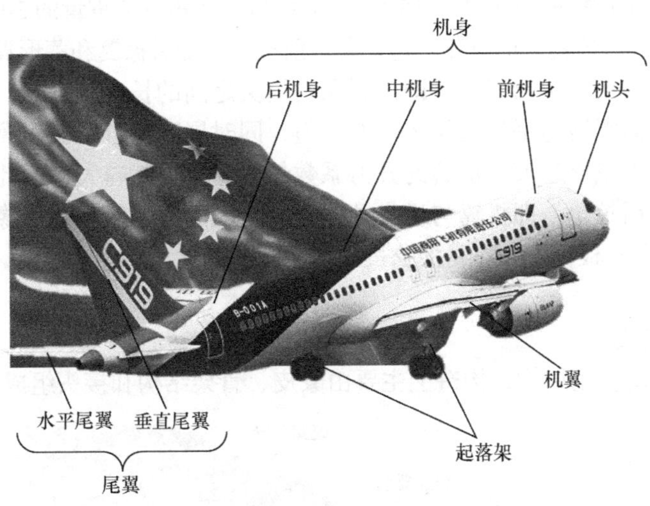

图 2-1　常规飞机的结构

2.2.1　机翼

机翼的主要功用是产生升力，以支持飞机在空中飞行，同时也起到一定的稳定和操纵作用，机翼还可以存储燃油。机翼作为飞机的主要气动面，是主要承受气动载荷的部件。其一般由机翼主盒、襟翼、扰流片、副翼、缝翼、发动机吊挂等部分组成，如图 2-2 所示。

副翼和扰流片用于机翼的横向操纵。副翼是安装在机翼翼梢后缘外侧可动的翼面，为飞机的主操纵舵面，飞行员操纵左右副翼差动偏转所产生的滚转力矩可以使飞机做平衡的横滚机动。

襟翼和缝翼用于增加升力或改变机翼升力的分布。襟翼是安装在机翼后缘内侧的翼面，可绕轴向后下方偏转，依靠增大机翼的弯度来获得升力；缝翼一般位于机翼前缘，当其打开时，既可增大机翼面积，又可增大翼型弯度，从而达到较好的增升效果。

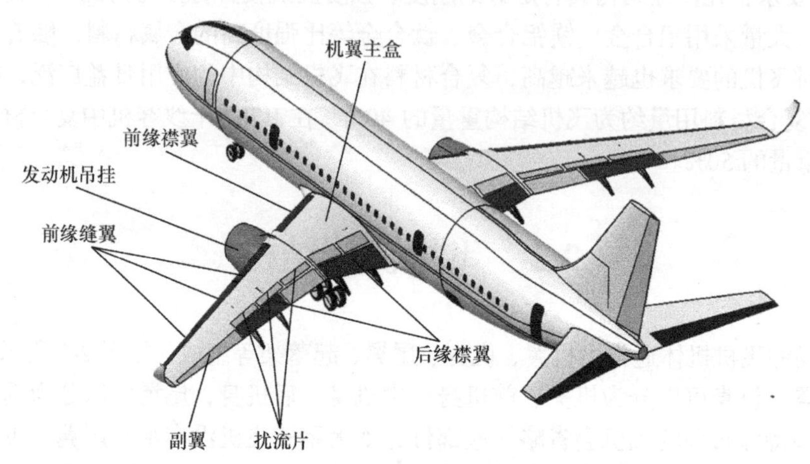

图 2-2　机翼结构布置

机翼重量一般占全机重量的 8%～15%，机翼结构重量占机翼重量的 30%～50%。机翼通常有平直翼、梯形翼、三角翼、后掠翼、边条翼、前掠翼、变后掠翼和菱形翼等气动布局形式。

机翼的几何参数主要包括翼展，即机翼左右翼尖之间的长度；翼弦，即机翼沿机身方向的弦长；展弦比，即翼展与平均几何弦长的比值，同时展弦比也可以用翼展的平方与机翼面积的比值来表示，展弦比越大，机翼的升力系数越大，阻力就越大，因此高速飞机一般采用小展弦比的机翼；后掠角，即机翼与机身轴线垂线之间的夹角，包括前缘后掠角、后缘后掠角及 1/4 弦线后掠角；根梢比，即翼根弦长与翼尖弦长的比值；相对厚度，即机翼翼型的最大厚度与翼弦长的比值。

1. 机翼结构组成

机翼结构属于薄壁型结构，构造上主要由蒙皮、骨架结构和接头组成，如图 2-3 所示。

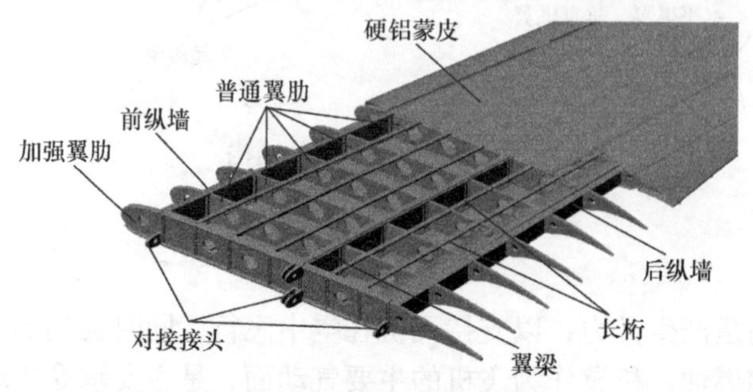

图 2-3　机翼的典型结构元件

其中，接头的作用是将机翼上的载荷传递到机身上；骨架结构分为纵向构件和横向构件，纵向是指翼展方向，横向是指垂直于翼展方向。纵向构件包括翼梁、长桁和墙(腹板)，横向构件包括普通翼肋和加强翼肋；蒙皮是包围在机翼骨架外的维形构件，用铆钉或黏结剂固定于骨架上，形成机翼的气动外形。这些构件的基本功用是形成和保持翼面外形，承受和传递外载荷。

1) 蒙皮

蒙皮的主要功用是保持机翼气动外形，承受并传递局部气动力。根据参与受力的程度，蒙皮可分两类：①只能承受气动力载荷(吸力或压力)，如布质蒙皮、层板蒙皮和薄金属板蒙皮等，广泛应用于早期的低速飞机；②不仅可以承受气动力载荷，还可以承受不同程度的弯曲、剪切和扭转等载荷。其中，铝合金蒙皮通常应用于马赫数小于 2.5 的飞机，钛合金蒙皮通常应用于高温区和马赫数大于 2.5 的飞机。

通常情况下，蒙皮将作用在其上的局部气动力传给骨架结构。在总体承载时，蒙皮与翼梁或翼墙的腹板组合，形成封闭的盒式薄壁结构，以承受翼面的扭矩，蒙皮与长桁形成壁板，以承受翼面弯矩引起的轴力。

现代飞机广泛采用金属蒙皮、整体蒙皮(整体壁板)、蜂窝夹芯蒙皮等，如图 2-4 所示。其中，硬铝金属蒙皮结构最简单，使用最广泛；整体蒙皮是最主要的，甚至是唯一的承受弯矩的受力结构，并且可以减少连接件的数量，延长结构的抗疲劳寿命，提高整体油箱的密封性，在保证足够强度和刚度的条件下获得质量较轻的光滑翼面；蜂窝夹芯蒙皮通常由两层薄金属板或复合材料层板与轻质疏松或蜂窝结构夹芯互相连接而成，该结构可以降低翼面结构质量，提高翼面刚度和表面品质(无铆缝)，并具有良好的隔热、隔声、防震、抵抗裂纹及其他损伤扩展能力；复合材料蒙皮具有高强质轻、抗疲劳能力强等特点，因此得到越来越广泛的应用。

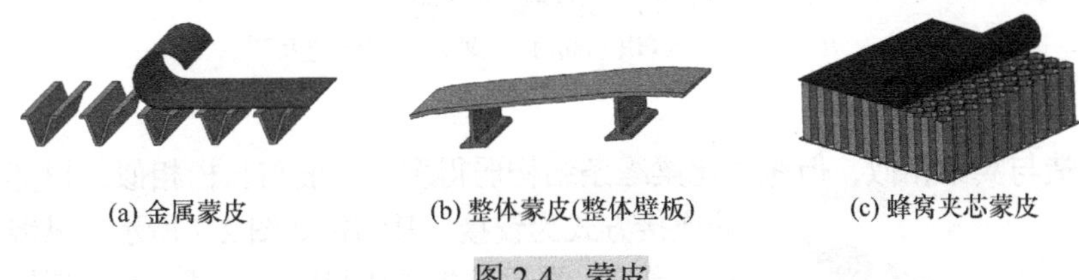

(a) 金属蒙皮　(b) 整体蒙皮(整体壁板)　(c) 蜂窝夹芯蒙皮

图 2-4　蒙皮

2) 桁条

桁条(也称长桁)是纵向较为细长的杆件，与蒙皮相连，对蒙皮起支持作用，一般还与翼肋相连，受翼肋支持。桁条是纵向骨架中主要受力构件之一，主要承受翼面弯矩引起的轴向力和局部气动力引起的剪力，这些力的大小取决于翼面的结构形式，并决定桁条横截面的形状和面积。常见桁条结构形式如图 2-5 所示。

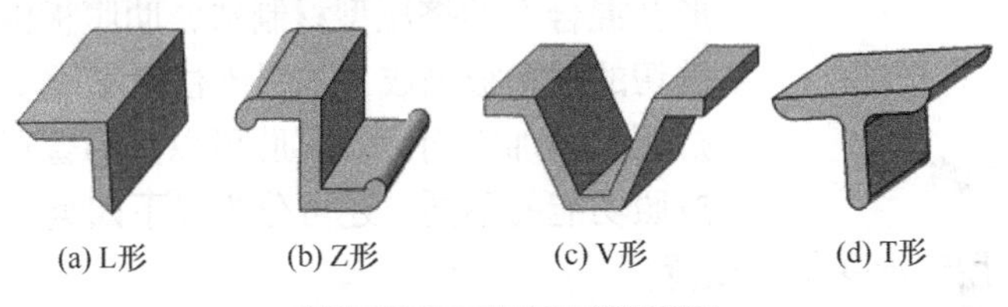

(a) L形　(b) Z形　(c) V形　(d) T形

图 2-5　常见桁条结构形式

3) 翼梁

翼梁是由缘条、腹板和支柱组成的铆接梁，大多在根部与中翼段或机身固接，组成机翼的受力盒段，承受机翼总体载荷、发动机吊挂的集中载荷以及燃油的重力。组合翼梁结构如图 2-6 所示，翼梁缘条由角形截面和 T 形截面的挤压型材制成，翼梁腹板通常由薄板经过化学铣切制成，由 Z 形截面和角形截面的挤压型材制成的支柱加强。翼梁是单纯的受力件，缘条承受由弯矩 M 引起的拉压轴力。由支柱加固的腹板承受剪力 Q 和由弯矩 M 引起的剪流，使翼面周边形成闭室并在这两种情况下受剪。在某些结构形式中，翼梁是翼面主要的纵向受力件，承受翼面全部或大部分的弯矩。

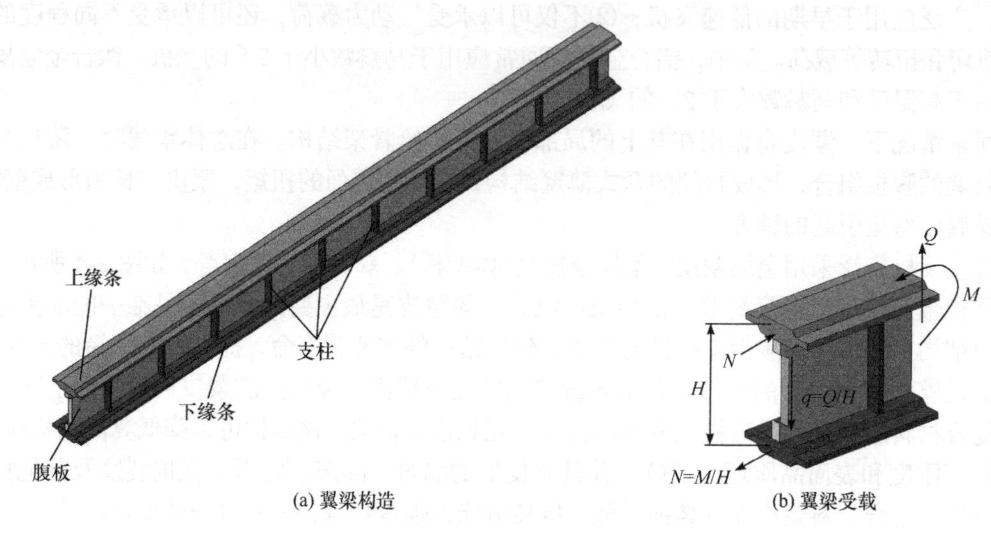

(a) 翼梁构造　　(b) 翼梁受载

图 2-6　组合翼梁结构

H 为高度；N 为弯矩引起的拉压轴力；q 为剪应力

4) 纵墙

纵墙的构造与翼梁相似，但缘条比梁缘条结构弱得多，一般与长桁相似，根部与其他部分的连接方式为铰接，其结构如图 2-7 所示。纵墙的主要作用是与蒙皮、翼梁腹板构成封闭的盒式结构，抵抗扭矩产生的扭转变形，并起到支持蒙皮的作用，以提高蒙皮的屈曲承载能力。通常腹板设有减轻孔，为了提高临界应力，腹板用支持型材加强。后纵墙还具有封闭翼面内部容积的作用。

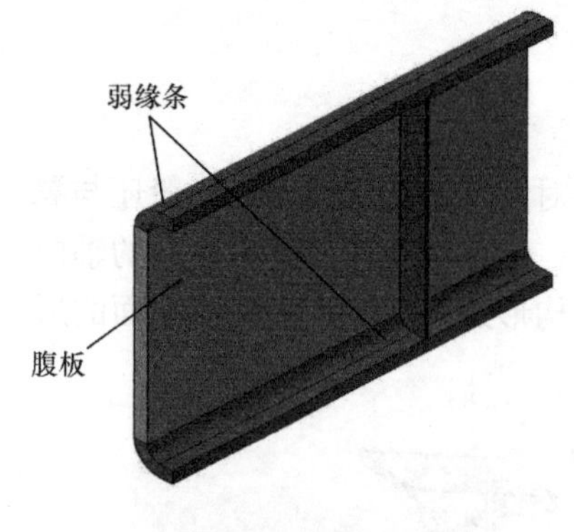

图 2-7　纵墙结构

5) 翼肋

翼肋由缘条、腹板和加强支柱组成，缘条由角形、T 形及混合型的挤压型材制造，肋腹板由光滑的或经过化学铣切的薄铝板制成，加强支柱由 Z 形、T 形或角形截面的挤压型材加工而成。翼肋可以分为普通翼肋和加强翼肋，按照功能的不同，还可分为以下四类：

(1) 承力翼肋，用于承受集中载荷；

(2) 隔板翼肋，作为燃油箱或油箱段的壁面，即将机翼盒段分割成油箱；

(3) 防晃动翼肋，用于承受燃油顺翼展方向移动的惯性载荷；

(4) 标准翼肋，用于承受并传递从壁板到翼梁的载荷，支持壁板，维持机翼形状。

普通翼肋构造上的功用是维持机翼剖面所需的形状，并将局部气动载荷从蒙皮和桁条传递到翼梁和蒙皮上，如图 2-8 所示。一般情况下，翼肋与蒙皮、长桁相连，当翼面受气动载荷时，它以自身平面内的刚度向蒙皮、长桁提供垂直方向的支持。同时，翼肋又沿周边支持在蒙皮和梁(或墙)的腹板上，在翼肋受载时，由蒙皮和腹板向翼肋提供各自平面内的支承剪流。

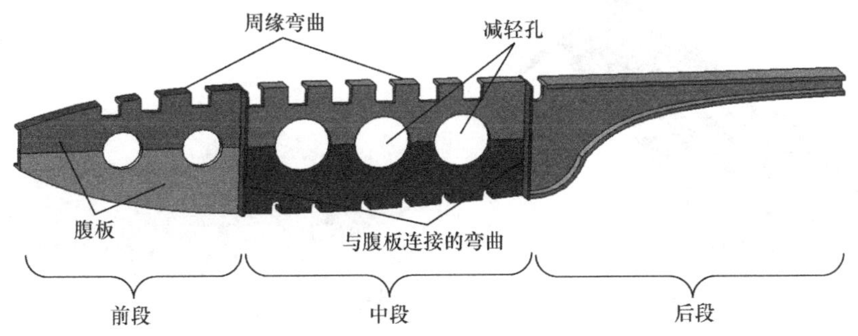

图 2-8　腹板式翼肋结构

加强翼肋除了可以起普通翼肋的作用，还可以用于承受固定在翼面上部件(起落架、发动机、副翼及翼面其他活动部分悬挂接头)的集中力和力矩，并将集中力和力矩传递转化为分散力，传递给蒙皮、翼梁、纵墙的腹板。结构不连续的地方应布置加强肋，用于重新分配在纵向构件轴线转折处壁板和腹板之间的力，或在翼面结合处和大开口边界上将扭矩转变为力偶。加强肋有很大的横截面积，挤压型材制成的缘条、腹板不开口，采用支撑角材加强，翼肋上的桁条重新对接，不需要切断翼肋缘条，如图 2-9 所示。这样的翼肋有时由锻件制造，采用桁架式结构。

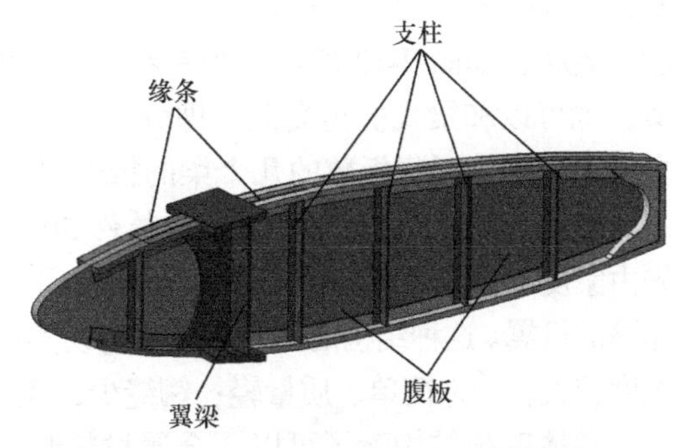

图 2-9　带支柱的腹板式加强翼肋结构

机翼的特点是采用薄壁结构，以上各构件之间的连接大多采用分散连接，如铆接、螺接、点焊、胶接以及它们的混合形式(如胶铆混合连接)。

2. 机翼结构形式

机翼结构形式是指结构中主承力系统的组成形式，主承力系统由承受作用在机翼上的力和力矩的构件组成，通常按照强度设计的要求选择机翼结构形式。根据主要抗弯构件的不同，典型的受力形式有蒙皮骨架式、整体壁板式和夹层结构式。

蒙皮骨架式即薄壁结构形式，可分为梁式、单块式和多腹板式三种结构形式。

梁式机翼的主要构造特点是有很强的翼梁，有单梁、双梁和多梁等多种形式，其中双梁式结构如图 2-10 所示。双梁式结构的蒙皮较薄，长桁较少且弱，梁缘条的剖面面积比长桁大得多；有时同时布置纵墙。梁式机翼通常不做成一个整体，而是分为左右两个机翼，即机翼常在的左右侧边处有设计分离面，并在此分离面处，借助几个梁、墙根部的对接接头与机身连接。

单块式机翼的主要构造特点是长桁较多且较强，蒙皮较厚，长桁与蒙皮组成可受轴向力的壁板。当有梁时，一般梁缘条的剖面面积与长桁的剖面面积接近，或比长桁的剖面面积略大，有时就只布置纵墙。为了充分发挥单块式机翼的受力特点，左右机翼一般连成整体贯穿机身，但有时为了使用维护方便，在展向布置有设计分离面。在设计分离面处采用沿翼箱周缘分散连接的形式将机翼连为一体，如图 2-11 所示。

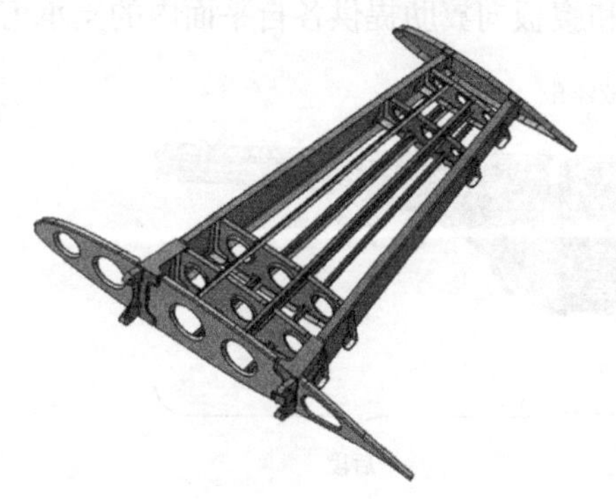

图 2-10　双梁式结构

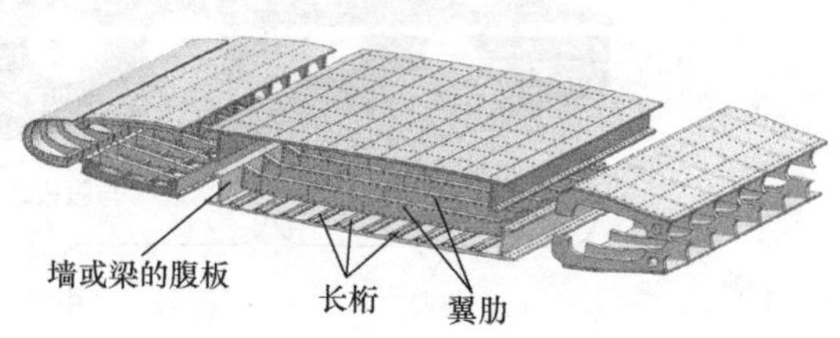

图 2-11　单块式机翼结构

多腹板式机翼的主要构造特点是布置较多的纵墙，一般大于 5 个；蒙皮较厚，可从几毫米到十几毫米；无长桁；翼肋很少，但结合受集中力的需要，每侧机翼上至少要布置 3～5 个加强翼肋，如图 2-12 所示。当左右机翼连成整体时，与机身的连接方式可以和单块式机翼类似，也可以和梁式机翼类似，即分成左右机翼，在机身侧相连。此时往往由多腹板式过渡到多梁式，用少于腹板数的几个梁的根部对接接头在根部与机身相连。

整体壁板结构由若干个大型整体件如整体蒙皮壁板、整体梁和整体肋等组成。整体壁板翼面先由蒙皮与横向骨架、纵向骨架合并成上下两块整体壁板，再用铆接或其他方式连接，形成一块完整的机翼。这种结构的特点是蒙皮容易实现变厚度，加强筋可以合理布置，受力效果好，强度、刚度较大；构造简单、质量轻；铆缝少，表面光滑，气动外形好；零件少，装配协调容易。

整体壁板结构除了可以用金属材料制造，还可以用复合材料制造。目前，国外大飞机机翼多采用全复合材料整体壁板，翼盒结构布局为双梁多肋结构形式，机翼壁板采用复合材料蒙皮加筋结构形式，筋条采用 T 形和工字形等形式。空中客机 A350XWB 壁板长约 35m，采用 T 形加筋形式，如图 2-13 所示。

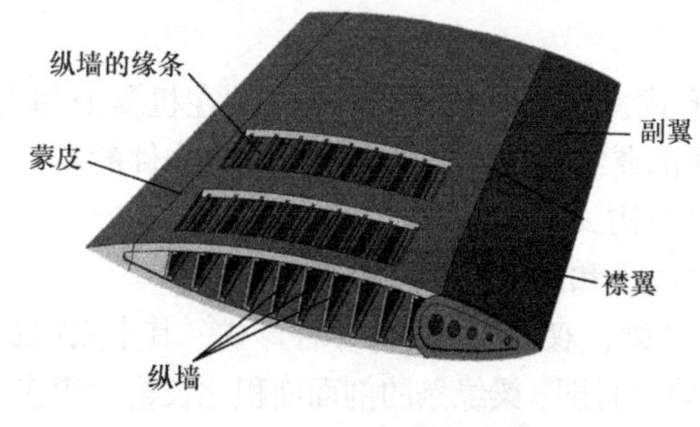

图 2-12　多腹板式机翼结构

图 2-13　空中客机 A350XWB 复合材料机翼整体壁板

2.2.2　机身

机身是指用于装载人员、货物、机载设备等，并将机翼、尾翼、发动机和起落架等连成一个整体的飞机部件。

1. 机身结构组成

机身结构一般由蒙皮和内部骨架等组成。内部骨架包括纵向构件(长桁、桁梁)和横向构件(隔框)。通常，机身结构各元件的功用相应地与机翼结构中各元件的功用相同。

1) 蒙皮

机身的蒙皮和机翼的蒙皮作用相同，用于构成飞机的气动外形，并保持表面光滑。在承受局部载荷时，如局部气动力，增压密封座舱部位的蒙皮承受内压载荷，蒙皮将内压载荷传递给机身骨架。在承受总体载荷时，蒙皮不仅要承受垂直和水平方向的剪力，还要承受和平衡机身上的扭矩；蒙皮与长桁组成的加筋板承受垂直和水平方向的弯矩。

机身蒙皮材料一般采用铝合金，关键件应采用抗断裂、抗疲劳性能好的材料，如 LY12 铝合金、2024-T4 等。对于马赫数大于 3 的飞机，在受热影响较大的部位采用钛合金或不锈钢板材，目前也可采用复合材料蒙皮。在某些情况下，可以采用厚铝板经化学铣切等方法直接加工成带纵筋条、横筋条的整体壁板。

确定蒙皮厚度首先应考虑载荷的大小，一般情况下机身中部受力大，两端受力小，因此中部的蒙皮比两端的厚。

2) 纵向构件

长桁与桁梁均为机身的纵向构件。纵向构件中的长桁与机翼的长桁相似，承受部分作用在蒙皮上的气动力，并将其传递给隔框。另外，长桁还对蒙皮起支持作用，提高蒙皮受压、受剪时的失稳临界应力。

长桁与蒙皮组成承力壁板，在桁条式机身中，根据受力、结构效率、工艺性等多方面因素综合考虑其剖面形状和分布规律。长桁沿机身周边基本为均匀分布，沿机身纵向尽量按等角辐射布置，长桁重量占机身结构重量的 12%～20%。在现代战斗机中，长桁间距一般为 80～150mm，轰炸机、运输机等长桁间距一般为 50～250mm。

3) 横向构件

横向构件主要由普通框和加强框组成。框的功用与机翼中的肋相同。普通框用于保持机身的截面形状以及固定蒙皮和桁条，承受蒙皮的局部载荷，对桁条提供支持。普通框的典型结构和框截面形状如图 2-14 所示。框截面有两个缘条和一个腹板，以保证框可以承受弯曲和剪切。较强的框缘条还可以作为周向止裂带，提供一定的破损安全特性。框可以与蒙皮直接连接，也可以通过角片与蒙皮间接连接。

加强框的主要作用是传递机翼、尾翼、起落架等的集中载荷。图 2-15 为歼 6 飞机机翼-机身连接加强框结构。通过连接件以剪流形式将力分散传递给机身蒙皮。通常在机身的大开口两端需要布置加强框，以便在结构不连续处实现机身盒段受力形式的转换和重新分配。

随着制造技术的发展，整体加强框这种承载能力更强、减重能力更好的结构形式得以问世。美国的 F-35 战斗机使用了整体钛合金框。该整体钛合金框通过水压机制造，如图 2-16 所示。2015 年 7 月，北京航空航天大学在国防科技工业军民融合发展成果展上，展示了国际上最大的激光增材制造主承力关键钛合金机身整体加强框，如图 2-17 所示。

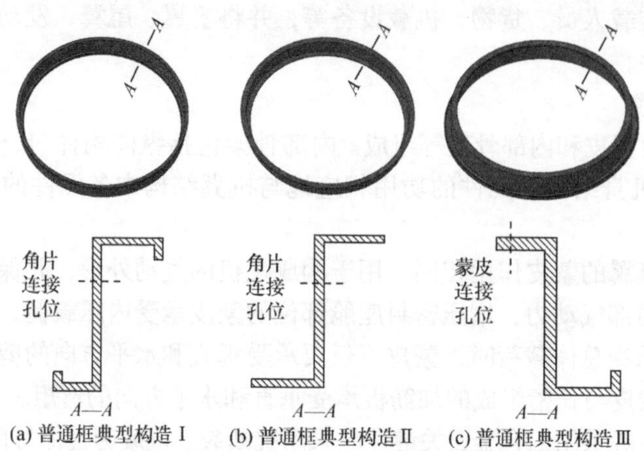

图 2-14 普通框的典型结构和框截面形状

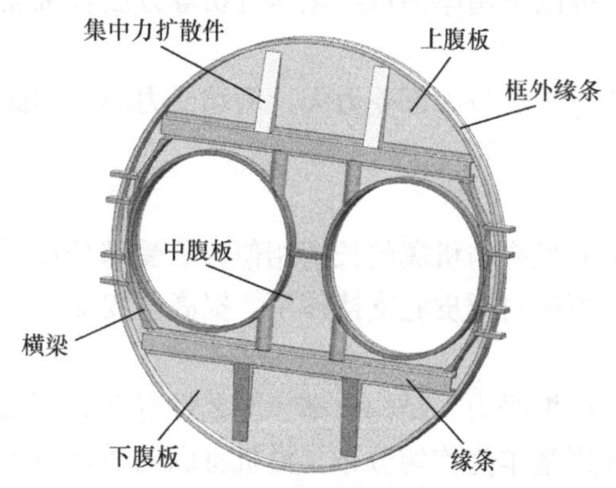

图 2-15 歼 6 飞机机翼-机身连接加强框结构

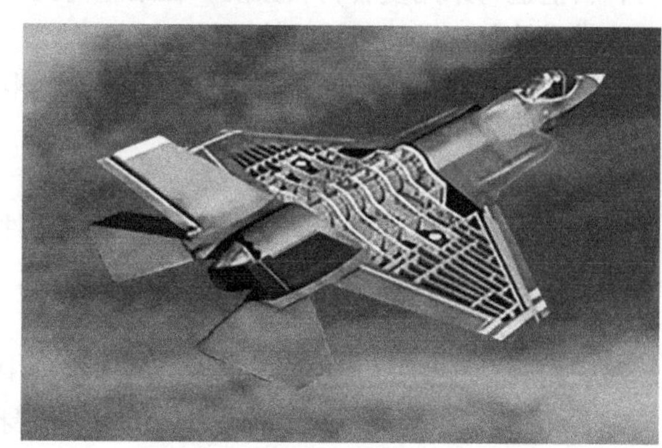

图 2-16 F-35 战斗机的整体钛合金框

图 2-17 激光增材制造主承力关键钛合金机身整体加强框

2. 机身结构形式

机身通常要承受剪力、弯矩以及沿机体轴向的轴力和扭矩，并且机身内部需要装载货物、乘员和发动机等，一般采用刚性薄壁空间结构。机身主要有构架式、半硬壳式(包括桁梁式和桁条式）和硬壳式（厚蒙皮）等几种典型结构形式。

1）构架式机身

构架式机身由受力空间桁架系统和不参与总体受力的蒙皮构成，如图 2-18 所示。在早期的低速飞机上，机身的承力构架均做成四缘条的立体构架。为了减小飞机的阻力，在承力构架外面固定有整形用的隔框、桁条和蒙皮，这些构件只承受局部空气动力，不参加整个结构的受力。机身的剪力、弯矩和扭矩全部由构架承受。构架式机身的抗扭刚度差，空气动力性能也差，其内部容积不易得到充分利用，因此只有一些小型低速飞机采用构架式机身。

图 2-18　构架式机身示意图

2）半硬壳式机身

为了使机身结构的刚度满足飞行速度日益增大的要求，需要使蒙皮参加整个结构的受力。因此，机身结构广泛采用金属蒙皮，并且将蒙皮与隔框、大梁、桁条等牢固铆接，成为一个受力的整体，通常称为半硬壳式机身。

半硬壳式机身遵循破损安全强度规范的设计思想，即当结构中单个构件被破坏时，整个结构不会发生灾难性破坏。半硬壳式机身骨架由普通隔框、加强隔框、纵梁和桁条构成，外部铆接金属蒙皮，构成光滑、洁净的外形，并可承受很大的载荷。根据机身结构中纵梁的强弱或有无，以及蒙皮、桁条参与承受应力的程度，半硬壳式机身又可分为桁梁式机身和桁条式机身。

桁梁式机身结构如图 2-19 所示，其纵梁较强，可承受大部分由弯曲引起的拉应力和压应力；蒙皮较薄，桁条数量较少且较弱，它们构成的壁板承受少部分弯曲引起的拉应力和压应力。机身两侧和上蒙皮、下蒙皮承受绝大部分剪切引起的剪应力；蒙皮围成的闭合框承受全部扭矩引起的剪应力。同样的开口，桁梁式机身补强引起的重量增加较少，可以很方便地布置大开口，因此在机身上如登机门、行李舱门等需要布置大开口的舱段通常都会采用桁梁式机身结构。这种机身结构广泛应用于小型飞机和大开口较多的飞机。

桁条式机身实拍图如图 2-20 所示，其纵梁较弱，甚至无梁；蒙皮较厚，桁条数量较多且较强，它们构成的壁板承受大部分甚至全部弯矩。剪力同样由机身蒙皮承受，扭矩全部由蒙皮围成的闭合框承受。这种机身由于没有强有力的大梁，不宜开大的舱口，若要开口，则必

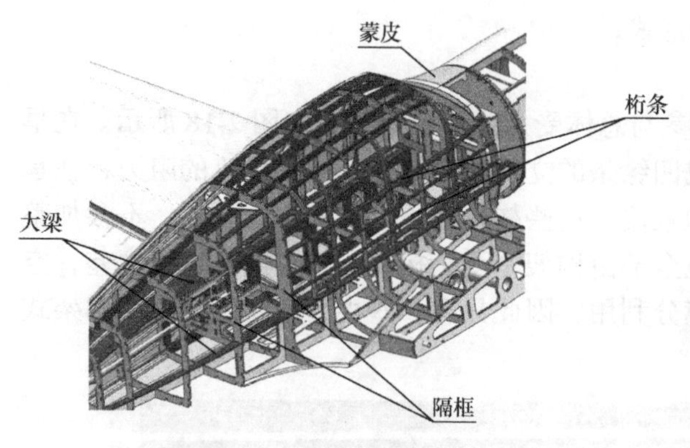

图 2-19 桁梁式机身结构

图 2-20 桁条式机身实拍图(C919 中后机身，洪都集团制造)

须在开口部位用专门构件加强。桁条式机身各构件受力比较均匀，在传递载荷时必须采取分散传递的方法，因此机身各段之间都用很多接头连接。桁条式机身广泛应用于民用客机等大型飞机。

值得一提的是，根据开口需求和受力特点，同一架飞机的机身可能采用不同类型的结构形式。多数战斗机的前机身属于桁梁式，而后机身属于桁条式，如歼-7 战斗机。这是因为座舱和雷达都集中在前机身，开口大，要维持强度就必须用桁梁式。后机身只有管线，没有大开口，并且可大幅度减重，一般战斗机受攻击都在后机身，桁条式机身结构还可以降低维修的难度，因此后机身选择桁条式。

3）硬壳式机身

如果机身蒙皮进一步加厚，直至完全取代桁梁或桁条，即为硬壳式机身，结构如图 2-21 所示。硬壳式机身结构是由蒙皮与少数隔框组成的。其特点是没有纵向构件，蒙皮较厚，由蒙皮承受机身总体弯曲、剪切、扭转引起的全部轴向力和剪力。普通框和加强框用于维持机身截面形状，支持蒙皮和承受扩散框平面内的集中力。

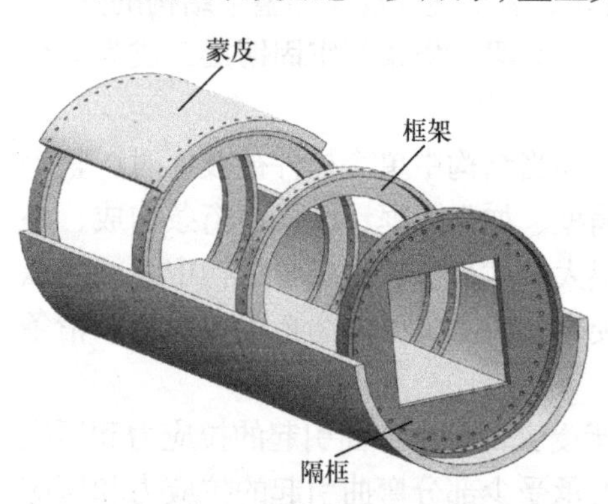

图 2-21 硬壳式机身结构

硬壳式机身的优点是结构简单、气动外形光滑、内部空间可全部利用，但因其开口补强增重较大，这种形式的机身实际中应用很少，只应用于机身结构中某些气动载荷较大、要求蒙皮局部刚度较大的部位，如机身头部、机头罩、尾锥等。

3. 连接接头的构造

分离面的连接接头必须能够可靠地承受机体各部件传来的载荷，并便于拆装。连接方式主要分为两种，第一种是在分离面上通过少数接点连接的集中连接方式；第二种是沿分离面周缘用许多接点连接的周缘连接方式。

桁梁式机身分离面常采用集中连接方式进行连接。集中连接结构一般由螺栓连接一对能够配合的耳片组成，常见的集中连接结构有叉式(叉耳)接头和梳式接头，如图 2-22 所示。

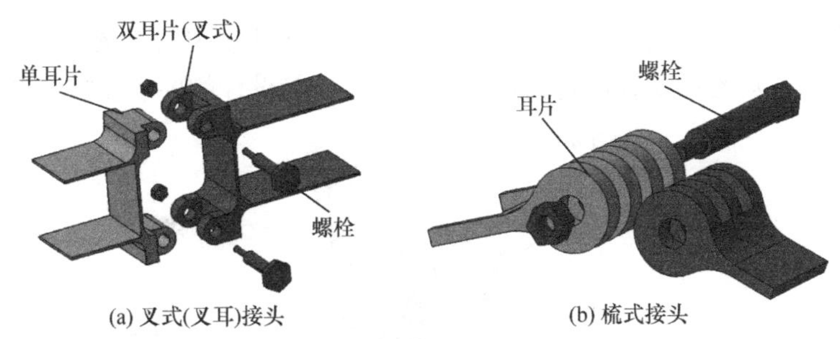

图 2-22　常见的集中连接方式

采用集中连接方式连接的情况下，在机身受载时，弯矩由螺栓受拉及接合面受压来传递；扭矩和各个方向的剪力则由分离面螺栓受剪来传递，即分离面处的弯矩、扭矩和各个方向的剪力均作用在螺栓接头处，因此螺栓接头处受力较大。采用集中连接方式必须注意螺栓及耳片表面的维护，避免发生机械损伤，同时要保证装配时操作精确，以减少磨损，防止耳片间产生过大的间隙。

周缘连接方式在机身上应用较为广泛，其既可以应用于蒙皮式机身，也可以应用于桁条式机身和桁梁式机身。常见周缘连接方式的对孔接头安装在桁条上，桁条之间的隔框上安装开有螺栓孔的角条，将所有对孔接头和角条用螺栓相连，如图 2-23 所示。

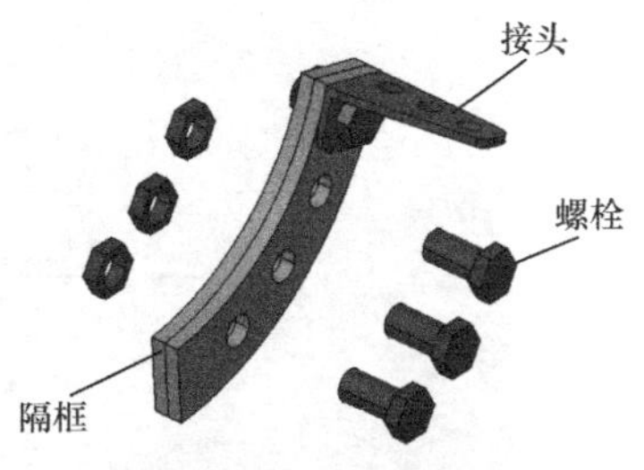

图 2-23　周缘连接方式

采用周缘连接方式连接的情况下，在机身受载荷时，弯矩由对孔接头和角条受压以及螺栓受拉来传递；扭矩和剪力均由螺栓受剪来传递。上述所有力均由各个分散的机身接头承受，换言之，分离面处的弯矩、扭矩和各个方向的剪力是通过许多接点分散传递的，因此在装配时必须保证接头螺栓受力均匀，避免部分螺栓因受力过大而断裂，导致飞机振动造成危险。

2.2.3　尾翼

尾翼用于保证飞机的纵向和航向的平衡与安定，实施对飞机的纵向、俯仰和航向的操纵。

一般常规飞机的尾翼由水平尾翼和垂直尾翼两部分组成。水平尾翼由固定的(或可调整安装角的)水平安定面和升降舵组成，用于保证飞机的纵向稳定性和操纵性；垂直尾翼由垂直安定面和方向舵组成，用于保证飞机的航向稳定性和操纵性。升降舵和方向舵统称为舵面。

典型的尾翼布置形式有常规尾翼、T 形尾翼和全动水平尾翼三种。常规尾翼构造如图 2-24 所示，该结构具有很高的结构稳定性与可靠度，在装配与飞行调整过程中比较容易判断误差并修正，缺点是水平尾翼的舵面比较容易受到流经主翼气流的干扰。

T 形尾翼，即水平尾翼安装在垂直安定面上的构造形式，我国新一代大型多用途运输机 Y-20 鲲鹏就是采用这种布局，如图 2-25 所示。相对于常规布局的尾翼形式，T 形尾翼可以避开机翼尾流的干扰，提高平尾操纵效率，因此平尾的面积小，从而减轻结构的重量。平尾位置靠上，方便后机身开口，便于货物装卸，因此 T 形布局常适用于大型军用运输机。T 形布局对机身尾部结构材料的强度有很高的要求，并对材料与设计的要求非常严苛。

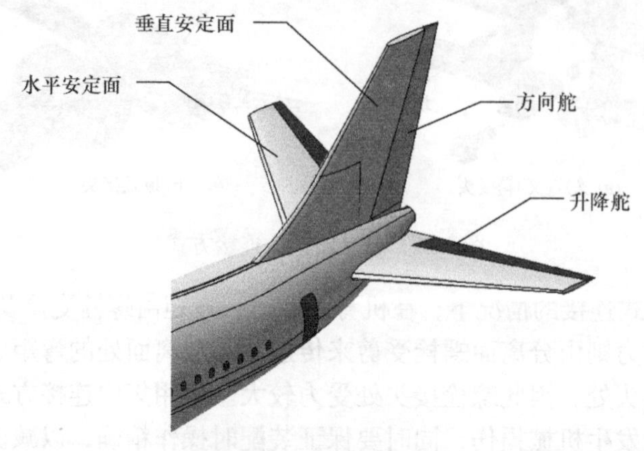

图 2-24　常规尾翼构造

图 2-25　T 形尾翼构造(Y-20 鲲鹏大型多用途运输机)

随着飞机的不断发展，为了提高飞机在跨声速和超声速高速飞行中的操纵性能，如今许多超声速飞机(尤其是高性能的战斗机，如俄罗斯的苏-27 战斗机、美国的 F-15 战斗机等)都将水平尾翼设计成可偏转的整体，即不存在固定的水平安定面，整个水平尾翼都可以活动，称为全动水平尾翼，如图 2-26 所示。

图 2-26　全动水平尾翼实拍图

除了上述三种典型尾翼布局，还有双垂尾、多垂尾、V 尾、无平尾、鸭式布局、平尾翼尖垂尾等布局。从本质上来看，尾翼的直接功用是产生升力，因此尾翼的设计要求和构造与机翼十分类似，通常都是由骨架和蒙皮构成的，但它们的表面尺寸一般较小，厚度较薄，在构造形式上有一些特点。

2.2.4　起落架

起落架是飞机在地面停放、滑行、起飞着陆滑跑时用于支撑飞机重力，承受相应载荷的装置。起落架能够消耗和吸收飞机在着陆时的撞击能量，保证飞机灵活稳定地完成在地面上的各种操纵动作。现代飞机的起落架通常由缓冲系统、承力结构、带充气轮胎的机轮、减震器、刹车装置，以及转弯操纵机构、减摆器、收放机构等组成。

起落架的布置形式是指飞机起落架支柱的数目及其相对于飞机重心的布置位置。目前，飞机上通常采用后三点式、前三点式、自行车式和多支柱式等四种起落架形式，如图 2-27 所示。

(a) 后三点式

(b) 前三点式

(c) 自行车式

(d) 多支柱式

图 2-27　起落架布置形式

后三点式起落架有一个尾支柱和两个主起落架，飞机的重心在主起落架后侧，多应用于低速飞机。

前三点式起落架有一个前支柱和两个主起落架，飞机的重心在主起落架前侧，目前广泛应用于高速飞机，具有着陆简单、安全可靠、方向稳定性良好，以及在地面滑行时操纵转弯较灵活等优点。

自行车式起落架的两个主轮纵向排列在飞机重心的前后，且在两侧机翼下设置辅助轮，自行车式起落架主要应用于因机翼很薄而难于收藏起落架的飞机，特别是采用上单翼的大型飞机，如美国 B-52 轰炸机、“海鹞”AV-8 垂直起降战斗机等。

多支柱式起落架的布置形式与前三点式起落架类似，飞机的重心在主起落架前侧，但其有多个主起落架支柱，一般应用于大型飞机，如美国的波音 747 客机、C-5A 军用运输机(起飞质量均在 350t 以上)以及苏联的伊尔-86 客机(起飞质量为 206t)等。显然，采用多支柱、多机轮可以减小起落架对跑道的压力，增加起飞着陆的安全性。

2.3 装配准确度

2.3.1 装配准确度的内涵

目前，常用精度描述制造的好坏。严格来讲，这个用法在专业领域中是值得商榷的，因为精度并不能全面、准确地描述制造的好坏。准确度、正确度、精密度(精度)是三个不同的概念，很多情况下会混用，因此有必要进行语义辨析，以便准确理解本节的内容。

根据国家计量局制定的《通用计量术语及定义》(JJG 1001—2011)，准确度、正确度、精密度的定义如表 2-1 所示。

表 2-1 准确度、正确度、精密度的定义

名词	定义	图示	图示说明
准确度	测量结果中系统误差和随机误差的综合，表示测量结果与真值的一致程度		准确度高； 系统误差和随机误差都小
正确度	表示测量结果中系统误差大小的程度		正确度高，但精密度低； 系统误差小，但随机误差大
精密度	表示测量结果中随机误差大小的程度		精密度高，但正确度低； 随机误差小，但系统误差大

由表 2-1 可以看出，准确度=正确度+精密度，包含对系统误差和随机误差的双重要求。平时提到的产品装配“精度”，指的是尺寸公差要求，一般来讲都是既希望加工误差带(误差带指的是误差的分布范围)越窄越好(随机误差小)，又希望误差带中值点尽可能落在公差带中值点(系统误差小)，因此应该用“准确度”这个概念。

在了解准确度的基础上，进一步理解飞机装配准确度的内涵。与装配准确度相关的概念有两个，即制造准确度和协调准确度。

制造准确度：飞机零部件的实际形状和尺寸与飞机图纸或三维工艺数模中所规定的公称尺寸相符合的程度称为制造准确度。符合程度越高，制造准确度越高，制造误差越小。

协调准确度：两个相配合的零部件之间配合部位的实际形状和尺寸相符合的程度称为协调准确度。符合程度越高，协调准确度越高，协调误差越小。

中翼和外翼之间的对接接头，设计中规定前梁和后梁接头之间的距离为 L_0，而两部件装配后的实际尺寸分别为 L_1 和 L_2，如图 2-28 所示。尝试回答：

(1) 两个段件接头间距的制造误差分别是多少？

(2) 两个段件接头间距的协调误差如何表示？

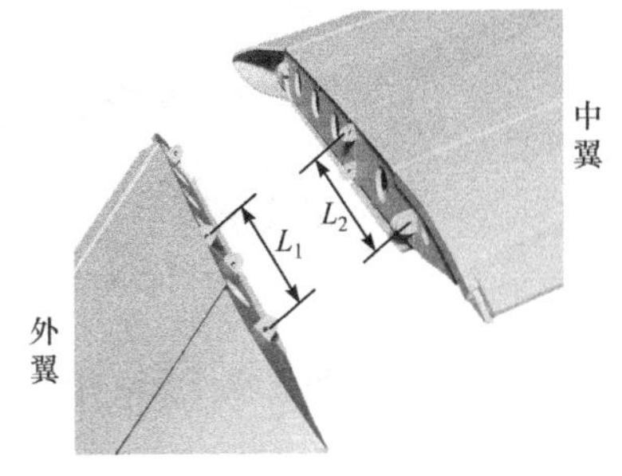

图 2-28　外翼和中翼对接接头的准确度

在飞机制造中，由于飞机结构尺寸大，形状复杂，为保证零部件间具有协调关系的相配合表面的形状和尺寸的协调准确度，以比它们本身更高的制造准确度来保证装配准确度，在经济上不合理，在技术上很困难。实际上，零部件间配合表面的形状和尺寸的协调准确度往往比它们本身的制造准确度要求更严格。在部件对接时，交点孔经常存在对接困难的情况，由于强迫装配会在结构中产生很大的内应力，或根本无法对接，达不到互换要求。因此，在飞机制造中首先需要考虑的是协调问题，只有在解决好协调问题的基础上，才能解决好互换问题，以保证协调准确度。在飞机装配中，为减少强迫装配，工件与工件之间、工件与工艺装备之间的协调准确度需要满足一定的要求。

2.3.2　装配准确度技术要求

飞机装配准确度技术要求的主要内容如表 2-2 所示。

表 2-2　飞机装配准确度技术要求的主要内容

项目	内容	说明
气动外缘准确度	外缘型值要求	部件实际切面外形相对于理论切面外形的偏差
	外缘波纹度要求	(1) 一定范围内波高的偏差，即相邻两波峰和波谷的平均高度差与波长的比值； (2) 部件沿横向和纵向气动外缘均有波纹度要求
	表面平滑度要求	(1) 蒙皮对缝间隙及阶差，以及顺气流和垂直气流方向的偏差有不同要求； (2) 螺栓（钉）头、铆钉头、焊点相对蒙皮凸凹量
部件相对位置准确度	机翼、尾翼位置要求	上（下）反角、后掠角、安装角的偏差，以及对称性偏差
	操纵面位置要求	操纵面相对定翼面外形阶差、剪刀差、缝隙的偏差，通常称为操纵面的吻合性要求
内部结构件位置准确度	基准轴线位置要求	隔框轴线、翼肋轴线、大梁轴线、长桁轴线的实际位置与理论位置的偏差，即框、肋、梁、长桁装配位置要求
结构件间配合准确度	不可卸零件间配合要求	零件贴合面的间隙偏差
	叉耳对接接头配合要求	(1) 沿耳宽方向叉耳之间的间隙偏差； (2) 对接孔的同轴度偏差
	围框式对接接头配合要求	(1) 对接面的间隙偏差； (2) 对接孔的同轴度偏差
部件功能性准确度	重量、重心、重量平衡、清洁度、密封性、接触电阻、表面保护、操纵性等	产品图样和设计技术条件所规定的装配技术要求

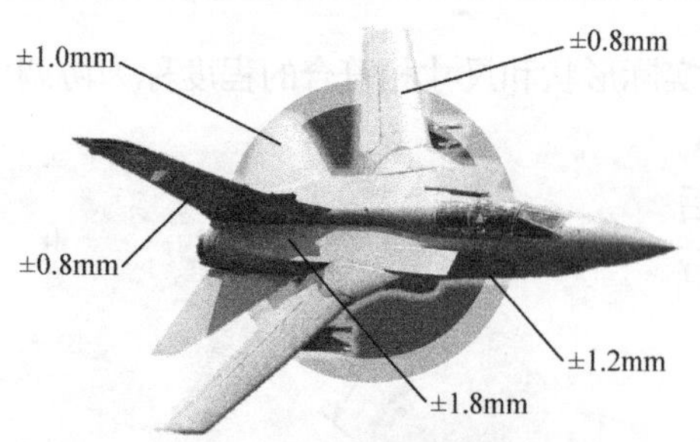

图 2-29　高速歼击机外缘型值要求

对于表 2-2 中的内容进行重点说明。

1. 气动外缘准确度

(1)外缘型值要求：不同飞机要求不同，高速歼击机外缘型值要求如图 2-29 所示。各机型的气动外缘型值要求大部分在±(0.5～4)mm，一般来讲，机翼要比机身要求更加严格。

(2)外缘波纹度要求：气动外缘波纹度按式(2-1)计算。

$$\varDelta=\frac{H}{L} \tag{2-1}$$

式中，$\varDelta$ 为波纹度；H 为波深；L 为波长，即相邻两波峰间的距离。

波深 H 的测量方法如图 2-30 所示，按式(2-2)计算。

$$H=Y_{n+1}-\frac{Y_n+Y_{n+2}}{2} \tag{2-2}$$

式中，Y_n、Y_{n+2} 均为波峰与样板的间隙；Y_{n+1} 为波谷与样板的间隙。

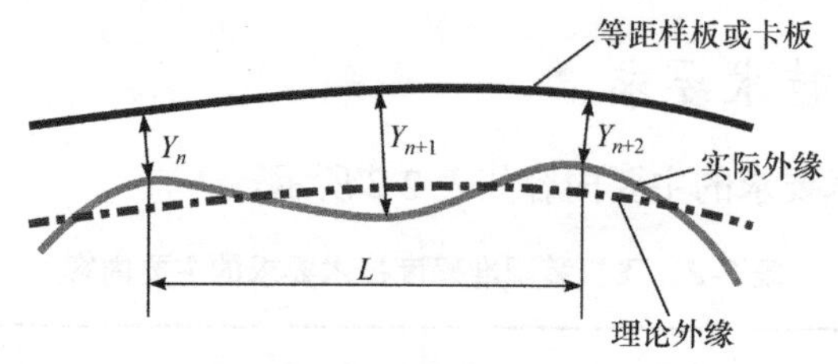

图 2-30　波深的测量方法

(3)表面平滑度要求：蒙皮对缝间隙及阶差；螺栓(钉)头、铆钉头、焊点相对蒙皮凸凹量，如图 2-31 所示。

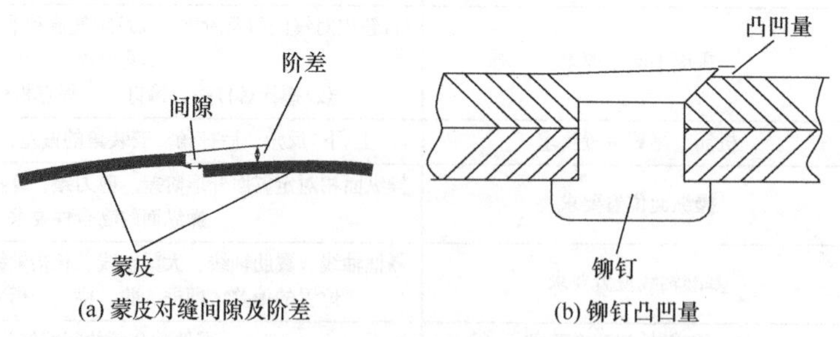

图 2-31　表面平滑度要求

蒙皮对缝间隙及阶差一般在 0.5～1.5mm，部件对接处蒙皮对缝间隙及阶差一般在 1.0～2.5mm。对于垂直于航向的对缝，其逆差(气流从低到高)情况下的阶差要求相较顺差(气流从高到低)情况下要更严格。

紧固件钉头对气动外缘的凸凹量要求一般在±(0.1～0.25)mm。

2. 部件相对位置准确度

飞机机翼、机身等部件之间相对位置的几何参数要求。例如，机翼、尾翼相对于机身的角度要求(安装角、下反角、上反角、后掠角等)；操纵面相对于固定翼面的位置要求(阶差、剪刀差和间隙等)；机身各段之间的同轴性要求等。一般将其允许公差换算成线性尺寸在飞机水平测量时检验。

安装角α、上反角β等公差要求为 4′～20′。操纵面凸凹量为±0.5mm，剪刀差要求小于 15′或 2～3mm，如图 2-32 所示。

3. 内部结构件位置准确度

部件内部组件和零件的位置准确度是对基准轴线的位置要求，如大梁轴线、翼肋轴线、隔框轴线、长桁轴线等的实际装配位置相对于理论轴线的位置偏差。内部结构件位置将影响大梁、翼肋、框和长桁的位置，其准确度会影响部件外形、部件接头位置以及结构强度等，同时也会对装配协调产生直接影响。

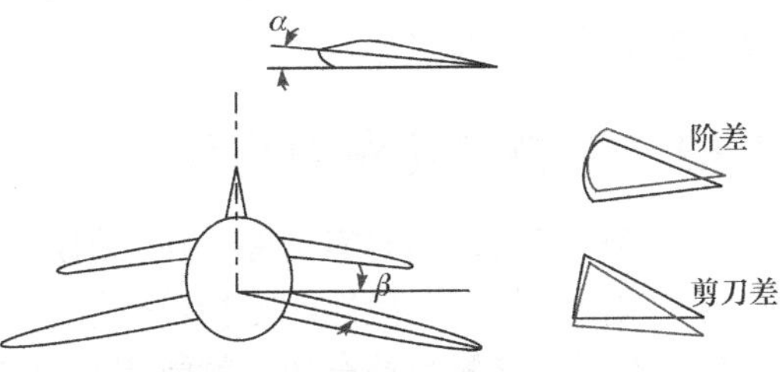

图 2-32　安装角、上反角、阶差和剪刀差示意图

梁轴线实际位置与理论位置的偏差为±(0.5～1.0) mm；普通肋轴线实际位置与理论位置的偏差为±(1～2) mm；长桁轴线实际位置与理论位置的偏差为±2mm。

4. 结构件间配合准确度

因为剪力依靠螺栓传递，所以可卸连接的接头中螺栓与孔的配合应在规定范围以内，才不会发生强迫装配或受力不均而影响飞机寿命。因此，对合接头的螺栓与孔一般采用 7～9 级精度配合，如 H8/h7/H8、H9/h8/H9 等。

5. 部件功能性准确度

机加件和钣金件的重量偏差要求随着理论重量的增加而变化，重量偏差要求为±(0.002～0.2) kg，当理论重量偏差大于 10kg 时，重量偏差要求控制在理论重量的±2%。

化学铣削件和焊接件等重量偏差要求为±(4～10) kg。

组件重量偏差要求控制在理论重量的 1.25%～2.5%。

部件重量偏差要求为理论重量的 1.25%,有密封要求的部件重量偏差要求为理论重量的 1.5%。

2.4　互换与协调

精度和效率是制造业中非常重要的两个指标，二者是紧密相关的。在 1.1 节中提到了 18 世纪末美国惠特尼公司依靠互换性概念，大幅度提高了滑膛枪生产效率。互换性是包括飞机等所有机械产品的追求，它的本质是通过控制零件尺寸精度间接满足装配件尺寸精度的要求，从而提高效率。

飞机零件大多外形复杂，容易发生变形。一方面，这种变形在装配过程中因外载荷动态变化，很难将零件的尺寸精度控制在较高的水平；另一方面，飞机本身装配精度要求比较高，这就导致零件装配后的尺寸很难达到装配件的精度要求。因此，必须采取一些较简单的措施。

例如，留够余量，装配后精加工；再如，将某个零件设置为补偿件，最后安装该零件时根据装配尺寸“多退少补”，这种操作统称为修配。在这种操作下，互换性必定大幅下降，但是最终达到了装配精度要求。为了描述这种装配件内部尺寸之间的配合关系，本节引用“协调”这个概念。“互换”是通过精度换取效率，而“协调”是通过效率换取精度。

装配，即一边安装，一边修配，以协调性要求代替部分互换性要求，这是目前的飞机装配现状，但也只是一个时期内的权宜之计。这是由目前的制造技术无法匹配飞机精度要求导致的。试想，若当初工厂的加工条件未能满足惠特尼提出的零件精度要求，则互换性要求也必定不能实现。如今制造业相关技术飞速发展，零件加工精度、形位误差测量能力、结构变形预测能力都不断提高，“只装不配”的概念在飞机制造领域被提出，还有很长的一段路要走，或许要经过几代人的努力才可实现。

2.4.1 互换与协调的内涵

互换性指的是相同零构件，在几何尺寸、形位参数，以及物理性能、机械性能等方面具有的一致性。具有互换性的零构件分别制造，在进行装配或安装时，仅需要设计规定的调整参数，不需要选配和补充加工就能相互取代。值得注意的是，互换性包括几何形状互换性和物理功能互换性两个方面的内容。

对于一些尺寸大、刚度小、形状复杂的零部件，难以保证其全部几何尺寸与形状的互换，在生产中往往只能达到一定程度的互换要求。因此，必须提前预留一定的加工余量或借助可调补偿件，在装配时进行修配与调整，以达到装配技术要求。在生产互换中确定互换程度时，应在确保产品质量的条件下，考虑最经济的原则。

在飞机制造中，当飞机零部件具有生产和使用互换性时，不但可减少装配和对接时的修配工作量，节省大量工时，降低生产成本，还有利于组织有节奏的批量生产工作，减少因强迫装配而产生的装配变形、装配残余应力与局部应力集中，同时，被破坏的飞机零部件可以用备件迅速更换，以保证飞机的正常使用。

协调性指的是两个相配零构件间的配合尺寸和形位参数的一致性。协调性可以用来描述飞机结构单元之间、飞机结构单元及其工艺装备之间、成套的工艺装备之间的配合关系。值得注意的是，协调性仅指向几何参数。

协调性既可通过互换性方法取得，也可通过非互换性方法(如修配)取得，即相互协调的零件、部(组)件不一定具有互换性。协调性是保证互换性的必要条件，只有在解决了结构元件之间协调性的基础上，才有条件全面深入地解决互换性问题，因此在飞机制造中通常将这两个不同概念的术语统称为互换协调。飞机批量生产要求其结构零件、组件、部件具有一定的互换性和严格的协调性。

在飞机制造中，为使批量生产的零构件顺利装配，并保证结构状态和外形符合设计要求而采取的技术措施，称为协调技术。协调技术的关键在于使协调误差不超出允许的范围，以避免强迫装配或减小装配应力和变形。协调准确度以其协调尺寸之间的特征参数来衡量。

2.4.2 互换要求

在飞机制造中，其零件、组件、部件均应达到互换要求，除了几何尺寸方面应具备互换性，

还特别要求在气动外形、部件对接接头、结构强度和重量(包括重心)等方面达到互换要求。

1) 气动外形的互换要求

气动外形的互换要求是飞机产品的特殊要求。这是因为飞机大部分零件都直接或间接与气动外形有关，而气动外形是评价飞机性能的一个极为重要的内容。气动外形的互换要求包括两部分内容：①组件及部件本身的气动外形达到互换要求；②组件、部件安装在飞机上后，达到与相邻组件及部件相对位置的技术要求。例如，机翼部件在总装时，或在使用中因损坏而更换时，任一同类型飞机的机翼装上后，飞机的上反角、安装角以及后掠角等有关的相对位置几何参数，也应完全符合技术条件的要求。

2) 部件对接接头的互换要求

要求互换的组件或部件，在与相邻的组件或部件对接时，应不需要修配或补充加工就能接合，并且对接后可达到规定的技术要求。飞机各部分之间往往采用空间多点的复杂连接形式，因此保证互换要求也需要采用一些特殊的方法。

以某型飞机中翼和外翼对接为例，其对接技术要求如下：

(1) 对接接头叉耳间的配合要求以及对接螺栓孔的同心度要求；

(2) 对接处蒙皮对缝的阶差及间隙要求；

(3) 对接处两个部件断面的切面外形的吻合性要求；

(4) 两个部件内部各种导管、电缆等在对接面处连接的技术要求。

要求 (1)～(3) 直接影响飞机的气动性能，要求 (1) 除了与部件气动性能有关，还涉及连接强度。

根据以上要求，在飞机生产过程中，若采用一般机器制造的公差配合制度和通用量具，则很难保证互换，因此必须采用特殊的方法。例如，为了达到部件间蒙皮对接缝的间隙要求，可在蒙皮边缘留有一定的加工余量，待装配时通过修配来达到要求。即便如此，由于飞机构造的特点，有些内容很难做到完全互换，只能达到一定程度的互换。

3) 结构强度的互换要求

零件、组件和部件的物理性能及其加工尺寸，应保持在一定的误差范围内，以保证产品的强度和使用可靠性。

4) 重量(重心)的互换要求

飞机的重量及重心对飞机的性能有重要影响，因此要求生产出的组件和部件的重量及重心应符合技术条件的规定。

以上这些互换要求，均是从飞机部件总的要求方面来讨论的，这些互换要求必须通过飞机生产过程中的各个阶段来实现。由于飞机构造的特点与所采用加工方法的影响，在保证互换性的基础上，除了形状简单规则、尺寸小、刚度大的机械加工零件(如起落架、作动筒、操纵系统的零件等)，凡是与气动外形有关的零件和装配件都不能依靠公差配合制度及各种通用的量具来保证其互换要求，必须采用相应的协调方法来保证。

2.4.3　互换性分类

1) 按性质分类

生产互换：在生产过程中，为了减少装配时的修配工作量，便于组织流水生产，缩短装配周期，在成批生产中，若零件、构件等不经修配和补充加工就可以装配，且装配后能够满足技术性能的要求，则该零件或构件就具有生产互换性。在大批量生产中，主要是采用互换方法组织均衡、有节奏的生产。在飞机的成批生产中，也期望尽可能采用互换方法生产，但实际工作中很难达到，或经济上极不合理。因此，在飞机生产中实际上并不是要求完全互换，而是局部互换。互换性项目要求越多，对生产部门要求越高。

使用互换：也称为备件互换。飞机在使用中局部损坏，要求更换某部分是常发生的，互换的部件(段件)应具有相同的(在公差范围内)连接面尺寸和形状，相同的对接螺栓孔和管道孔的位置，一致的气动力特性、重量和重心，而其中的操纵系统应具有相同的技术特性，如机翼、尾翼、舵面和直升机的旋翼等均要求使用互换。

2)按制造分工分类

厂内互换：在飞机工厂内部范围内，生产的同类产品间具有的互换性。

厂际互换：多家工厂协作生产的同类产品或有互换要求的相邻产品间具有的互换性。

国际互换：国际协作生产的同类产品或有互换要求的相邻产品间具有的互换性。

3)按互换等级分类

互换-完全互换：一个零件、组件或部件能代替同一图号(名称)的另一零件、组件或部件，安装时仅需要采用连接件，且只需要设计规定的调整要求，不需要补充加工(切割、钻铰、加垫、敲修)，即能满足所有物理、功能、结构的要求。

替换-交点互换：一个零件、组件或部件能代替同一图号(名称)的另一零件、组件或部件，在安装时不允许对交点进行钻孔、铰孔以及修锉等补充加工，只允许在其他的部位进行小量的修整，如切割、锉修、敲修等，即能满足所有物理、功能、结构的要求。

替换：一个零件、组件或部件能代替同一图号(名称)的另一零件、组件或部件，在安装时需要进行包括交点的补充加工(切割、钻铰、锉修、敲修等)，才能满足所有物理、功能、结构的要求。

习　　题

2-1　飞机对机体结构的基本要求是什么？

2-2　飞机的机体结构组成包括什么？

2-3　机翼的结构组成包括哪些？

2-4　机翼的常见结构形式有什么？

2-5　机身的结构组成包括哪些？

2-6　机身的常见结构形式有什么？

2-7　制造准确度和协调准确度的内涵是什么？

2-8　飞机装配准确度技术要求的主要内容包括哪五个方面？

2-9　互换性和协调性的内涵及相互关系是什么？

第 3 章　装配工艺设计

飞机装配工艺指的是飞机装配中的方法与过程，装配工艺的设计与实施是飞机装配过程的主线。装配工艺设计是工艺准备工作的核心，贯穿飞机试制及批量生产的全过程，由工艺员负责，形成工艺文件；装配工艺实施由操作工人依据工艺文件执行。

装配工艺设计涉及面广，工作内容多。本章在总体介绍装配工艺设计流程和内容的基础上，重点介绍装配单元划分、基准与定位、协调原则和方法、误差分析与容差分配、补偿方法等原理性、规律性的内容，其他如工艺文件编制、供应状态确认、工艺布局等偏工程性的内容不再过多介绍，工具、设备和工艺装备等内容在后续章节分别介绍。

3.1　飞机装配工艺概述

装配是飞机制造过程重要的组成部分，因此本节先介绍飞机制造工艺流程，再阐述装配工艺设计的内容。

3.1.1　飞机制造工艺流程

飞机制造是一个总分总的过程，如图 3-1 所示。在工艺设计阶段，从总装方案到零件制造方案，是由整体到局部；在制造实施阶段，从零件制造到飞机总装，是由局部到整体。中间虚

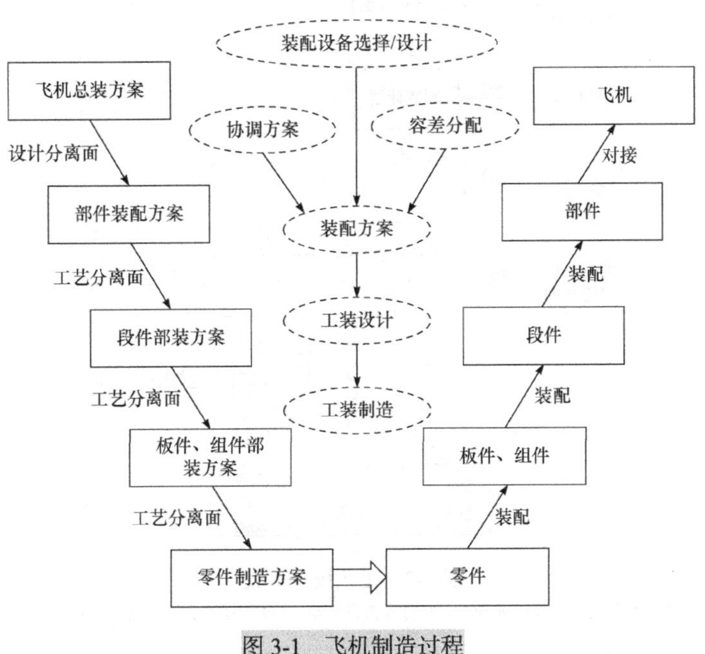

图 3-1　飞机制造过程

框内容为配套的工艺装备的研制过程，工艺装备应在装配工作展开前制造出来，其研制工作量大，应尽早展开。

由图 3-1 可以看出，除了零件制造方案和零件制造，其余的都属于飞机装配范畴。工艺总方案和制造计划中，装配方案都是最先开始的也是最重要的内容。因此，可以说飞机装配是飞机制造的龙头。

飞机制造工艺流程设计是飞机制造过程的逆过程。飞机制造工艺流程单元的划分与飞机制造过程正好相反，是自上而下逐层进行的，即先将飞机按工艺分离面分为较大的装配件和安装件，以它们为单元生成制造工艺流程；然后对每个这样的流程单元再次进行细化，将其分成较小的流程单元；最后将飞机制造工艺流程单元细化到最小的工作单元，形成具体的工作指令。

飞机制造工艺流程设计是生成飞机工艺信息的主要步骤之一，是工艺方案设计的主要内容，也是生成详细计划和工作指令的基础。飞机制造工艺流程设计是在工程物料表(engineering BOM，E-BOM)的基础上进行的。

飞机制造工艺流程设计的主要任务是按一定的规则，并综合考虑时间、场地、人力和设备等因素，将飞机的整个制造过程逐层划分成单独的制造工艺单元，进而使制造工艺单元转变为按一定结构形成的、随时间流动的制造工艺流程。

飞机制造工艺流程设计主要包括装配工艺流程设计、工艺装备制造工艺流程设计、零件制造工艺流程设计。需要注意的是，由于飞机装配对部件精度、变形和寿命影响很大，装配工艺流程设计往往是整个设计过程的主线。实际上在很多情况下，飞机制造工艺流程设计都在研究装配方案。

国内常见的一种工艺设计流程(为表达清晰，略有简化)如图 3-2 所示。

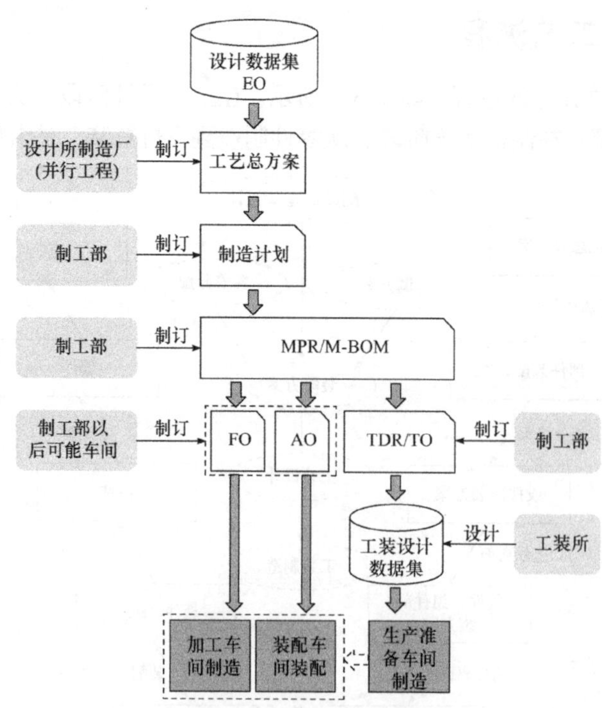

图 3-2　工艺设计流程

EO 为工程指令；MPR 为主要零件状态记录；M-BOM 为制造物料清单；FO 为制造大纲；AO 为装配大纲；TO 为工装指令；TDR 为工装设计需求

下面分别介绍工艺设计流程中涉及的内容。

EO：已发图纸进行更改的正式记录，用于描述一个更改而不更改图纸本身，EO 将代替或补充图纸上的信息附加上去，EO 是最新信息，并且是该图纸的一部分，是设计部门记录审签信息、提供发送和更改指示的文件，用于设计图样的签署、发送和更改。

制造计划：有时称为装配制造计划，其对工艺流程（装配流程）站位、工作内容、工装、难点、重要协调部位、重要定位形式、标工等信息进行了规定，可以说 AO 的份数在这里已经基本定下。

MPR：用于记录详细的零件信息，并从生产工艺计划传递给制造工艺计划和工作指令控制（work order control，WOC）的一种文件表。

M-BOM：由制造工程部门根据工程图纸和工厂加工能力分工编制而成的一份关于产品制造的装配层次、零件配套、制造分工路线和材料需求的报告，该报告准确表明产品整体构成总的需求，列出每一零件号（包括工位、站位、AO 等工艺编号）与其工艺下级装配件等相关的工艺信息。M-BOM 几乎和 MPR 同时开始编制，但真正完成较晚，有时甚至要等 FO、AO 均确定才能完成。

TO：一种由工艺部门编写的格式化工艺文件，其中包括对工装的工艺要求，工装设计或工装制造部门之间周转、检验、说明等信息，是一份包含技术、质量、生产、成本、进度等内容的综合性管理表格，也是工装项目立项、设计、制造、检验和接收的依据文件。

FO：由工艺计划部门编写和发放，为制造零件和小分组件提供必要的制造和工装信息。FO 必须按最清楚的操作方法规范编写，如成文的标准、典型实例和图解说明等。需要注意的是，制造大纲（FO）与制造指令（fabrication order，FO）不同，制造指令（FO）可将带有变更数据的制造大纲复制本作为向制造部门授权的工作指令，以完成所要求的工作内容。

AO：由装配工艺部门编制的生产性装配工艺文件，用于批准某一具体产品的装配任务。该产品需要一个单独的、可说明的检验记录，汇编有任务说明、工程图纸及其版次、零件名称和零件号、工装要求、工序检验点以及完成一个独立的装配任务所必需的其他有关信息。需要注意的是，装配大纲（AO）与装配指令（assembly order，AO）不同，目前很难说清两者之间的本质区别。

我国的飞机工业体制来源于俄罗斯，设计部门只设计图样，制造部门负责将设计图样制造成满足功能需求的实物。在制造行业，依靠工艺工程师先生成实物的策划，然后进行工艺设计，工艺设计可以分为以下三个层面。

第一个层面是总体工艺设计，即主管工艺，该层主要负责全机的工艺方案制订，协调各个专业之间的工艺关系，制订全机协调方案，确定全机关键部位的协调工具，领导工厂各个专业工艺对飞机设计文件进行工艺审查。若涉及厂际制造，还应负责厂际交付状态和厂际协调技术。除此之外，还要负责全机制造过程中，重大工艺技术问题的组织处理和与飞机设计的沟通工作。

第二个层面是专业主管工艺设计，如工装研制、钣金工艺、机加工艺、部装工艺、总装工艺、试飞工艺等，该层对所管辖专业领域的制造车间工艺进行整体控制，负责编制专业工艺总方案、专业制造协调方案，还负责编制飞机制造领域内相邻专业之间的交接状态、处理专业界面的技术协调问题等。

第三个层面是车间或制造工段的工艺设计，该层负责按照设计技术文件和各类工艺方案，编制加工工艺规程和装配工艺规程，编制材料明细表，指导车间操作工人制造出符合要求的零组部件以及整机。

3.1.2 飞机装配工艺设计的内容

飞机装配分为部件装配和总装配，二者在工艺层面有所区别，但是部件装配更具有代表性且工作量更大，本书大部分章节也是侧重部件装配展开的，因此本节的装配工艺设计也以部件装配工艺设计为主。

装配工艺设计：是指以设计模型为基础，以物料清单(bill of material，BOM)为载体，完成装配过程总体工艺规划、详细工艺设计等过程的方法。

装配工艺设计为装配提供工艺技术方面的准备，贯穿于飞机设计、试制、批量生产的全过程。虽然装配工艺设计在飞机生产各个阶段的工作重点不同，但各个阶段的主要内容均包括以下几个方面。

1) 划分装配单元

根据飞机的结构工艺特征，合理地进行工艺分解，将部件划分为装配单元。

相关内容在3.2节中介绍。

2) 确定装配工艺基准和装配定位方法

装配工艺基准是保证飞机外形准确度所采用的外形零件的定位基准，根据飞机气动外形准确度要求在飞机结构设计时确定。装配工艺设计的任务是采用合理的工艺方法和工艺装备来保证装配基准的实现。

装配定位方法是指确定装配单元中各组成元素相互位置的方法。该方法是在保证产品图样和技术条件要求的前提下，综合考虑操作简便、定位可靠、质量稳定、开敞性好、工装费用低和生产准备周期短等因素之后选定的。

相关内容在3.3节中介绍。

3) 选择保证准确度、互换性和装配协调的工艺方法

为了保证部件的准确度和互换性要求，必须选择合理的保证准确度的工艺方法和保证互换协调的协调方法。该阶段的主要内容包括制订装配协调方案、确定协调路线、选择标准工艺装备、选择主要生产工艺装备、确定工装与工装之间的协调关系、利用设计补偿和工艺补偿的措施等。

相关内容在3.4节中介绍。

4) 确定各装配元素的交接供应技术状态

供应技术状态是对装配单元中各组成元素在符合图样规定的基础上而提出的其他要求，即对零件、组件、部件提出的工艺状态要求。工艺状态按文件性质分为指令性状态表和交接状态表。

指令性状态表：为满足飞机装配协调和互换要求，对主要零件、组件、部件提出的制造依据，以及对容差分配、检验方法、配套要求、工艺余量、技术分工等规定的指令性工艺文件。

交接状态表：为满足零件、组件、部件加工或装配过程中的产品定位、工艺补偿、技术

协调等，由下道工序提出状态要求的生产性工艺文件。

5) 确定装配过程中的工序、工步组成及各构造元素的装配顺序

装配过程中的工序、工步组成主要包括装配前的准备工作，零组件的定位、夹紧、连接，系统、成品的安装，互换部位的精加工，各种调整、试验、检查，清洗、称重和移交，以及工序检验和总检等。

装配顺序是指装配单元中各构造元素的先后安装次序。

装配仿真技术在装配顺序规划中起非常重要的作用，相关内容在 4.4 节中介绍。

6) 选定所需的工具、设备和工艺装备

选定所需的工具、设备和工艺装备具体工作内容如下：

(1) 编制通用工具清单；

(2) 选择通用设备及专用设备的型号、规格、数量；

(3) 申请工艺装备的项目、数量，并对工艺装备的功用、结构、性能提出设计技术要求。

工艺装备相关内容在第 6 章详细介绍。

7) 零件、标准件、材料的配套

零件、标准件、材料的配套具体工作内容如下：

(1) 按工序对零件(含成品)、标准件进行配套；

(2) 计算材料(基本材料、辅助材料)定额；

(3) 按部件汇总标准件和材料。

8) 进行工作场地的工艺布置

工艺布置的主要内容包括装配车间总面积的概算、原始资料准备、绘制车间平面工艺布置图等。

3.2　装配单元划分

为了满足飞机的使用、维护以及生产工艺的要求，飞机的机体可分解成许多大小不一的装配单元。装配单元划分的目的具体体现在以下五点：

(1) 扩大装配工作面。分解装配工艺，使装配工作分散进行，以缩短飞机的装配周期。

(2) 改善装配工作的施工通路。改善劳动条件，以利于装配工作机械化，提高生产效率和产品质量。

(3) 简化定位方法和工艺装备的结构。

(4) 分散总装工作量，减少复杂的大型总装型架数量。

(5) 减小专用厂房面积。将特殊装配环境和特殊试验要求的装配件分离，可以减小专用厂房面积，节约投资费用。

3.2.1　装配单元分类

飞机按照使用功能性要求可以分为不同的部件，部件在构造上和工艺上是完整机体的一部分。若部件太大，则可以细分为不同的段件。段件是由板件、组件和零件构成的。板件可以进一步划分为组件(装配的大梁、隔框、翼肋等)和零件(蒙皮、角片等)。组件可以进一步

划分为零件。整个层次关系如图 3-3 所示。

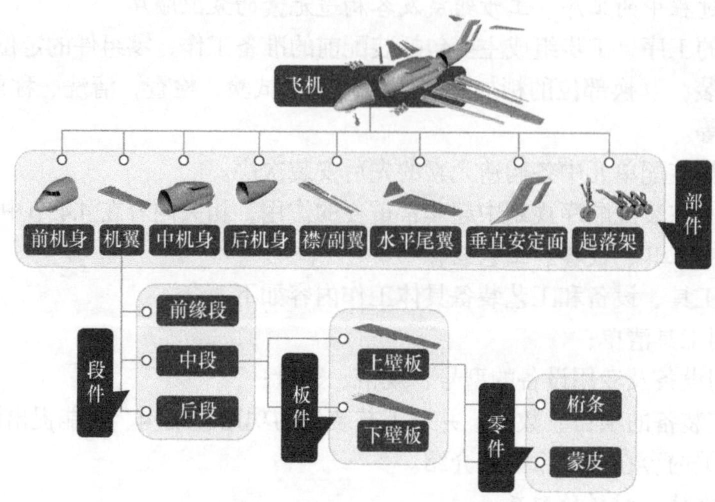

图 3-3 飞机单元划分层次

此外，按照结构工艺特点，飞机可以分解为平面类组件、壁板类组件、立体类组件等。具体的分类如表 3-1 所示。

表 3-1 飞机工艺单元分类

分类依据	分类	定义	实例
按功能分解层次分类	部件	具备独立的功能和完整的结构	机身、机翼、垂尾、平尾、起落架段舱、发动机段舱
	段件（分部件）	部件太大，可进一步分为段件	机身前段、中段、后段；机翼的中翼、中外翼、外翼、襟翼、副翼；尾翼中的水平安定面和垂直安定面，升降舵、方向舵
	组件	由两个或两个以上零件组成的装配件	梁、框、肋等
	板件	由骨架零件和蒙皮连接的装配件	机身壁板、机翼壁板、尾翼壁板
	零件	装配的基本单元	角材、梁Ⅰ段、梁Ⅱ段
按结构工艺特点分类	平面类组件	由平面腹板及加强件组成	平面框、肋、梁、地板、隔墙
	壁板类组件	由蒙皮及骨架零件组成，分为单曲度壁板和双曲度壁板	机身壁板、机翼壁板等
	立体类组件	除上述两类组件，其他均属于立体类组件	翼面前缘、后缘、翼尖；各种门、盖；机头罩、尾罩、整流罩；内部成品支架
	机身类（分部件）	机身部件	机身或机身各段；起落架段舱、发动机段舱
	翼面类（分部件）	机翼部件	机翼或机翼各段；水平安定面、垂直安定面、襟翼、副翼；升降舵、方向舵

3.2.2　飞机分离面

飞机相邻单元之间的对接处或结合面称为分离面，分离面可分为两大类，即设计分离面和工艺分离面。设计分离面与工艺分离面的划分是飞机产品进行装配单元划分的重要依据。

设计分离面：为了满足产品结构和使用的需要，将飞机分解后的各装配单元之间的连接面称为设计分离面。

例如，飞机的机翼为便于运输和更换，需要设计成独立的部件；再如，襟翼、副翼和舵面需要在机翼或安定面上做相对运动，应将它们划分为独立的部件；又如，歼击机机身后部装有发动机，为便于维修、更换，可将机身分成前机身、后机身两个部件。

设计分离面均采用可卸连接(如螺栓连接、铰链接合等)，且一般要求它们具有互换性。

某运输机按设计分离面可划分出机身、机翼、垂直安定面、方向舵、水平尾翼、襟翼、副翼、发动机、各种舱门等部件，如图 3-4 所示。

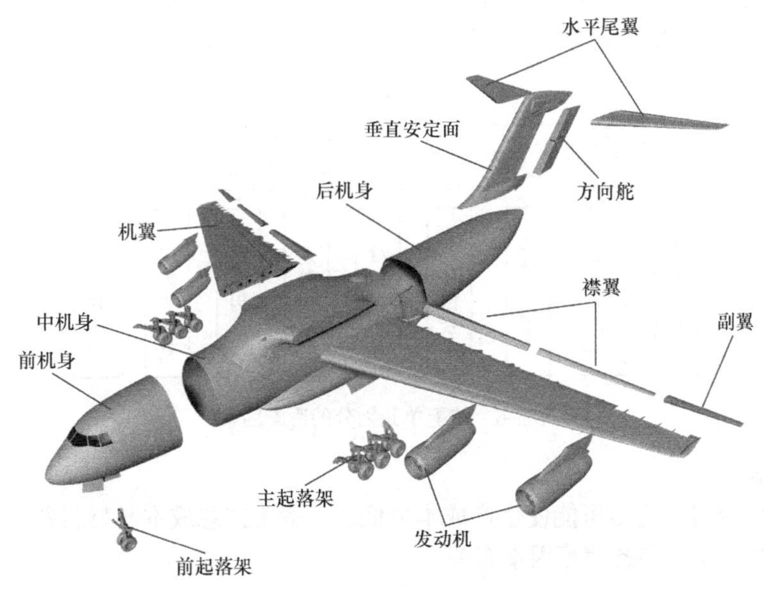

图 3-4　某运输机按设计分离面划分成部件

飞机的设计分离面基本上均有互换要求的部位，因此必须保证两对接部件对接部位的协调准确度。通常通过调整或精加工补偿方法达到这一要求。

工艺分离面：为了满足制造和装配过程的要求，将部件进一步划分为分部件，将分部件进一步划分为组件，这些分部件、组件之间的分离面称为工艺分离面。

由部件划分成的段件，以及由部件、段件进一步划分出来的板件和组件，它们之间的界面都是工艺分离面，如图 3-5 所示。工艺分离面之间一般均采用不可卸连接，如铆接、胶接、焊接等。

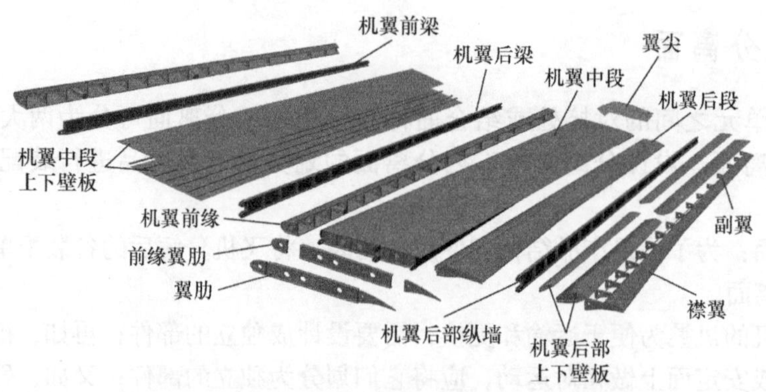

图 3-5 机翼按工艺分离面划分成段件和板件

3.2.3 装配单元划分的影响因素

装配单元划分是一个多指标、综合性的概念，其影响因素既包括定量因素，又包括定性因素，如图 3-6 所示。这些因素可作为零部件单元划分时的判断依据。

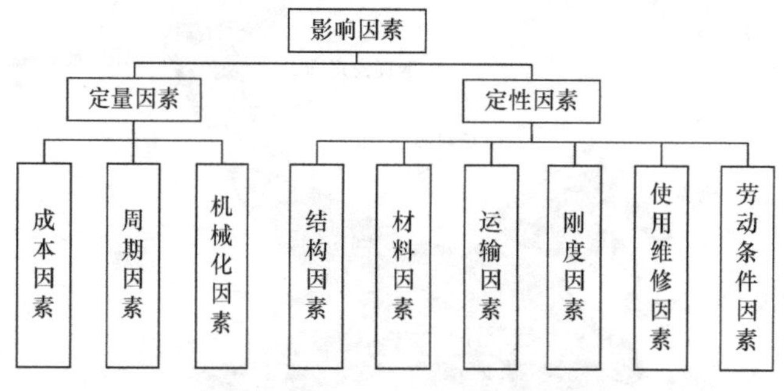

图 3-6 装配单元划分的影响因素

1) 成本因素

在装配件划分时，应尽可能使生产成本最低。一般工艺总成本与材料费、工人工资、设备维修和折旧费、工艺装备费等因素有关。

2) 周期因素

在飞机生产中，必须尽量缩短生产周期和生产准备周期，以满足市场竞争需要。飞机分散装配可以扩大工作面，使装配工作能够平行作业，从而缩短装配周期。

3) 机械化因素

飞机分解后进行装配，不但可以改善劳动条件，还可以利用机械化和自动化设备，这样既可以提高生产效率，又有利于保证装配工作的质量。

由于机械化、自动化设备工作尺寸的限制，尺寸很大的部件必须分解成许多小尺寸的装配单元，以使用这些设备进行加工。例如，点焊机或压铆机的钳口尺寸限制板件尺寸不能太宽等。

4) 结构因素

飞机各个部件的空气动力特征及功能存在差别，使飞机的机身、机翼以及尾翼等部件的几何形状和结构形式存在显著的差异，因此必须划分成独立的部件。

5) 材料因素

某些部件根据使用和强度的要求，选用不同的材料。例如，起落架材料选用钢件，喷气飞机机身接近发动机尾喷口处采用钛合金，其他部位采用铝合金，以便于分段装配。另外，由于铝板原料铝锭的重量和轧制设备的限制，铝板尺寸受到限制，从而为板组件的划分提供了限制条件。

6) 运输因素

为了便于铁路或轮船运输，飞机分解后的轮廓尺寸一般不应超过铁路隧道的限制、集装箱尺寸的限制、船装尺寸和装吊重量的限制等。

7) 刚度因素

飞机分解成装配单元，必须在装配后保证符合装配件的技术条件。装配单元应具有足够的刚度，不应变形，特别是部件、段件等，但个别板件为了使将来组装成的段件和部件更易于保证质量，允许板件有一定的弹性变形，这些板件在运输过程中应装上工艺支撑，以保证板件在运输过程中不会产生永久变形。

8) 使用维修因素

大多数歼击机的发动机都是安装在机身的后部，为了便于发动机的安装、维护、检修及更换，常将后机身设计成可卸的。襟翼、副翼、舵面、起落架和舱门等在工作时要改变本身的位置，因此它们应设计成独立的装配单元。一般情况下，根据构造和使用方面的要求将飞机分解成装配单元，这种分解后的连接面往往采用可卸连接。

9) 劳动条件因素

部件分散进行装配，可以改善劳动条件，便于利用机械化和自动化设备，因此能显著提高劳动生产率，装配时不同工作姿态具有不同的劳动效率。段件、部件分解成板件后，可以将手工钻铆工作改为机械化、自动化钻铆工作，同时段件、部件上的安装工作还可以分散到板件上进行，劳动生产率大幅提高。因此，飞机装配件的划分应考虑提高劳动生产率，改善劳动条件，尽量使划分后的装配单元具有开敞性。

3.2.4 装配单元划分的原则

上述影响因素往往相互作用，但很多时候相互冲突。例如，增大段件的装配单元尺寸会使装配夹具更复杂；反之，减小段件的装配单元尺寸会增加工艺分离面，可以提高工件的开敞性及机械化程度，增加结构重量。一般歼击机的机身在受力区内，每增加一个工艺分离面，结构重量增加 10kg 左右；每增加一个设计分离面，结构重量增加 30kg 左右，因此机身一般不轻易增加段件的分离面。段件的分离面过多，不仅会影响飞机外表面的光滑度，还会增加各装配单元之间的连接工作量，使装配单元的协调问题变得更复杂。因此，确定合理的飞机划分方案时，应从全局考虑，尽可能使结构设计、生产工艺和使用要求统一，进而使选取的工艺划分方案同时满足要求，力求达到综合最优。

对于装配，设计分离面是设计阶段给定的，剩下的装配单元划分工作是工艺分离面的设计，该工作在飞机设计阶段就已经介入。

工艺分离面的设计一般取决于飞机结构的可能性，即飞机在构造上能单独划分的可能性。为了满足装配工艺上的需要，设计工艺分离面具体要求如下：

(1) 工艺分离面上的协调部位应尽量少。对于有协调要求的部位必须有相应的措施，如设计补偿、工艺补偿或采用工装保证等。

(2)尽量减少装配周期长的总装型架内工作量，尽可能多地形成大型组件，避免以散件形式进入部件总装。

(3)结构设计中尽量壁板化，以便采用机械化、自动化连接技术，提高劳动生产率，缩短装配周期。

(4)工艺分离面上结构件之间的装配关系应采用对接形式或搭接形式，避免采用插装。

(5)工艺分离面上结构连接应有充分的施工通路。在可能的情况下，装配顺序应是自内向外。

(6)不同装配特点(环境条件、试验条件、连接形式、工艺特点)的装配件应通过工艺分离面或设计分离面单独划出。

(7)工艺分离面的划分应使各个装配工作站的装配周期基本平衡。

当部件中各段结构和装配工艺方法有较大差别时，应将工艺分离面划分为段件，以便于按不同的工艺特点组织段件装配；部件、段件划分为壁板，可提高装配中铆接和点焊的机械化、自动化程度；进一步划分为组件能扩大装配工作面，缩短装配周期，优化工作环境。

大体上，工艺分离面的划分主要根据两种装配原则：分散装配原则和集中装配原则，即装配工作的集中与分散。若一个部件的装配工作在较多的工作地点和工艺装备上进行，则采用分散装配原则；相反，若一个部件的装配工作集中在少数工作地点，在少量的工艺装备上进行，则采用集中装配原则。

采用分散装配原则的主要优点有增加平行工作地，装配工作可以分散进行，扩大工作面；结构开敞可达性好，改善装配劳动条件，有利于装配连接工作的机械化和自动化，从而提高劳动生产率，缩短部件装配周期，有利于提高装配质量。采用集中装配原则的主要优点是需要的专用装配工艺装备较少，协调关系比较简单，因此可缩短生产准备周期，进而减少工艺装备的费用。

分散装配原则和集中装配原则的优缺点是相对的，不能将它们看成一成不变的，而是与生产任务密切相关的。在生产中，应根据产品结构的特点、生产任务和生产条件的实际情况进行具体分析，综合全面考虑“多快好省”各方面的要求，合理确定装配工作的分散程度。一般认为，成批生产的产量比较高，主要的要求是保证产品的高质量、提高劳动生产率、缩短装配周期等，因此应采用分散装配原则，产量越大，分散程度越大。在研制、试制阶段的单件生产或产量不高时，主要的要求是缩短生产准备周期，在保证质量的前提下减少专用工艺装备的数量，因此应采用集中装配原则。

在 1.1.1 节中提到，飞机试制和批量生产中的飞机装配工艺是不同的，不同批量条件下对工艺分离面有不同的要求。在选取工艺分离面时，应结合生产性质(试制、小批量生产和大批量生产)、年产量、生产周期、成本等因素进行综合技术经济分析。

3.3 装配工艺基准与定位方法

飞机装配放大到细节，都要落到零件和零件、工装和零件等配合上。保证两个零件装配准确度本质上就是保证其相互位置和姿态的准确配合，为达到这个目的有绝对位姿法和相对位姿法两个思路。

绝对位姿法是保证每个零件在同一个空间坐标系位姿准确的一种方法。这种方法在数字空间应用较多，飞机结构设计也多采用该方法，可实现多个设计组并行设计后的快速装配。若在物理空间使用绝对位姿法，则需要精密的测量设备和调姿设备，性价比不高。

相对位姿法指的是将某个零件作为基础，另外的零件紧靠在该零件上。这是一种很朴素的想法，日常生活中经常用到，在飞机装配中需要提炼其中的基础科学原理，以保证相对位姿法的科学性和严谨性。

作为基础零件的点线面就是基准，“紧靠”以保证准确度的过程就是定位，本节严谨给出基准和定位的概念与分类，并介绍飞机装配中常用的传统定位方法，以及在数字化进程下定位方法发生的改变。

3.3.1　装配工艺基准

基准：用于确定结构之间相对位置的点、线、面。基准可以分为设计基准和装配工艺基准。

设计基准：用来确定零件外形或决定结构相对位置的基准，如飞机水平基准线、对称轴线、翼弦平面、弦线、梁轴线、长桁轴线、框轴线、肋轴线等。

在飞机产品的研制过程中，设计基准一般都是不存在于结构上的点、线、面，在实际的装配生产过程中往往无法直接使用，因此需要建立面向飞机装配生产的装配工艺基准。

装配工艺基准：指的是存在于飞机结构件上，用于确定结构件装配位置的点、线、面。

出于对制造过程的支持，在飞机设计过程中产生的飞机重要基准常在结构件中进行标识，如飞机水平基准线、飞机对称轴线等，都可以看成装配工艺基准。

1. 装配工艺基准的分类

飞机装配工艺基准按照其功能可以分为以下三类。

(1) 定位基准：用于确定结构件在设备或工艺装备上相对位置的装配工艺基准。

(2) 装配基准：用于确定结构件之间相对位置的装配工艺基准。

(3) 测量基准：用于测量结构件装配位置尺寸起始位置的装配工艺基准。

飞机各部件的气动外形准确度直接关系飞机的飞行性能，因此在装配过程中如何保证和提高部件外形准确度，是十分重要的问题。各部件的气动外形主要都是在装配过程中形成的，其形成的方法按定位方法和装配工艺基准的不同主要分为两类，即以骨架为基准和以蒙皮为基准，两种装配工艺基准的对比如表 3-2 所示。

表 3-2　两种装配工艺基准的对比

分类	以骨架为基准	以蒙皮为基准
结构特点	翼肋、隔板、框等骨架类零件为整体结构式，无外形补偿件	(1) 翼肋、隔板通常为上下两半结构，使用重叠补偿连接； (2) 翼面类部件通常采用弦平面分离面，上、下半肋一般不连接； (3) 翼肋、隔板、框等与蒙皮之间设补偿件
装配过程	首先定位骨架，然后将蒙皮装在骨架上，用压紧力 P 压紧，蒙皮与骨架进行铆接	(1) 无补偿件的结构：用卡板定位蒙皮，安装半肋施加压紧力 Q，并与蒙皮铆接，对合连接上、下半肋； (2) 有补偿件的结构：定位翼肋腹板（或框），用卡板定位蒙皮并加力使其贴合卡板，安装补偿件与蒙皮和肋腹板（或框）铆接，也可将补偿件固定在壁板上，定位后补偿件与肋（或框）连接

续表

分类	以骨架为基准	以蒙皮为基准
装配误差	装配误差"由内向外"累积，误差反映在部件外形上	装配误差"由外向内"累积，误差通过结构补偿件消除
外形误差组成	⑴骨架零件的外形误差； ⑵骨架装配误差； ⑶蒙皮厚度误差； ⑷蒙皮与骨架贴合间隙； ⑸装配变形	⑴卡板外形误差； ⑵蒙皮与卡板之间的贴合间隙； ⑶装配变形
特点	累积误差反映在部件外形上，使其准确度降低。若要提高部件的外形准确度，则必须提高骨架零件的外形准确度和骨架装配、定位准确度	利用补偿能获得较高的外形准确度
应用范围	⑴外形准确度要求较低的部件； ⑵翼型高度较小，不便于采用结构补偿的部件； ⑶在装配完成后，可以通过精加工控制装配误差的部件	外形准确度要求高的部件，且结构布置和连接通路都能满足要求

2. 装配工艺基准的选择依据

飞机装配工艺基准并不是随意确定的，其与飞机产品的设计过程及装配工艺规划过程密切相关，与装配工艺基准紧密相关的因素主要有以下三个。

1) 产品图样及技术条件

⑴产品结构特点。例如，当骨架零件为整体时，只能以骨架为装配工艺基准。

⑵产品结构件的功用。例如，尽量选取对接孔、叉耳侧面为装配工艺基准。

⑶准确度要求。例如，有轴线要求的零件，尽量选用该零件的轴线面作为装配工艺基准。

2) 结构件的刚性

⑴刚性结构件的装配定位必须符合六点定位原则，即约束六个自由度，每个结构件装配工艺基准的选择必须达到六个自由度的控制。

⑵低刚性结构件的定位不必遵循六点定位原则，通常采用过定位，其目的是维护结构件的形状或强迫变形使结构件符合定位要求。

3) 工艺因素

⑴以工艺孔作为基准，可以简化定位方式和工装结构，在保证位置准确度和外形准确度的前提下应优先考虑。

⑵在结构上不允许制孔或结构上的孔不能满足定位刚度、强度要求时，将工艺孔接头作为装配工艺基准。

⑶装配协调要求，如不同组件协调部位的装配工艺基准应统一、相同组件在不同夹具上的装配工艺基准应统一等。

⑷施工通路的影响，在使用工艺装备定位时，在不影响定位准确度的前提下，应结合施工通路要求来选择定位基准。

3. 装配工艺基准的选择原则

在选择基准时应该遵循以下四个原则。

⑴定位基准与设计基准统一的原则。

结构件定位尽可能直接利用设计基准作为定位基准，不能直接利用的，应通过工艺装备间接地实现基准统一。例如，机翼翼肋的位置在图样上是利用肋轴线确定的，在定位翼肋时，应该选择翼肋轴线面作为定位基准。

(2) 定位基准与零件加工基准统一的原则。

在飞机实际装配过程中，应尽量使定位基准与零件加工基准相统一，否则应进行协调。例如，整体翼肋、整体大梁等在进行数控加工时的定位基准孔，在装配过程中应该作为其在装配夹具内定位时的装配定位基准，这样能保证较高的位置准确度。

(3) 装配基准与定位基准统一的原则。

在部件或分部件为叉耳对接或围框对接时，这些接头和平面在部件或分部件装配时是定位基准，在部件对接时也可作为装配基准。

(4) 基准不变原则。

在部件整个装配过程中，每道工序及每个装配阶段(装配单元)都用同一基准进行定位，即构件的二次定位应采用同一定位基准。例如，在机翼前梁装配时，以前梁接头对接孔作为定位基准，则在前梁与前缘对合以及部件总装时，应将该接头对接孔作为装配工艺基准。

3.3.2　装配定位方法

在飞机产品的装配过程中，首先要确定零件、组件、板件、段件之间的相对位置，即飞机装配过程中的定位问题。在实际装配过程中定位通常有以下要求：

(1) 保证定位符合飞机图纸、三维数模以及技术条件中所规定的准确度要求；

(2) 定位和夹紧操作应简单且可靠；

(3) 尽量保证使用的工艺装备简单、制造费用低。

在飞机装配中，传统常见的定位方法有四种，即划线定位法、基准件定位法、装配孔定位法以及装配型架定位法。随着数字化技术的发展，有些定位方法已逐渐被淘汰，有些定位方法越来越受到重用，并发展出数字化柔性定位方法。

1. 划线定位法

划线定位法是在模拟量传递体系下广泛应用的一种定位方法，其简便易行，工装费用较低，但是最终得到的装配准确度和工作效率均较低。在模拟量传递体系下，划线定位法通常在新机型研制过程中广泛应用，在实际装配过程中主要应用于准确度要求不高、形状简单的零件定位，同时还可以作为其他定位方法的辅助定位方法。随着飞机装配过程中数字量体系的逐步建立，划线定位法已基本退出历史舞台。常见的划线定位法有以下两种。

1) 手工划线法

在选定的基体零件上，按图样尺寸画出待装零件的定位基准线(位置线)，如图 3-7 所示。通常用铅笔完成划线过程，对镁合金零件而言，通常使用不含铅的特种铅笔。手工划线法的装配准确度常取决于工艺人员的技术水平。

2) 接触晒相法

在选定的集体上涂以感光材料，用明胶板或明胶模线在基体零件上晒出待装配零件的外形位置线，作为装配定位基准。接触晒相法与手工划线法相比，其准确度更高，更省时省力，更适用于模线样板尺寸传递下的装配定位。

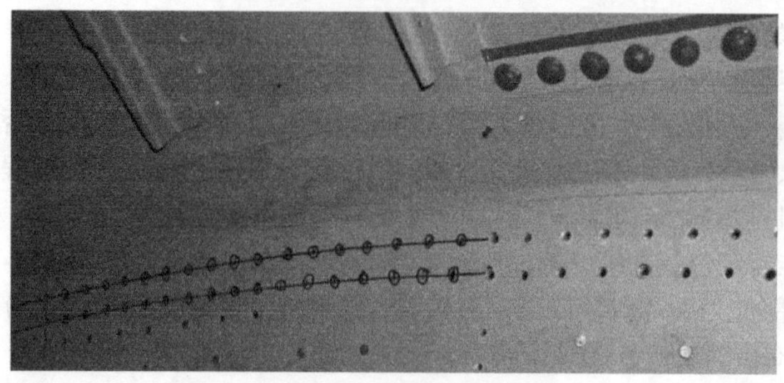

图 3-7　划线确定待制孔位置

2. 基准件定位法

基准件定位法是以装配过程中的基准件作为装配定位基准来完成装配定位的。作为基准件的零件或结构件必须有较好的刚性，即在自重的作用下能保持自身的形状和尺寸，在基准件上作为定位基准的点、线、面必须符合装配协调要求。基准件定位法通常情况下和其他定位法配合使用，其具有简单易行、成本低、协调性好、开敞性高等特点，但是通常不适用于飞机中大量存在的易变性的薄壁类零件。随着零件制造准确度的提高和整体件应用范围的扩展，基准件定位法在飞机装配过程中应用越来越多，主要体现在以下两个方面。

1) 部件依靠基准件定位

部件以基准部件上经过协调的孔和面为基准进行装配定位，如在架外进行大部件对接的过程。这种方法可应用于设计分离面的连接过程，也可应用于工艺分离面的连接过程。

2) 以基准件作为辅助装配定位基准

当采用其他定位方法时，只控制部分自由度，其他自由度则按基准件定位。这种方法能较好地保证零件之间的协调性，如图 3-8 所示。

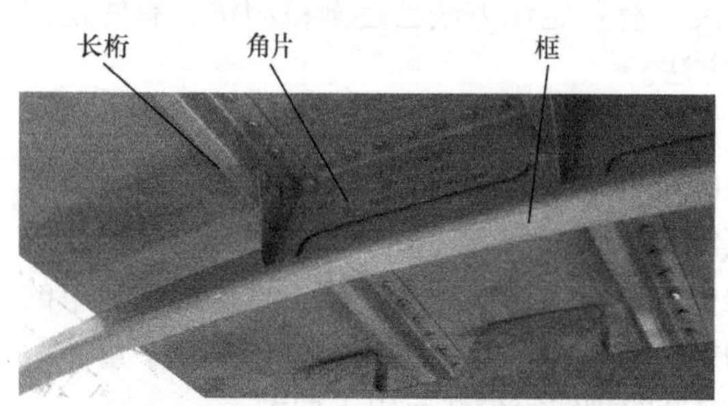

图 3-8　中机身半筒段装配中框由角片侧面定位

随着数字化技术的不断发展，以及无型架装配技术的提出，基准件数模已成为搭接装配现场与数字化工艺规划的可靠桥梁，基准件定位法将会得到越来越多的应用。

3. 装配孔定位法

装配孔定位法是飞机装配在模拟量传递下的主要定位方法之一。装配孔定位法可以看成对基准件定位法的一种扩展，其主要思想是在需要相互连接的零件或组件上，按照一定的协调路线分别制出孔，在装配时，零件按照预先制出的孔进行定位。

在模拟量传递条件下，装配孔是采用模线样板工作法制备的，因此装配孔定位法的准确度取决于装配孔的协调方法，其协调环节越多，累积误差也就越大，但是由于装配孔定位法在装配过程中不需要使用专用夹具，成本较低，在成批生产过程中，在保证装配准确度的条件下应采用装配孔定位法。装配孔定位法能较好地应用于单曲度和平滑双曲度壁板中长桁、框和蒙皮的装配，内部加强件的定位以及组件之间的定位。模拟量环境下平面类组件按装配孔定位的协调路线如图 3-9 所示，其协调环节较多，可以保证较高的协调准确度。

随着数字量传递技术的逐步成熟，数控零件的增多，自动化装配装备的广泛应用，装配孔定位法在实际装配过程中发生一定的变化。在数字量驱动的装配过程中，装配孔的数模已经成为驱动自动化设备的关键元素。以平面类组件采用装配孔定位为例，在数字量传递下其协调路线如图 3-10 所示。在数字量传递环境下，装配孔定位法在保证较高的协调准确度的同时，也能保证较好的装配准确度。

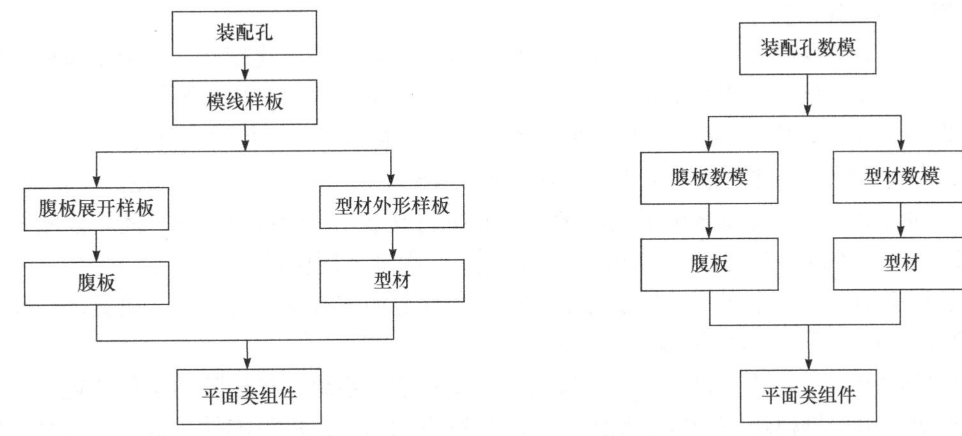

图 3-9　模拟量环境下平面类组件按装配孔定位的协调路线

图 3-10　数字量传递下平面类组件采用装配孔定位的协调路线

4. 装配型架定位法

飞机产品结构复杂，零件、组件、板件以及锻件的工艺刚度小，且组合外形及接合面有严格的技术要求，因此装配型架定位法是在飞机装配过程中应用最为广泛的定位方法，几乎所有飞机的机身、机翼装配都会采用装配型架定位法。该方法的主要思想是利用型架(如机翼装配型架、精加工台等)上的专用装置(可以综合基准件定位法和装配孔定位法)确定结构件的装配位置。装配型架定位法定位精度高，能很好地实现零部件的互换协调要求，并能限制装配过程中的变形，但是需要设计制造相应的装配工装，因此生产准备周期长，产品生产效率较低。

某机翼装配型架如图 3-11 所示。机翼外形由卡板定位，机翼的翼肋和翼梁由专用定位器

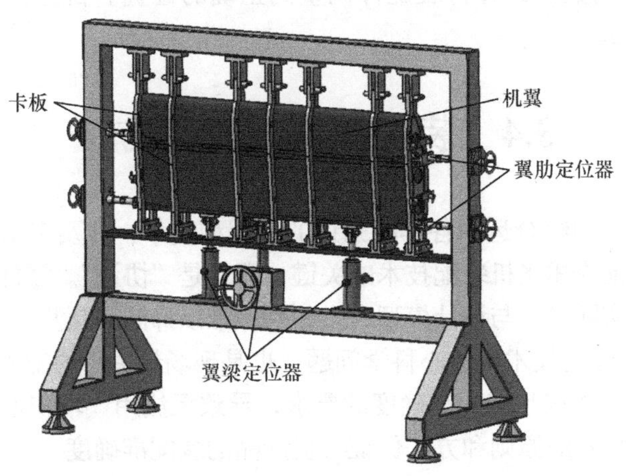

图 3-11　机翼装配型架

来定位。装配型架在装配过程中除了起到确定相对位置的作用，还起到控型的作用。其装配定位不遵守标准的六点定位原则，往往采用超六点定位原则。通过零件、组件在装配型架中装配，可以发现装配不协调的地方。阶差修正的依据就是型架定位器的工作面。因为翼肋和翼梁的位置准确度会影响机翼的装配质量，进而影响整机的性能，所以这些点都是关键特征点，这些定位器非万不得已应始终不打开。

5. 数字化柔性定位方法

数字化定位是指以数字量为定位基准，定位过程由计算机数字化控制，在装配过程中使用数字量传递定位信息。具体来说就是通过应用数字化测量技术、柔性工装技术、系统集成技术、自动化技术，实现由产品数字模型到装配过程的信息数字化、控制自动化。

飞机数字化定位系统通过数字量来实现制造及装配过程中的数据传递，满足数字化设计、制造一体化的需求，不仅可以减少工装数量，降低研制成本，减少占地面积，还可以缩短生产准备周期，减少外部工装与产品结构的接触，进一步保证装配质量。

目前已经应用于实际生产中的数字化定位技术主要有蒙皮或壁板的定位、机翼部件或机身部件的装配定位、飞机大部件装配定位等。

数字化柔性定位子系统主要包括光学检测与误差补偿子系统、机械随动定位装置、计算机控制软件等。由控制模块驱动伺服系统，带动执行机构运动，进行零件的定位；同时，控制模块接收光学检测与误差补偿子系统返回的误差补偿数据，将数据转换成控制信号，从而控制机械随动定位装置完成零件的精确定位。

目前，国际上已经使用的光学检测系统主要有激光跟踪仪、室内全球定位系统(indoor global positioning system，iGPS)、照相测量定位系统、激光准直定位系统等。

数字化飞机装配以数字控制方式对定位件进行支撑和调整，数字化装配平台上的装配定位可采用支撑和吸盘两种形式，支撑和吸盘均由计算机控制。对于不同且复杂的飞机零件、组件、部件位置的确定，一般有两种定位方式：①换挡定位方式，即事先设定几种常用的飞机零组件形状定位的样式，用换挡或计算机某一选项快速确定制造时所采用的零组件外形定位样式；②无级定位方式(柔性定位)，一般需要激光跟踪仪辅助定位，并可能需要利用样件来检验定位是否准确。无级定位方式采用气压或液压传动的数字化控制系统，接收激光跟踪仪检测的数据，并将装配件调整到正确的位置。目前，飞机数字化柔性定位主要采用无级定位方式。

3.4 装配协调原则与方法

飞机装配技术是一门综合运用各学科知识的应用型技术，涉及多学科、多领域的综合研究与应用。若用一个词描述飞机装配技术的关键，那就是“协调”。零件制造误差、变形误差等累积误差导致产品实际尺寸与设计模型产生差别，难以抑制和预测，因此产生了协调问题。

“协调”既是飞机装配技术的核心科学问题，也是现场最关心的工程问题，其科学本质是现有零件制造准确度不能满足装配准确度的要求，导致无法用“堆积木”的简单模式来装配飞机产品，必须采用特殊的原则和方法保证飞机产品的装配准确度。

3.4.1　保证准确度的典型协调原则

制造任何一种零件，其几何形状和尺寸一般都是根据图纸所确定的理论形状和尺寸，在生产中通过一定的量具、工艺装备(夹具、模具等)和机床而获得的。在这一过程中，首先需要根据标准的尺度和量具，制造出生产过程中使用的各种测量工具和仪器；然后用测量工具和仪器制造出各种工艺装备；最后通过工艺装备和机床加工出工件的形状和尺寸。由此可见，整个生产过程是尺寸的传递过程。

显然，要使两个相互配合零件的同名尺寸相互协调，它们的尺寸传递过程就必然存在一定的联系。尺寸 L 的制造与协调路线如图 3-12 所示，零件 A 和 B 是相互协调的。假定 L_A 和 L_B 是协调尺寸，则它们的形成经过多次尺寸传递，其中有的是两个尺寸公共的环节，有的是两个尺寸各自的环节。后者将产生两个尺寸协调误差 $\varDelta_{AB}$。

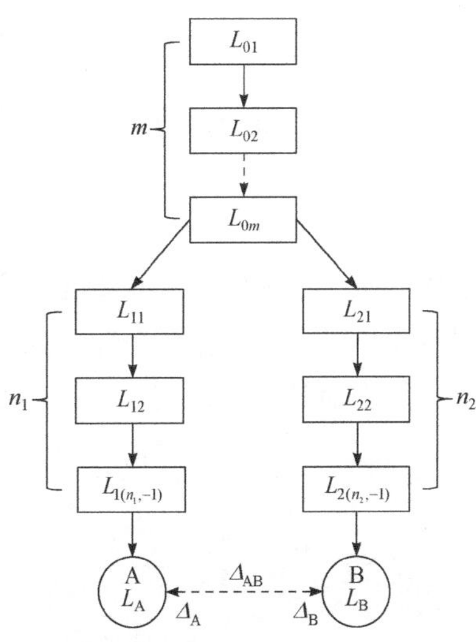

图 3-12　尺寸 L 的制造与协调路线

可以用一个联系因数 K 表示两个零件在尺寸传递过程中的联系紧密程度，即

$$K=\frac{2m}{n_1+n_2} \tag{3-1}$$

式中，m 为尺寸传递中公共环节的数量；n_1、n_2 分别为零件 A、B 尺寸传递中各自环节的数量。

基于这一原理，在生产中为了协调 L_A 和 L_B 两个尺寸，有三种原则，也称为三种尺寸传递体系，即独立制造原则、相互联系原则和相互修配(或补偿)原则。

若 $m=1$，则两个零件在尺寸传递中只有一个公共环节。此时，联系因数 K 最小，相当于两个零件独立制造，称为独立制造原则。随着 m 的增大，联系因数 K 也增大，两个零件有关尺寸的联系更加密切，称为相互联系原则。若 $n_1=0, n_2=1$，则此时联系因数 K 最大，表明两个零件相当于修配制造，协调性最佳，称为相互修配(或补偿)原则。

显而易见，独立制造原则和相互修配原则是相反的两种极端情况，而相互联系原则处于两个极端之间，是更一般化的情况。因此，本节先讨论采用相互联系原则尺寸传递的过程。

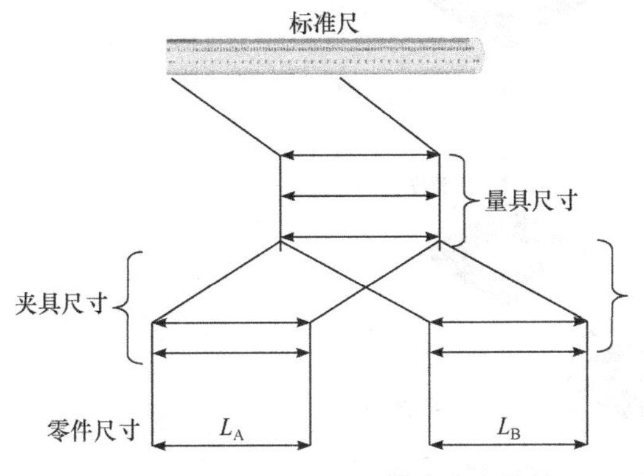

图 3-13　相互联系原则尺寸传递的过程

1. 按相互联系原则进行协调

相互联系原则尺寸传递的过程如图 3-13 所示。当零件按相互联系原则进行协调时，零件之间的协调准确度只取决于各零件尺寸单独传递的环节，而尺寸传递过程中公共环节的准确度并不影响零件之间的协调准确度。

制造误差方程式可写成下列形式：

$$\varDelta_A=\sum_{k=1}^{m}\varDelta_k+\sum_{i=1}^{n_1}\varDelta_{Ai},\quad \varDelta_B=\sum_{k=1}^{m}\varDelta_k+\sum_{j=1}^{n_2}\varDelta_{Bj} \tag{3-2}$$

式中，m 为尺寸传递过程中公共环节的数量；n_1、n_2 分别为零件 A、B 尺寸传递过程中各自环节的数量；Δ_k 为 m 个公共环节中第 k 个环节的误差；Δ_{Ai} 为零件 A 尺寸传递过程中单独具有的第 i 个环节的误差；Δ_{Bj} 为零件 B 尺寸传递过程中单独具有的第 j 个环节的误差。

因此，零件 A 和 B 尺寸的协调误差 Δ_{AB} 可表示为

$$\Delta_{AB} = \Delta_A - \Delta_B = \sum_{i=1}^{n_1} \Delta_{Ai} - \sum_{j=1}^{n_2} \Delta_{Bj} \tag{3-3}$$

协调误差带 ω_{AB} 的基本公式为

$$\omega_{AB} = \sum_{i=1}^{n_1} \omega_{Ai} + \sum_{j=1}^{n_2} \omega_{Bj} \tag{3-4}$$

式中，ω_{Ai} 为零件 A 尺寸传递过程中单独具有的第 i 个环节的误差带；ω_{Bj} 为零件 B 尺寸传递过程中单独具有的第 j 个环节的误差带。

综上所述，可以得出一个重要结论，即按相互联系原则进行协调，在尺寸传递过程中，公共环节数量越多，协调准确度也就越高。

图 3-14　口盖与蒙皮的协调示意图

本节以图 3-14 所示的口盖与蒙皮的协调为例，讨论相互联系原则的应用要求。要求口盖与蒙皮开口的间隙要小，而且要均匀。但是，即使口盖直径存在几毫米的偏差，只要蒙皮有相应的互补偏差，在使用上就不会造成任何问题，也不会对飞机性能有任何影响。这是一个典型的例子，可以看出，对两个零件协调准确度的要求比每个零件制造准确度的要求要高。

以口盖与蒙皮协调为例说明相互联系原则的协调过程，如图 3-15 所示。首先通过测量工具按图纸上的设计尺寸加工出口盖样板。将这块样板作为加工口盖和蒙皮的共同标准，即按样板加工口盖，按样板在蒙皮上制出孔。此时，口盖样板加工的准确度只影响零件的制造准确度，而不影响零件之间的协调准确度。

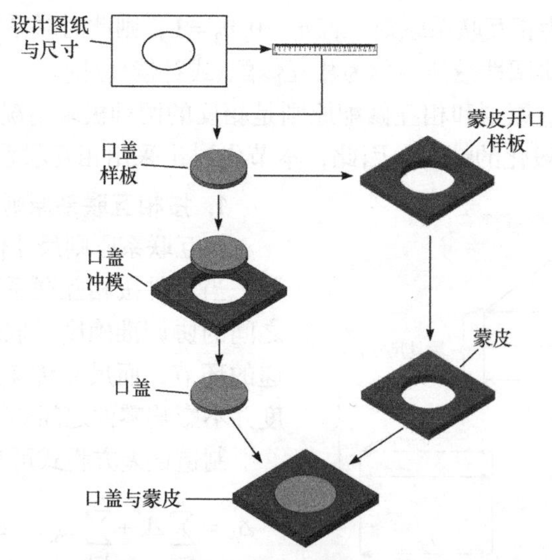

图 3-15　按相互联系原则制造口盖与蒙皮示意图

2. 按独立制造原则进行协调

独立制造原则尺寸传递的过程如图 3-16 所示。独立制造原则是以标准尺上所规定的原始尺寸开始尺寸传递的。对于协调尺寸 L_A 和 L_B，原始尺寸是它们发生联系的环节，称为公共环节。在这里，尺寸传递过程中仅有一个公共环节，以后的各个环节都是单独进行的，因此称为独立制造原则。

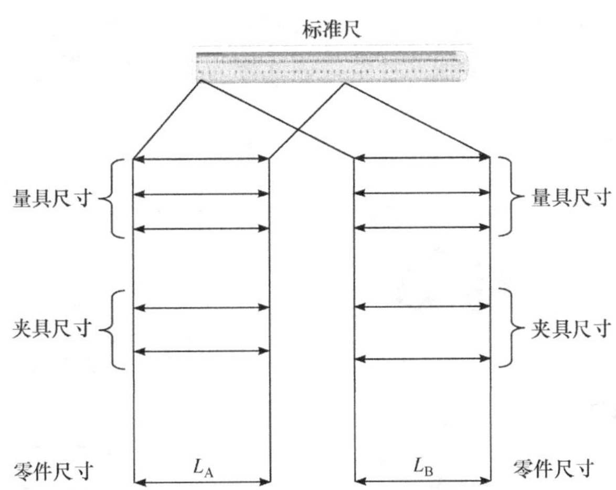

图 3-16　独立制造原则尺寸传递的过程

在独立制造原则中，$m=1$，代入式(3-2)～式(3-4)。

制造误差方程式可写成下列形式：

$$\Delta_A = \Delta_1 + \sum_{i=1}^{n_1} \Delta_{Ai}, \quad \Delta_B = \Delta_1 + \sum_{j=1}^{n_2} \Delta_{Bj} \tag{3-5}$$

式中，Δ_1 为唯一的公共环节，原始尺寸的误差。

零件 A 和 B 尺寸的协调误差 Δ_{AB} 可表示为

$$\Delta_{AB} = \sum_{i=1}^{n_1} \Delta_{Ai} - \sum_{j=1}^{n_2} \Delta_{Bj}$$

协调误差带 ω_{AB} 的基本公式为

$$\omega_{AB} = \sum_{i=1}^{n_1} \omega_{Ai} + \sum_{j=1}^{n_2} \omega_{Bj}$$

综上所述，可以得出一个重要结论，对于相互配合的零件，当按独立制造原则对其进行协调时，协调准确度实际上低于各个零件本身的制造准确度。若其他条件相同，则当采用独立制造和相互联系两种不同的协调原则时，即使零件制造的准确度相同，得到的协调准确度也不同。按相互联系原则能得到更高的协调准确度。

蒙皮与口盖协调准确度的要求比每个零件制造准确度的要求高，并不太适合采用独立制造原则。但是，为了方便对比，三种原则均以口盖与蒙皮的协调为例。按独立制造原则分别制造口盖和蒙皮，如图 3-17 所示。按独立制造原则制造口盖与蒙皮过程为：首先根据口盖和蒙皮开口的设计尺寸，利用测量工具分别制造口盖和蒙皮开口的样板；然后按照口盖的样板制造口盖冲模，利用冲模冲制口盖零件；同时，根据蒙皮开口样板在蒙皮上开口。当采用独立制造原则时，为了保证两个零件有较高的协调准确度，要求各个样板和模具均应具有更高的制造准确度。

3. 按相互修配原则进行协调

相互修配原则尺寸传递的过程如图 3-18 所示。对于协调尺寸 L_A 和 L_B，它们从标准尺的原始尺寸开始就一直发生联系，直到最后协调尺寸 L_B 被单独加工出来，之前都是公共环节。在这里，尺寸传递过程中仅有一个独立环节，因此称为相互修配原则。

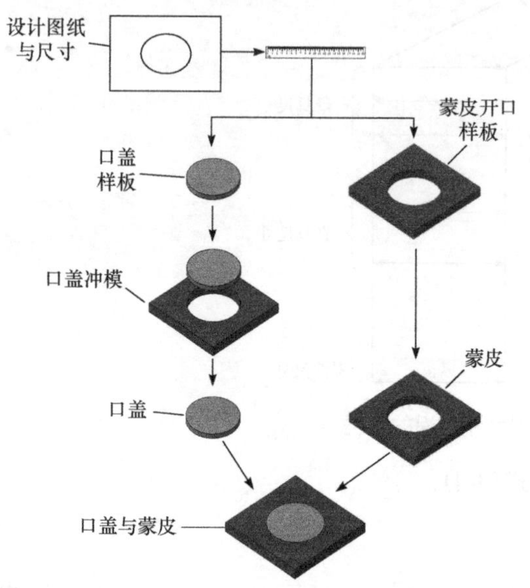

图 3-17 按独立制造原则制造口盖与蒙皮示意图

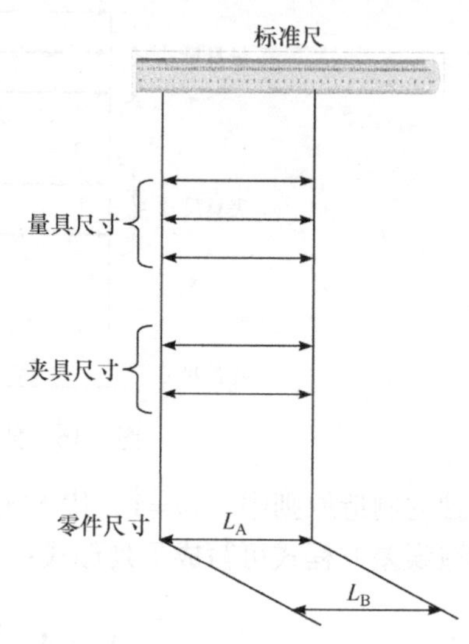

图 3-18 相互修配原则尺寸传递的过程

在相互修配原则中，$n_1=0$，$n_2=1$，代入式(3-2)～式(3-4)。

制造误差方程式可写成下列形式：

$$\varDelta_A=\sum_{k=1}^{m}\varDelta_k,\quad \varDelta_B=\varDelta_A+\varDelta_{B1} \tag{3-6}$$

式中，$\varDelta_{B1}$ 为唯一的独立环节，协调尺寸 L_B 的加工误差。

零件 A 和 B 尺寸的协调误差 $\varDelta_{AB}$ 可表示为

$$\varDelta_{AB}=\varDelta_A-\varDelta_B=\varDelta_{B1} \tag{3-7}$$

协调误差带 ω_{AB} 的基本公式为

$$\omega_{AB}=\omega_{B1} \tag{3-8}$$

综上所述，可以得出一个重要结论，当采用相互修配原则进行协调时，协调准确度仅取决于将零件 A 的尺寸传递给零件 B 这一环节的准确度。

以制造口盖与蒙皮为例，说明相互修配原则的应用。按相互修配原则制造口盖与蒙皮的过程如图 3-19 所示，首先根据口盖的设计尺寸制造口盖样板，按样板加工口盖冲模，由口盖冲模制造口盖；然后按口盖零件加工蒙皮上的开口，或者先按口盖样板加工蒙皮上的开口，再按开口的实际形状加工口盖。采用这种方法可以保证较高的协调准确度。但需要注意的是，相互修配的零件不能互换。

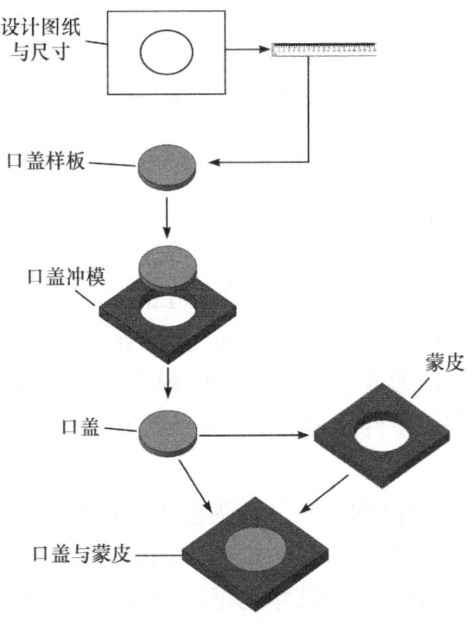

图 3-19　按相互修配原则制造口盖与蒙皮

4. 三种协调原则的应用

本节讨论了三种协调原则(或尺寸传递体系)的基本原理和特点，下面介绍三种协调原则在飞机制造中的应用。

(1) 对于形状复杂的零件，采用相互联系原则。对于与气动外形有关的零件，要达到较高的制造准确度比较困难，或者在经济上不合理。但是，为了保证装配质量，首先必须保证协调准确度。在制造过程中，将技术难度大、制造准确度不可能达到很高水平的环节，作为尺寸传递的公共环节，这样就能显著地提高零件之间的协调准确度。由于飞机构造的特点，采用相互联系原则来保证协调具有特别重要的现实意义。但是，当采用相互联系原则时，生产中所用的工艺装备都必须按一定的协调关系依次制造，因此会延长生产准备周期。

(2) 独立制造原则便于组织生产，能够平行、独立地制造零件、组件、部件以及各种工艺装备，因此扩大了制造工作面。这不仅有利于缩短生产准备周期，还有利于开展广泛的协作。独立制造原则仅适用于形状比较简单的零件，如起落架、操纵系统等机加类零件。

(3) 按相互修配原则进行协调，虽然能够保证零件之间具有很好的协调性，但不能满足零件互换性的要求，并且修配劳动量大，装配周期长。只有当其他协调原则在技术上和经济上都不合理，并且不要求零件具有互换性时，才采用这一协调原则。相互修配原则多应用于飞机试制，而在飞机成批生产中尽量少用。

计算机辅助设计和计算机辅助制造技术的迅速发展，即数字化产品定义的逐步推广，为在飞机制造中广泛采用独立制造原则创造了条件。飞机的外形可以通过建立相应的数学模型准确地加以描述，飞机结构件的几何形状和尺寸也可以准确地存储在计算机中。在此基础上，产品的几何信息可以直接传递给计算机绘图设备和数控加工设备，以输出图形和进行加工。这样，机械加工零件、成形模具以及与外形有关的工艺定位件等工艺装备，可以达到很高的制造准确度。这不但可以保证满足协调要求，还可以提高协调准确度。因此，随着计算机辅助设计和计算机辅助制造技术应用的深入，飞机产品的全数字化定义有利于在飞机制造中实现独立制造原则以及实施并行工程，这是飞机制造技术的发展方向。

3.4.2 基于模拟量的互换协调方法

复杂且高准确度的飞机外形满足互换与协调要求的难度非常大，在飞机制造业发展之初，造船业是最值得借鉴的，早期的飞机制造厂均建在造船厂附近。船舶同样具有零件尺寸大、外形复杂的特点。因此，在飞机制造中，引用了传统造船业中的“放样技术”作为生产中传递几何形状和尺寸的原始依据，据此形成了飞机制造中保证互换协调的方法——模线样板工作法，以保证制造出的各种工艺装备和零件互相协调，并能顺利地进行装配，进而制造出符合设计要求的飞机。

以模线和样本为基础的互换协调方法又称为基于模拟量的互换协调方法，是发展了多年的一系列方法的集合，属于传统飞机装配技术体系中内容非常多且非常重要的一个技术模块。随着计算机辅助设计和计算机辅助制造技术的推广应用，模线样板工作法不断变化，并有一大部分内容逐渐被淘汰。但是作为曾经主流的互换协调方法，模线样板工作法很能体现飞机装配中尺寸传递的原理，因此本节沿着互换协调方法发展的脉络，对模线样板工作法进行简单介绍。

1. 模线、样板和标准工艺装备

模线样板工作法的基本工具包括模线和样板。模线与样板广泛应用于传统飞机制造中，是飞机设计和制造的工艺桥梁，也是确定飞机几何形状与尺寸的原始依据。

模线：根据产品图样、工艺技术要求和模线设计说明书，按照 1∶1 绘制在金属图板或明胶板上，可以反映零部件几何形状和相互协调关系的平面几何图样。

模线可以用非均匀有理 B 样条进行数学描述，感兴趣的读者可以翻阅《计算机图形学》了解相关内容。

模线一般可以分为理论模线、结构模线和运动模线三种。

(1)理论模线按照飞机理论图绘制，飞机部件和组件的理论外形与主要结构轴线为主要研究内容，是保证飞机外形和结构轴线正确与协调的原始依据，也是绘制结构模线和制造样板的主要依据之一。

(2)结构模线是根据飞机结构图和理论模线(或外形理论数学模型)绘制的，以表达飞机零件的结构形状、尺寸和各零组件之间的装配关系，其绘制过程也是对飞机结构协调的验证过程，主要应用于加工各种样板。结构模线绘制于带有部件某个切面的外形检验样板上(简称外检)，如图 3-20 所示。为了保证零组件间的尺寸协调，通常在结构模线上绘制各种工艺孔，如基准孔、定位孔、销钉孔等。

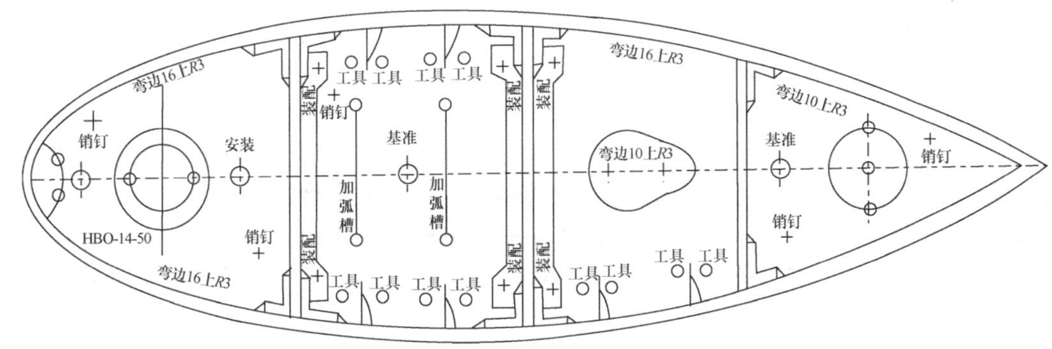

图 3-20　外形检验样板及其上面的结构模线(单位：mm)

(3)运动模线根据活动部件在运动过程中的极限位置及若干中间位置绘制，用于协调飞机结构间的运动关系。

样板：按模线数据制造，表示飞机零件、组件、部件的真实形状，是刻有标记并钻有工艺孔的专用刚性量具。

生产中使用的样板主要包括基本样板、生产样板和标准样板三种类型。

(1)基本样板。常用的基本样板为晒相图板，简称相板，它是按聚酯模线采用接触晒相法晒出的图板，是样板的制造和检验依据，可以代替生产样板使用。

(2)生产样板是零件的制造依据和检验依据，其可以用来制造零件成形模具或直接制造零件和检验零件。生产样板的类型主要有外形样板、内形样板、展开样板、切面样板、钻孔样板、夹具样板、表面标准样件样板、机加样板、专用样板等。

(3)标准样板与生产样板相同，按需要选用即可。其可以作为制造生产样板的过渡样板，也可以用来检验和复制生产样板。

在飞机制造过程中，样板起着制造、协调、检验零件和工艺装备的作用，它是飞机制造中的特种图纸，也是无刻度的专用量具，因此它起着图纸和量具的双重作用。样板在制造与使用过程中必须严格检验，这对样板之间的协调有很重要的意义，只有在保证样板本身的协调基础上，才能保证工艺装备之间的协调。

由于飞机零件数量多、几何形状复杂，在实际生产准备工作中，模线和样板设计制造的工作量很大。例如，某型歼击机模线图板面积为 663m^2，其中模线绘制周期约 9 个月，样板约 2 万块，制造周期为 7 个月，仅模线绘制与样板制造总周期长达 13 个月。

标准工艺装备：以 1∶1 的真实尺寸体现产品某些部位几何形状和尺寸的刚性实体，作为制造、检验和协调生产用工艺装备的模拟量标准，其是保证生产用工装之间、产品部件和组件之间尺寸及形状协调与互换的重要依据。

标准工艺装备是以实体(物)形式体现产品某一部分外形、对接接头、孔系之间相对位置准确度在产品图纸规定的公差范围内的刚性模拟量，其可以确定产品部件、组件、零件各表面(或外形)、重要接头、孔系之间的相互正确位置。

标准工艺装备一般分三类：①平面样板，用于协调飞机结构中的平面和截面尺寸；②表面标准样件，用于协调飞机理论型面；③量规或交点样件，用于飞机结构连接交点的协调，通常为孔和装配基准面的协调。

2. 模拟量传递

传递尺寸没有刻度，这是模线和样板的特点，它们仅是一个“模样”。为了更好地理解模线样板工作法的内容，需要深刻认识这一点。例如，在配钥匙的过程中，不需要提供零号钥匙的尺寸信息，仅依靠专用工具进行靠模加工就可以得到一把误差在接受范围内的新钥匙，这是一个“模拟”的过程，新钥匙的形状和尺寸在模拟零号钥匙。在传统的飞机装配中存在大量类似的过程，从模线到样板，从标准样板到生产样板，从生产样板到零件、工装等，都是尺寸“模拟”的过程，因此本节将模线样板工作法的尺寸传递过程形容为模拟量传递。

模拟量传递：以 1∶1 的尺寸、形状的实物模拟量(如模线样板、标准样件、实物模型等)作为原始移形依据和移形工具，按相互联系的协调路线，将尺寸、形状传递到有关的工艺装备和结构元件。

基于模拟量传递的互换协调方法包括模线样板工作法、标准样件工作法、模线样板-局部标准样件工作法、模型协调法等。

1)模线样板工作法

模线样板工作法：以平面的模线及外形检验样板作为原始协调依据，以各类样板作为主要协调依据，通过其上基准(包括基准孔和基准线)确定立体的几何关系，以完成工艺装备的制造。但模线样板一般不能作为对合接头的协调依据直接制造工艺装备，因此作为完整的方法，还必须辅以必要的标准工艺装备作为协调依据。模线样板工作法协调路线如图 3-21 所示。

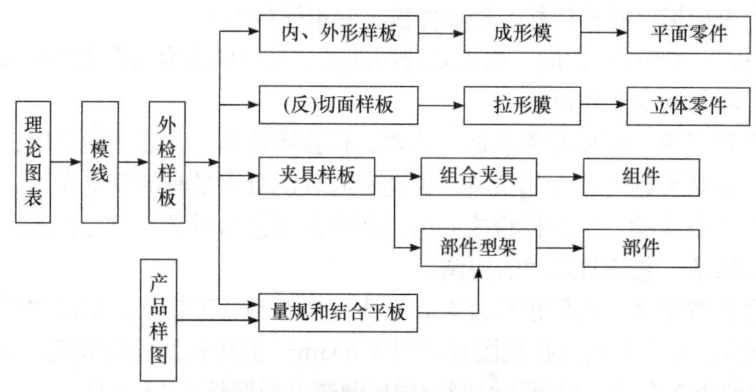

图 3-21　模线样板工作法协调路线

由图 3-21 可以看出，模线样板工作法直接利用模线和样板进行模拟量的传递，按相互联系原则实现互换协调。协调路线短而简单，样板结构简单易加工，工艺装备制造可以平行进行，生产准备周期短，经济性好。

必须要理解的一点为，样板是采用多个平面间断地表达整个表面，且平面样板的位置误差和在给定切面之间用手工方法进行的光滑过渡加工，都将导致产生空间表面形状的附加误差。对于外形复杂的曲面，模线样板工作法的准确度不易保证，容易产生零件与装配型架之间的不协调，累积误差大。因此，模线样板工作法适用于外形简单、协调准确度要求不高的结构元件和部位。

2) 标准样件工作法

对于外形复杂、协调准确度要求高的部件，在原理层面增加公共环节，在工具层面采用空间立体的协调依据代替二维的样本，连续表达空间形状。这个空间立体的协调依据称为标准样件，这种工作方法称为标准样件工作法(又称为模线样板-标准样件工作法)。

需要指出的是，标准样件和实际零件是有区别的。标准样件只关注外形和接头，其余细节可以忽略，因此很多部分都是填充材料。实际零件则复杂得多，不仅需要关注几何形状，还需要关注物理功能。

标准样件工作法：以立体型的部件外形表面标准样件作为外形协调的原始依据，以各类标准样件作为主要移形工具，协调制造有关零组件和部件的工艺装备。标准样件工作法协调路线如图 3-22 所示。

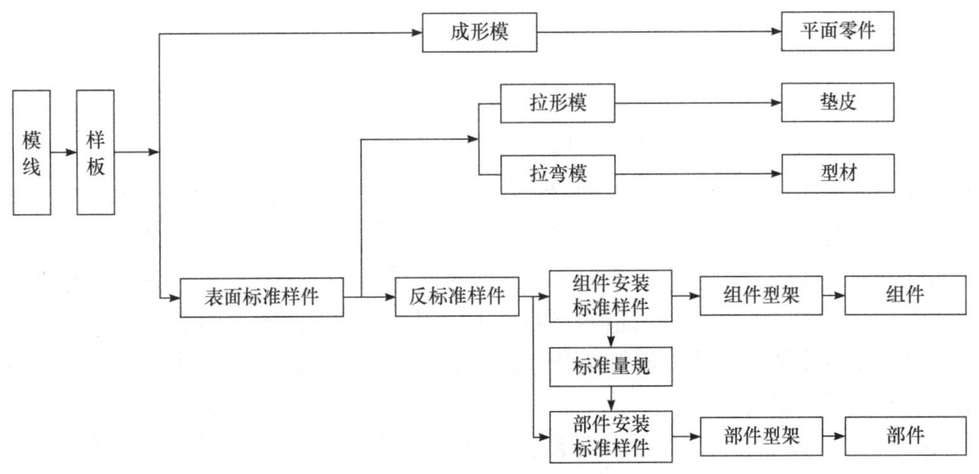

图 3-22　标准样件工作法协调路线

标准样件工作法的特点是立体移形(包括对合接头)，属于相互联系制造方法。各控制截面和接头的空间位置由样件保证，不受系统坐标的影响，减少尺寸、形状移制的环节，提高协调准确度，特别有利于工艺装备的复制和检修。该方法适用于外形复杂、协调准确度要求较高的工艺装备的协调，采用标准样件非常有利于保证产品的互换性。但该方法也有缺点，如制造标准样件的工作量大、费用高、不便于平行交叉作业、生产准备周期长等。

3) 模线样板-局部标准样件工作法

为了解决上述问题，本着“抓主要矛盾”的思想，删减大量标准样件，只制造一些局部标准样件。例如，省去全机安装标准样件，只制造局部标准样件。为了保证复杂型面的协调，只制造局部外形标准样件，使用通用的工具(型架装配机、划线钻孔台、光学仪器)制造装配型架和其他工艺装备，这种工作方法称为模线样板-局部标准样件工作法。标准样件属于标准工艺装备，制造过程中也用到了少量标准样件之外的标准工艺装备，因此该方法也称为模线样板-标准工艺装备工作法。

模线样板-局部标准样件工作法：以采用模线样板为主，对一些外形曲率变化较大以及用一般钳工方法难以保证协调的部位，采用局部(或部分)标准样件协调制造零件工艺装备和装配型架，同时利用机械坐标系统和光学坐标系统建立空间关系，以控制产品的空间几何精度。模线样板-局部标准样件工作法协调路线如图 3-23 所示。

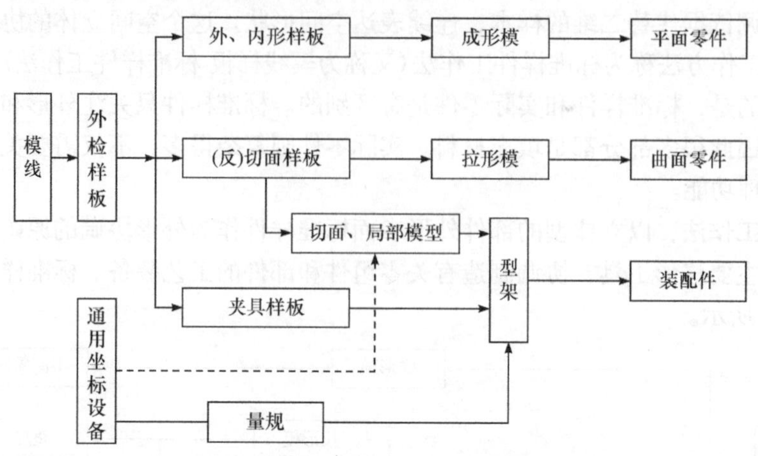

图 3-23　模线样板-局部标准样件工作法协调路线

模线样板-局部标准样件工作法在整体上采用尺寸控制，在局部上采用标准工艺装备进行协调。它是在型架装配机和光学工具应用的基础上采用的一种方法，该方法综合了模线样板工作法和标准样件工作法的优点，主要解决大尺寸工艺装备的制造问题。这种方法既抓住了协调的重点，又有利于工艺装备制造的平行作业，其经济性优于标准样件工作法。据估计，用激光准直仪安装型架比普通光学仪器可节省 50%～60%的调试时间。尤其在安装大尺寸的装配型架时，其优越性更为突出。

模线样板-局部标准样件工作法是工艺装备制造普遍适用的一种方法，在国内飞机工厂中广泛采用。

4）模型协调法

模型协调法：以样机和实样为协调手段，主要解决飞机某些部位复杂外形的设计和系统结构的空间协调问题。样机指的是在飞机外形和结构设计过程中按 1∶1 尺寸制造的模拟机。实样指的是按样机或飞机制取的零件或模型。

模型协调法适用于结构和系统复杂、难以在工程图上和平面模线上确定的飞机部件和部位。例如，波音公司在研制 B767-200 飞机时，共建立了机身头部的实物木质模型、机身和机翼的全尺寸金属模型等 13 个模型，这样不仅有助于工程设计，还缩短了生产准备周期。

3. 模拟量传递方法的现状

基于模拟量传递的互换协调方法在特定的阶段发挥重要作用，但目前已经处于退场的边缘。现在的新机型一般采用全机数学模型，基本上不再使用基于模拟量传递的互换协调方法。以某机型为例，几乎全部采用数字量传递，只有雷达罩和机头连接分离面处会取标准样板控制 1 框和雷达罩根部的外形。对于部分没有三维数模的老机型，通过数字化测量技术对零部件、工艺装备等进行逆向造型，将模拟量转换为数字量，从而应用数字量传递。

对于样板，在实际手工生产中还有部分使用，以样板和 1∶1 硫酸纸样为主，标准样件比较少，主要是为了方便钳工操作和检验。结构复杂的零件以数模为基准制造，加工工作面全部依靠数控机床，检验时采用三坐标测量机；结构简单的零件以样板为基准，依靠钳工完成工作面加工，检验时可以以样板为基准目视检查。

3.4.3 基于数字量的互换协调方法

随着计算机辅助技术的发展，飞机产品广泛采用数字化定义，数控机床、激光跟踪仪等设备大量普及，加工、测量准确度越来越高，原来需要复杂的“模拟”移形操作，现在只需要将曲线导入机床就可以自动加工，这样的操作节省了大量的样板和样件，缩短了生产周期，大幅提高了加工准确度。其本质是尺寸以数值即数字量的形式在制造过程中传递，导致原有的模拟量传递方法受到了巨大的冲击，因此基于数字量的互换协调方法(又称 CAD/CAM 工作法)就走上了历史舞台。

1. 数字量传递的内涵

基于数字量的互换协调方法：以电子计算机和数控技术为中心手段，以全机数学模型为基础，以数值为传递信息，完成模线的绘制以及某些机械加工零件和工艺装备制造的方法。

基于数字量的互换协调方法协调路线如图 3-24 所示。

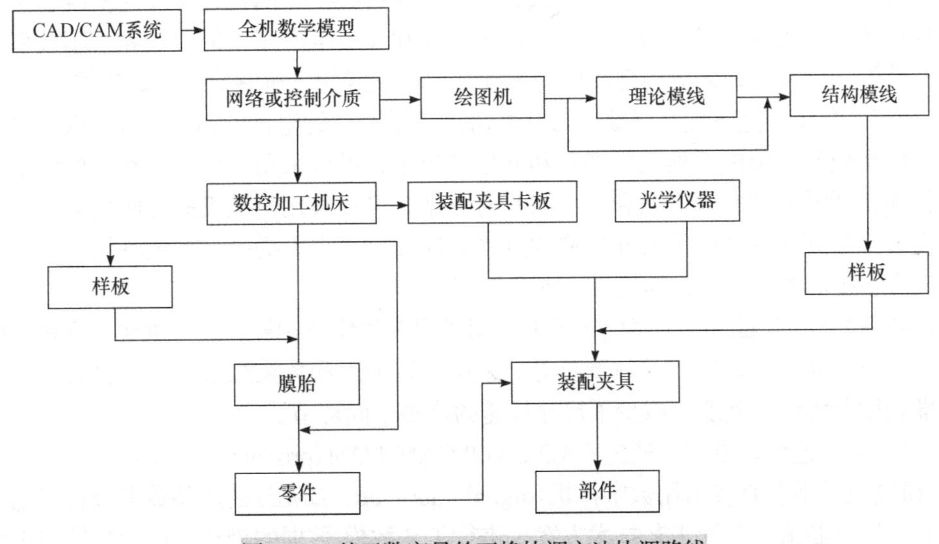

图 3-24 基于数字量的互换协调方法协调路线

在这种新的协调系统下可以应用独立制造原则，通过建立统一的精确飞机几何数据库，将飞机外形和内部结构信息直接传递给数控设备，进行飞机零件和工装的制造与装配。与基于模拟量的互换协调方法相比，基于数字量的互换协调方法具有鲜明的优势(图 3-25)，具体表现在以下三方面：

(1)缩短了协调路线，减少了制造误差累积，提高了协调准确度；

(2)减少了工艺装备，从而缩短了生产准备周期，并减小了库房占用面积；

(3)扩大了工作面，提高了生产效率。

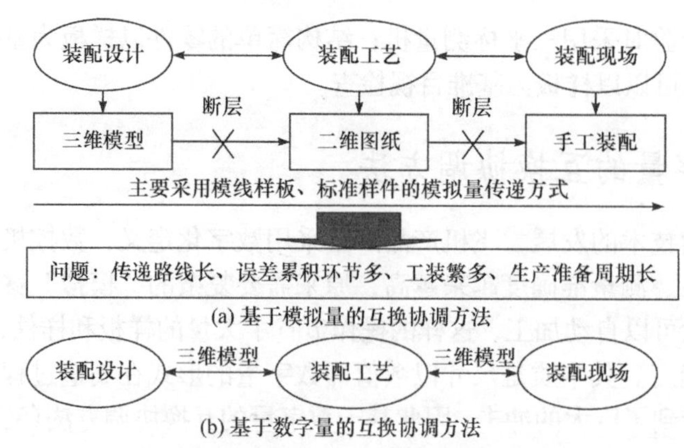

图 3-25 两种互换协调方法的对比

2. 数字量传递对飞机研制的影响

基于数字量的互换协调方法对飞机研制的影响，归纳为以下几个方面。

(1)在飞机设计方面，利用计算机建立飞机外形和部分内部结构的几何模型，作为飞机制造过程中各个环节应用的、统一的几何数据库，并通过数控绘图机绘制理论模线、结构模线和飞机生产图纸，大大提高了理论模线、结构模线和飞机生产图纸的质量和绘制效率。在计算机内存储的飞机外形和部分内部结构的精确几何模型成为飞机制造的原始依据。

(2)在工艺装备制造方面，必要的形状和协调关系复杂的组件的标准样件、钣金零件制造用的大量成形模具、装配型架上内形板和外形卡板等，可以采用数控加工和数控测量。工艺装备数控加工所需要的有关形状和尺寸的几何数据，可以直接从飞机的几何数据库中提取，而不再需要经过模线和样板等尺寸传递的过程。这样可以大大提高工艺装备的制造准确度和协调准确度，提高加工效率，缩短生产准备周期。

(3)在零件制造方面，由于现代飞机上采用了很多整体结构件，这些重要的飞机零件，包括整体框、整体肋、整体梁和整体壁板等，采用数控加工和数控测量，大大提高了零件加工的制造准确度和协调准确度，减少了尺寸传递的许多中间环节。

(4)在装配工艺设计方面，通过 CAD/CAPP/CAM/PDM(product data management，产品数据管理)协同设计平台直接引用数字样机(digital mock-up，DMU)的产品数据进行工艺文件的设计编制，制订制造、装配工艺技术方案，进行工艺数模/数据的创建，进行数控加工编程、模拟仿真分析、零件制造指令编制和产品装配指令编制等，并应用数字化装配仿真技术进行装配技术方案的设计、验证和优化。这样既可以提高工艺设计的效率，又可以提高工艺设计的准确性和可靠性，避免出现传统方法中间接使用和二次创建产品数据易造成的数据不一致问题。

(5)在装配工艺实施方面，用数字化光学测量系统对装配工艺装备进行安装检验，通过测量工装骨架上的光学工具球孔位置，将测量结果与工装数模中的光学工具球孔理论坐标值进行拟合，可以在测量软件系统中建立工装的设计坐标系。所有其他工装定位器的安装均采用光学测量系统，并在此设计坐标系中进行安装，使得装配完成的工装符合设计时的定位功能与协调要求，且最终装配完成的飞机产品满足设计时的互换协调要求。

3. 数字量传递与数字化装配

20 世纪 80 年代以来，随着计算机信息技术和网络技术的发展，以美国为首的西方发达国家开始研究产品数字化设计制造技术。这项技术应用于飞机装配领域，称为数字化装配技术。数字化装配技术广泛应用于波音 777、A380、联合攻击战斗机(joint strike fighter，JSF)等新型军用机、民用机的生产研制过程中，取得了显著的效果。

数字化装配技术是一种可以提高产品质量、适应快速研制和生产、降低制造成本的技术。数字化装配方法不仅包括传统数字化装配概念中工装的设计、制造以及装配的虚拟仿真等方法，还包括柔性装配、无型架装配等自动化装配方法。飞机数字化装配技术是数字化装配工艺技术、数字化柔性装配工装技术、光学检测与反馈技术、数字化钻铆技术以及数字化集成控制技术等多种先进技术的综合应用。

需要强调的是，数字化装配技术不仅局限于软件设备和硬件设备的简单堆砌，更在于融合整个设计、制造的数字化过程。该技术以产品数据集为中心，以数字量传递为基础，利用数字化装配工艺规划、数控设备的自动钻铆、数字化测量设备的测量定位等技术，使产品在装配过程中真正得到有效的控制，建立起一套有效的产品发放过程控制机制以及相关的工作规范和制度，以保证生产效率和产品质量。

综上所述，数字化装配技术渗透飞机装配的方方面面，将原有的传统技术模块升级换代，增加新的数字化技术模块，同时量变引起质变，使得整个飞机装配的体系发生根本性转变，即从模拟量传递转变为数字量传递。换句话说，数字量传递体系是数字化装配的灵魂和本质。

本节仅介绍了数字量传递体系的基本内容，若想完全掌握数字量传递体系，则需要对整个数字化装配技术体系有系统的理解，传统技术模块的数字化升级将渗透在后续的每个章节。另外，关于数字化装配体系下新增的技术模块，如数字化产品定义、装配仿真技术等，在第 4 章中进行详细介绍。

3.5　装配误差累积分析与容差分配

飞机装配过程中存在各种不完美，零件加工存在误差、工艺装备定位点存在误差、装配操作会造成变形等均会导致装配对象难以保持理想的状态。假如加工误差、装配变形不存在，则本章介绍的协调原则和协调方法都没有必要了。这些方法都是为了保证装配准确度，即控制各阶段的误差，以保证装配误差在可接受的范围内。本节介绍误差的累积原理及其控制方法。

3.5.1　误差与容差相关概念辨析

在机械制造中，偏差、误差、公差这三个术语的应用极为普遍，在飞机装配中还有容差的说法，这些词汇意思相近，容易混淆，下面阐述它们的相关概念。

1. 偏差和误差

偏差是一个统计学概念，源于测量过程，指个别测定值与测定的平均值之差，可以用来衡量测定结果的精密度高低。在制造领域中，偏差是指某一尺寸(实际尺寸、极限尺寸等)减去其基本尺寸所得的代数差。实际尺寸与基本尺寸之差称为实际偏差。这里的基本尺寸，通常是指公称尺寸。极限尺寸与基本尺寸之差称为极限偏差，在多数情况下，极限尺寸有最大极限尺寸和最小极限尺寸两类，因此相应地有上(极限)偏差和下(极限)偏差。

误差的概念在测量过程和加工过程中分别有不同的理解和规定。通常，测量误差定义为测定值与其真值之差，显然该定义只有理论上的意义，因为被测量的真值是很难得到的，实际上常以多次测量同一被测量所得测定值的平均值作为相对真值，代替真值来计算测量误差。在这个意义上，将测量误差改称为测量偏差更为确切。

在制造领域，加工误差与测量误差是完全不同的概念，指的是被测实际要素对其理想要素的变动量。这里的理想要素通常是指公称尺寸。公称尺寸、真实值和平均值，三者有一定可能数值相等，但完全不是一回事。

综上所述，偏差和误差均有两层含义，第一层含义近似相等(测量中的偏差与测量中的误差近似相等，因为用平均值代替了真值)，第二层含义实际上是一样的(制造领域中的偏差与加工误差含义一样)，因此二者很难区分。

值得一提的是，目前网络上有些科普解释二者的差别为：误差是指结果与真实值之间的差值，而偏差是指结果与平均值之间的差值，这都是对单个样本而言，误差的参照物只有一个，而偏差的参照物是群体的平均值，个体相对群体平均水平的差值。这种说法在测量学和统计学领域是正确的，但没有实际意义，因为真实值实际上经常被平均值代替。而在制造领域，这种说法是不正确的，因为制造领域的误差和偏差都是指结果与公称尺寸的差值。

在飞机装配中，需要经常描述零件加工被测实际尺寸与公称尺寸的变动量、产品变形导致的被测实际尺寸与公称尺寸的变动量等，它们用到的都是偏差和误差的第二层含义，两个词都可以用。但在本书中，为了统一，均用误差来表示。当然，飞机装配中也存在测量操作，也要用到偏差和误差的第一层含义，即个别测定值与测定的平均值之差。为了统一，在测量过程中，在具有统计学内涵的情况下，均用偏差来表示。

2. 公差和容差

公差是最大极限尺寸与最小极限尺寸之差，指的是允许几何形状和尺寸的变动量。其仅是一个数值，即公差带宽度。常见的工程图标注如图 3-26 所示。对于内径，其公称尺寸是 60 mm，最大极限尺寸是 60 mm + 0.19 mm，最小极限尺寸是 60 mm + 0 mm，其公差为 0.19 − 0 = 0.19 mm。对于内径的垂直度，其公差是 0.05 mm。

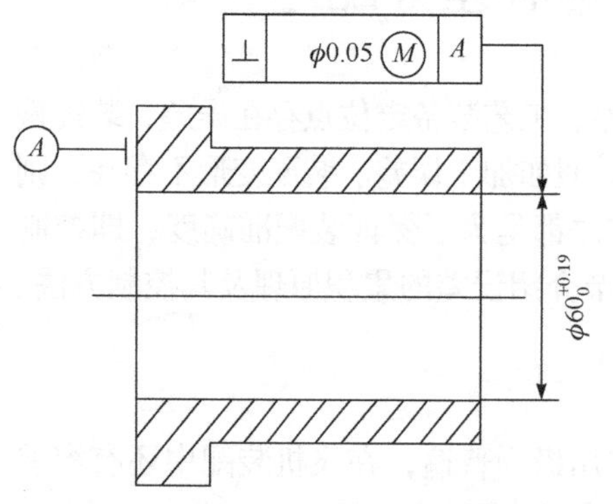

图 3-26 尺寸公差与形位公差(单位：mm)

公差的内涵非常明确，但是其仅是一个体现变动范围的数值，不能满足飞机装配中的应用需求，因此本节引入容差的概念。

容差：用于描述几何形状和尺寸变动的基准、变动方向和变动量的准确度特征，其既可以确定公差限定的变动量，又可以确定公差带的位置。

在飞机零部件的相互配合中，需要用到各个尺寸的容差，该容差非常容易理解。另外，在飞机装配协调过程中，无论是模拟量传递，还是数字量传递，均有必要描述零件与标准样件、零部件与工艺装备之间的尺寸关系，即沿着互换协调路线的容差或沿着工艺路线的容差，这是初学者容易忽略的角度。前者在于装配对象本身的空间维度，而后者增加了沿着工艺路线的时间维度，有装配容差和工艺容差两种说法，二者的本质实际上是相同的，在实际应用中也很少严格区分，均简称容差。

3.5.2 装配尺寸链

装配尺寸链：尺寸链就是在零件或装配件上各零件表面及其轴线之间的一组尺寸(或角度)按一定顺序首尾相接形成的封闭的链，描述装配件中各零件尺寸相互关系的尺寸链称为装配尺寸链。

装配尺寸链中有以下几个概念。

(1)封闭环：装配或加工中最后自然形成的环。

(2)组成环：尺寸链中除封闭环以外的其他环。

(3)增环：与封闭环同向变动的组成环。

(4)减环：与封闭环反向变动的组成环。

(5)调整环：尺寸链中某一组成环，可改变其大小或位置，使封闭环达到要求。

(6)传递系数：各组成环对封闭环影响程度的系数。

翼肋装配时各零件按装配孔定位，翼肋的装配尺寸链如图3-27所示。

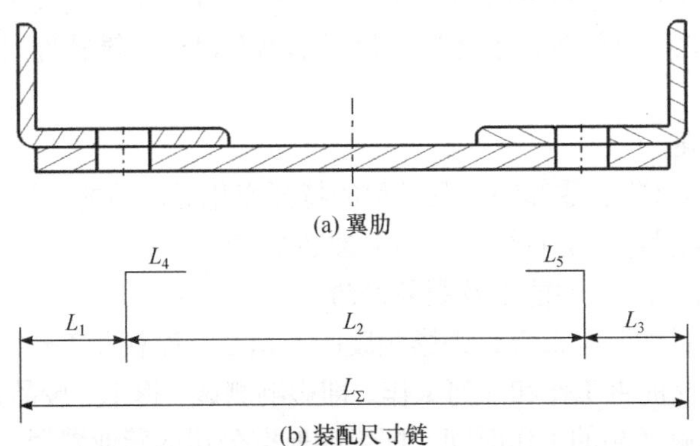

图3-27 翼肋按装配孔定位时装配尺寸的形成

翼肋最后外形尺寸的影响因素有翼肋角材上的装配孔与外缘之间的尺寸L_1和L_3、翼肋腹板上装配孔之间的距离L_2，以及翼肋腹板和角材按装配孔定位时装配孔轴线间的不同轴度L_4和L_5，则有

$$L_\Sigma = \sum_{i=1}^{5} A_i L_i \tag{3-9}$$

式中，L_Σ为封闭环尺寸；A_i为各组成环的传递系数；L_i为组成环尺寸，其中$i = 1,2,3,4,5$。

翼肋装配误差尺寸链方程可以写为

$$\Delta_\Sigma = \sum_{i=1}^{5} A_i \Delta_i \tag{3-10}$$

式中，Δ_Σ 为封闭环尺寸的误差；Δ_i 为各组成环尺寸的误差；A_i 为各组成环的传递系数。

在线性尺寸链中，增环的传递系数为+1，减环的传递系数为−1；在平面尺寸链中，各组成环的传递系数为−1～+1，其根据尺寸间的角度求得。

若尺寸链中所包含的尺寸是互相平行的，则这种尺寸链称为线尺寸链，如图 3-27(b)所示。若全部或部分尺寸互相不平行，但都在同一平面内或平行的面内，则这种尺寸链称为面尺寸链。若全部或部分尺寸互相不平行，也不在平行的平面内，则这种尺寸链称为空间尺寸链。当所有的角尺寸有共同的顶点时，这种尺寸链称为角尺寸链。角尺寸链的数学表达式和线尺寸链相似。

3.5.3 关键特性

众所周知，不能一味地提高所有零件的尺寸公差要求来达到控制装配公差的目的，因为这样会带来加工成本大幅度提升的问题。解决这一问题的方案就是抓主要矛盾，将有限的资源用于对装配质量影响重大的零件及尺寸公差上。

哲学思想粗浅理解起来并不难，想要落地却是很复杂的，原因就是对装配质量影响重大的因素筛选是一项非常大的挑战。飞机研制中引入关键特性(key characteristics，KC)来描述这些对装配质量影响重大的因素。不仅公差对装配质量有影响，材料、装配工艺、工装等研制过程中的诸多因素对装配质量也有影响，这些因素在波音公司的定义中都属于关键特性。公差占据主要位置，因此国内很多技术资料，包括本书在讨论关键特性时，主要指的是与公差相关的关键特性。

1. 关键特性的内涵

关键特性：指的是材料、零部件以及过程的特征变化对产品的互换协调影响最大的特性。装配配合部位对装配质量影响的特征，称为关键装配特性。

关键特性主要影响配合、性能以及服务寿命。

(1)配合：影响产品的装配效率，即影响废品、返工、库存和工资的费用。

(2)性能：决定产品能否工作和如何工作，即影响测试、返工、废品、工资和操作的费用。

(3)服务寿命：影响产品的工作时间，即影响航空公司的营业费用。

在飞机设计阶段，工艺人员和设计人员在产品协同设计时需要共同确定零组件和装配件的关键特性。由于零组件不可能按指定的尺寸正确无误地制造出来，制造出的零组件一般在所标尺寸的允许公差范围内，这些公差就是零组件的关键特性，但并不是一个零组件上的所有尺寸和形状都是关键特性，仅有几个是关键特性。关键特性的数量和范围对减少零组件的制造问题有很大的影响，对产品的最后性能和疲劳强度也有很大的影响。因此，确定关键特性的工作极其重要，要慎重进行。在产品协同设计组的每个成员(设计、制造、工装、材料等部门代表)都有权参与确定大多数结构件的关键特性。

根据对产品装配的影响，可将关键特性分为互换协调类关键特性、气动性能类关键特性、产品寿命类关键特性三类。关键特性是在飞机试制过程中不断完善的，需要及时调整与修改，以适应产品在不同生产环境下带来的变化。在制造过程中，从零件组装成组件，再由组件装配成部件，由这一关系可知，关键特性是一个树形结构，它们之间是相互影响的，也是由上到下逐步定义的，如图 3-28 所示。

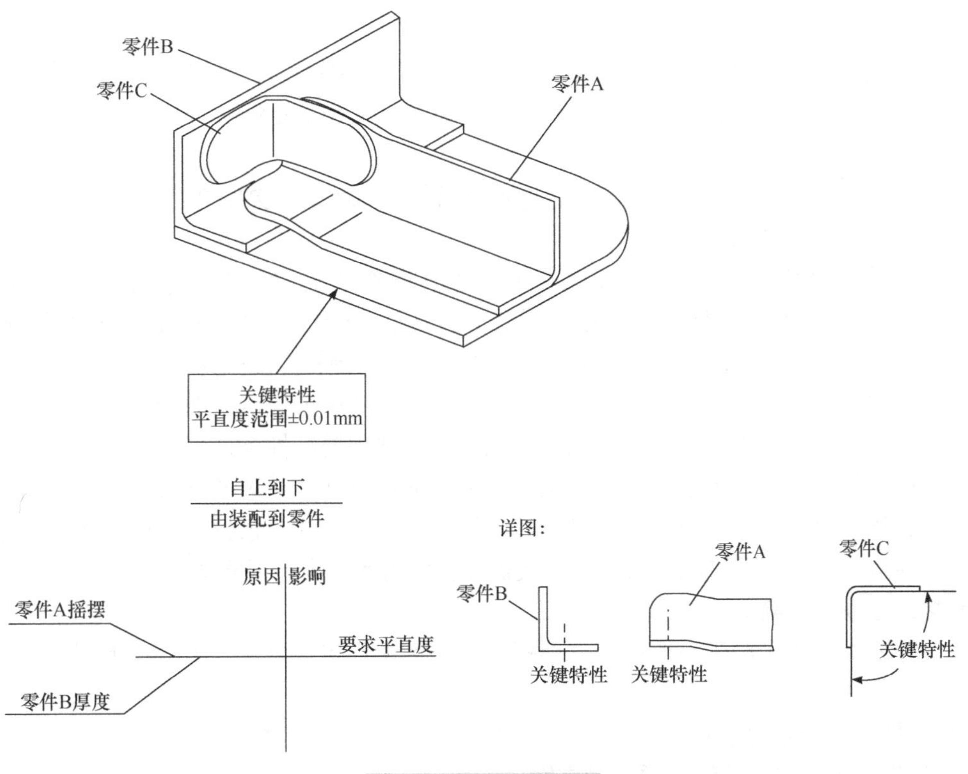

图 3-28　关键特性示例

根据关键特性的概念制定飞机关键特性分解树，飞机关键特性分解树是飞机制造过程中互换协调的依据。因此，零件制造过程中的加工定位、装配过程中的定位基准选择、工装夹具的确定等均应考虑关键特性。

关键特性具有以下特点：

(1) 关键特性应是少量的。通常每个简单的零件可确定 2～3 个关键特性或更少，甚至没有，一般不超过 5 个；复杂装配件则可以超过 5 个。

(2) 关键特性应是可改变的。关键特性应视为可随时间推移而改变的，可以增也可以减。

(3) 关键特性应是可测量的。尽可能使用计量数据，若不便测量，则将数据传递到更低层次的关键特性。

(4) 关键特性应是可传递和分解的。对于一个装配件，通常将顶层的关键特性传递到组件和零件级特性。

在装配生产中，应用先进质量体系 (advanced quality system，AQS) 来实现数字化装配质量的提高。首先，装配车间的质量管理系统根据设计部门给出的关键特性制订 AQS 检验计划；然后，在生产现场采用常规检验手段和数字化手段进行产品质量的检测，若发现产品存在质量异常的现象，则需要通过分析影响关键特性的硬件波动源，提出返工或修改意见，直至质量达到设计要求。

2. 关键特性拾取的方法

关键特性的选择有时是十分困难的，需要多方人员共同研讨，将注意力集中到为数不多的重要特性上。一般来说，确定关键特性有以下几种方法。

1）用历史数据确定

根据制造车间报废的零件记录及报废原因分析确定关键特性，有条件的可以将历史数据生成带标签的样本，用机器学习、深度学习等算法进行显著性分析，以确定关键特性。

2）用内部拒收数据确定

查清拒收报告及其他质量问题数据，通过分析拒收原因确定关键特性。

3）用损失函数法确定

日本质量管理专家田口玄一提出的损失函数表明波动（包括公差范围内和公差范围外的波动）会引起经济损失。损失函数对关键特性的可视化十分重要，关键特性一般对变化比较敏感，即使发生很小的偏移，损失函数也会增加很快，非关键特性损失函数的形状就会较平滑。也就是说，关键特性是波动引起的最大损失，并具有很陡的损失函数曲线的特性。一种关键特性定义与分解的量化方法是基于装配有向图，先构建关键特性备选集，然后基于损失函数法引入损失灵敏度，定义备选特性对上层关键特性的影响度，通过备选特性关键特性波动关系的分析，推导出备选特性对上层关键特性的影响度计算公式，根据影响度的相对大小对该层关键特性进行定义。损失函数法以某型飞机登机门为实例进行了验证。

4）用风险分析法确定

风险分析的名称来源于一个概念，即任何一个特性都包含风险。风险在下列因素的基础上建立：

(1) 特性超出公差的频率；

(2) 特性超出公差所导致问题的严重性；

(3) 检验超差条件的能力。

产品缺陷难于检测。经常产生缺陷并产生严重问题的特性，代表高风险，需要加以控制，这就是关键特性。

风险分析通常是从一大串特性中选取少数几个关键特性，风险分析的步骤如下：

(1) 大脑风暴。编辑一张候选关键特性表，所用标准包括历史数据、经验和直觉。根据每一个候选关键特性对配合、性能以及零件的寿命的影响得出结论，确保能够考虑到零件使用情况的各个方面，这对比较相同零件的候选关键特性和已选关键特性也是有益的。

(2) 分解。画出因果图或结构树图，显示在下一高层次的装配件上定义的关键特性如何分解到大脑风暴产生的特性。因果图和结构树图是显示装配件的关键特性（结果）如何受具体零件关键特性影响的有效工具。

(3) 风险分析工作单。填写一张因果图中所包含特性的工作单，帮助从潜在的关键特性中确定关键特性，为关键特性的选择提供相对客观的方法。利用风险分析工作单，工作小组可以通过对风险的每个元素赋值，得到某个特性的风险值，具有高风险值的特性是关键特性较好的选择。风险值由缺陷发生的频率（历史数据）、变化的严重程度（损失函数），以及相关特性的可检测性确定。确定风险值完全依靠工作小组，因此该值是主观的，但是对特性的讨论、检查输入和赋值都是系统的、可重复的。

(4) 选择。根据风险分析工作单选择关键特性，具有较高风险值的特性是关键特性较好的选择。这个原则不是绝对的，在选择关键特性时还要进行一系列的判断。风险分析工作单对确定关键特性十分重要，但其中的赋值不是绝对的。关键特性个数的选择是主观的，需要根据特性的风险及跟踪特性所需资源而定。若尽了最大努力仍未发现关键特性，则这个零件或过程称为“无关键特性”零件或过程。

3. 关键特性的分解传递

在并行工程的概念设计阶段，关键特性定义在飞机整体性能之上，此时的关键特性是产品级的。随着并行设计的深入，在工艺规划阶段，通过建立制造树，沿制造树逐级分解传递，产品级的关键特性将被分解传递到零件和工艺过程中，最后形成关键特性树。在建立制造关键特性树的过程中，应依据产品结构和制造资源，考虑数字化协调和装配顺序的要求，以便于关键特性的顺畅传递。通过关键特性树可以直观反映关键特性的误差累积，并以此为依据对各阶段的关键特性进行检测，使其处于可控状态。根据飞机制造过程多级装配的特点，可将关键特性按产品结构分解传递，形成包括产品级、部件级、组件级、零件级四个层次的关键特性树。机翼前缘缝翼的关键特性树如图 3-29 所示。

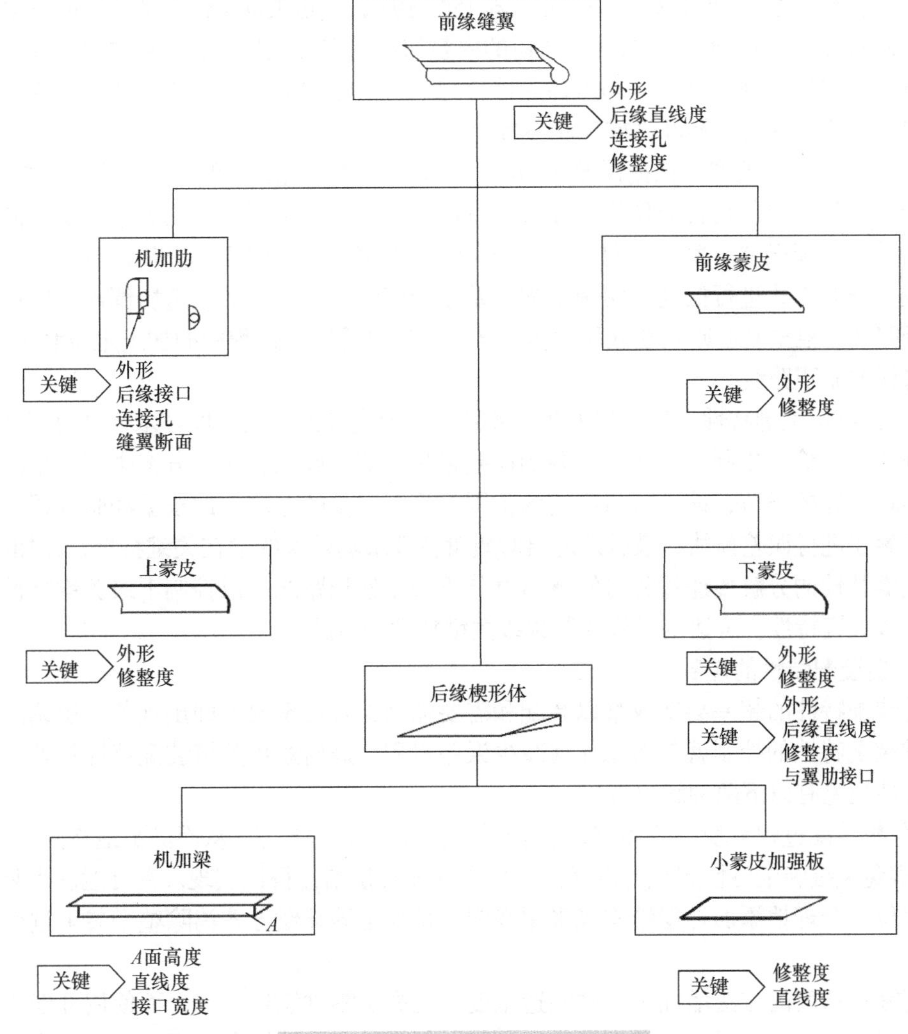

图 3-29　机翼前缘缝翼的关键特性树

沿制造树分解传递的关键特性由装配件传递到组成它的零件上，在数量上是递增的过程，控制关键特性的数量和范围是一项复杂且谨慎的工作。一般情况下，零部件相连接的部位都属于关键特性，但考虑到加工制造和保证产品性能等因素，还需要分析找出潜在的关键特性。因此，关键特性的分解传递需要协同设计人员，包括设计、制造、工装、材料等部门相关人员都参与其中。关键特性树与所建立的制造树相对应，而制造树是产品结构细化的体现，关键特性则是在此基础上的分析与筛选。为对质量特性进行合理的容差分配和有效的误差控制，理顺产品的误差累积路线是根本办法，因此根据制造协调路线和装配方案建立尺寸和基准传递链，明确误差累积路线，有助于实现关键特性的分解传递。关键特性的分解传递过程大致可分为以下几步：

(1)建立制造树。对飞机产品进行结构分解，并结合制造企业的制造资源建立制造树。制造树的每个节点都代表一个零部件的装配，第一级代表飞机产品，最后一级代表零件的生产及工艺。上级节点为下级节点提供基准与需求，下级节点对上级节点负责并将本节点的基准与需求提供给下级节点。建立的制造树可以显示飞机装配顺序，它是关键特性分解传递的依据。

(2)关键特性的初步确定。根据制造树的内容初步选定关键特性，一般先将协调部位定义为关键特性，然后根据可测量性和可控制性决定是否沿制造树向下传递，如需传递，则可以直接传递到可测量的具体零部件或工序参数上。

(3)明确误差累积路线。依据误差累积路线，找出制造和装配过程中误差累积最多的环节，这有助于下一步判定其是否应作为潜在关键特性进行控制。不同的装配方案决定不同的零部件定位关系及装配误差的累积方向。根据产品结构与定位方式建立基准传递链，对装配过程中的定位、连接方式进行描述，明确装配误差累积路线。零部件的制造协调误差取决于所采取的协调路线，根据制造原则建立尺寸传递链，准确描述制造过程中的加工定位和工艺参数，明确制造误差累积路线。

(4)分析判定关键特性。根据误差累积路线，采取定性的办法，即技术人员对误差累积环节进行分析，剔除造成制造、装配问题的误差累积环节，或比较相似方案中所发生的问题，选出易出现问题的环节，缩小分析判定的范围；采用定量的办法，即根据经验数据，对各环节的误差累积进行误差预估，最后判定出对质量特性影响较大的潜在关键特性，并加以控制。

由关键特性的分解传递过程可知，通过分析误差累积路线，以控制下级关键特性为手段来保证上级关键特性，可达到最终控制顶级关键特性的目的。

4. 关键装配特性的控制

关键装配特性的超差会造成难以装配和需要强制配合等现象，即出现装配协调问题。因此，关键装配特性的控制就是考虑如何减少误差累积，进而避免关键装配特性超差。避免关键装配特性超差有以下两种解决方式：

(1)分析装配过程累积误差环节，针对性提高各环节误差要求，从而满足最终的装配要求。

(2)避免关键装配特性超差可以通过补偿方式或补偿结构得以实现。在可能发生装配协调问题的部位，合理地添加补偿结构或采用修配、精加工等补偿方式消除整个装配过程中的误差累积。

提高零件精度的方法增加了零件制造难度，提高了零件制造成本，而使用补偿方法尽管能够在不提高零件制造成本的条件下完成装配，但延长了装配周期，提高了装配成本，且过度的补偿对飞机产品的功能与性能也会产生一定的影响。因此，在对关键装配特性进行控制

时，通常需要具体分析装配与零件制造成本，将两种控制方法结合使用。

如何降低成本有效地控制关键装配特性、合理地利用不同控制方法是工艺方案设计的难点和重点。解决这一问题的方法就是采用误差累积分析和容差分配等手段对关键尺寸链进行优化。

以机翼中某组合梁的简化结构为例进行简单说明，该梁由段件 A、B、C 组成，如图 3-30 所示。根据设计要求，该梁的总长度为所需控制的关键特性。若采用图 3-30(a)所示的方案用零件进行定位，则误差累积环节较多，误差累积过大，关键特性难以保证。为满足关键特性的质量要求，采用图 3-30(b)所示的方案用型架 D 对其进行直接定位。使用型架定位方案能够有效减少关键特性的累积误差，但累积误差并未消除，而是转移至段件 B 与 C 的连接部位。段件 B 和 C 需要通过铆钉连接，该部位累积了段件 A、B、C 与型架 D 的长度误差和各部位的定位误差，当累积误差过大时，将发生段件 B 和 C 难以协调装配的状况。此时，段件 B、C 之间的相对位置关系需要作为潜在的关键装配特性加以分析。根据潜在的关键装配特性的误差累积路线，所累积的误差为型架 D 的长度误差和型架 D 与段件 A、C 之间的定位误差。

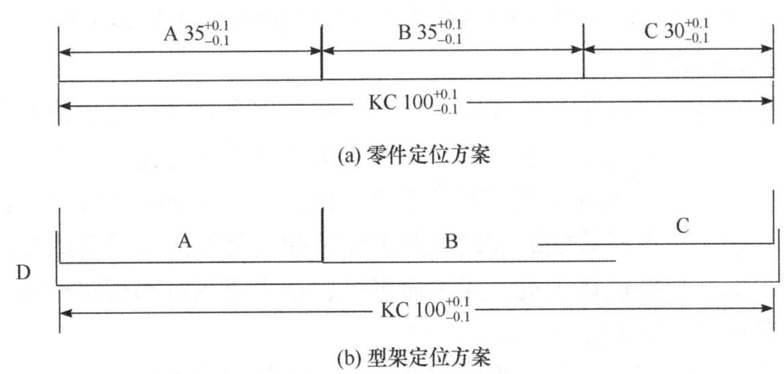

图 3-30　机翼某组合梁误差累积(单位：mm)

3.5.4　装配误差的来源和分类

1. 装配误差的来源

飞机装配过程中产生装配误差的来源很多，主要分为以下几类。

1) 零件制造误差

零件制造误差是装配误差中的重要成分，零件的几何形状和尺寸的误差，以及零件定位孔和外形之间的相对位置误差在装配误差中属于偶然误差。

零件制造误差本身取决于形成零件最后形状和尺寸的传递过程中各个环节的误差大小。在飞机的钣金零件制造中，获得零件最后形状和尺寸的尺寸传递过程，一般是模线—样板—模具—零件。对于一些形状复杂和协调准确度要求高的钣金零件，还需要经过更多立体形状的移形环节。有重要配合关系的零件之间的协调误差，取决于有关零件之间的制造与协调路线。

钣金零件成形模具的误差与装配夹具的误差性质相同，属于系统误差，在零件制造过程的总误差中为固定值。为提高零件制造的准确度，应力求减少模具制造的误差。模具制造误差的计算方法与装配夹具制造误差的计算方法类似。

零件制造误差不仅取决于模具的制造误差，还取决于零件成形时的很多因素。即使采用同样的成形方法和成形模具，也不可能获得形状和尺寸完全相同的零件。例如，用橡皮成形方法得到的零件外形准确度，取决于模具的制造准确度，零件成形后有回弹，使零件的内表面不可能完全与模具的工件表面相贴合而出现间隙，回弹模量又取决于很多因素，如材料的性能差异、材料的各向异性、材料厚度的差异、成形时各种工艺参数等。

此外，零件外形最后的准确度还取决于零件毛料中的初始内应力和成形过程中产生的内应力的综合影响，使零件产生扭曲变形，零件成形后的热处理过程中也会产生热处理变形等。

因各种零件材料、成形方法、模具制造路线以及零件的几何形状和尺寸大小等不同，各种零件的制造准确度有很大的差异。在对零件制造误差进行理论分析时，需要对不同类型的零件按尺寸传递过程中各环节的允许公差或统计数据进行累积误差的计算。要做到这一点，需要对零件制造中各环节的误差进行大量的试验，以获得所需要的各种数据。

2) 重力变形引起的误差

飞机产品的特点是有非常多的大尺寸、弱刚度的零组件参与装配，在重力作用下会产生较大的变形，这种变形随着零组件的位姿变化、定位点的布局变化等还会发生变化。

3) 装配夹具引起的误差

装配夹具的准确度对产品装配的准确度和两个装配件配合面之间的协调准确度有很大的影响。对装配夹具制造准确度的要求，主要参照飞机的最大飞行速度来确定。一般来说，飞机的最大飞行速度越高，对飞机装配的准确度要求越高，进而对装配夹具制造的准确度要求越高。在实际生产中，对飞机装配的准确度要求和装配夹具制造准确度的要求，是根据飞机的速度分成几个级别，如按低速飞机、亚声速飞机、超声速飞机和高超声速飞机等几种类型分别制定对装配夹具制造准确度的要求。

在装配夹具中进行装配时，零件按装配夹具的定位基准面进行定位。因为零件的定位表面与装配夹具的定位基准面的形状和尺寸都有误差，所以零件的定位表面和装配夹具的定位基准面之间不可能完全贴合，必然存在一定间隙，需要通过夹具夹紧件施加一定的夹紧力，迫使零件的定位表面与装配夹具的定位基准面相贴合。但在装配件装配连接完成并松开夹紧件后，结构内存在内应力，装配件将产生回弹变形，使装配件的形状相对于装配夹具定位基准面产生一定的误差。

4) 装配连接引起的误差

在铆接时，由于钻孔力、铆接力以及铆钉沿全长膨胀不均匀等，结构会产生变形，并在结构中产生残余应力；在焊接时，零件各处受热不均匀，焊接在冷却时局部收缩会引起焊接变形误差。

5) 车间温度变化引起的误差

飞机部件尺寸大，飞机零件、装配件与工艺装备的材料不同，热膨胀系数不同，车间的温度随季节变化，从而使工艺装备和工件产生误差。

总体来说，装配误差是零件制造误差、零件定位误差、装配夹具误差和各种变形误差综合的结果，表达式可写为

$$\varDelta_{装配}=F\left(\varDelta_{零件},\varDelta_{重力},\varDelta_{夹具},\varDelta_{连接},\varDelta_{温度}\right) \tag{3-11}$$

2. 装配误差的分类

分析和解决准确度问题应根据误差的特点和性质分别处理。误差按其特点和性质可分为过失误差(或称粗大误差)、系统误差和随机误差(或称偶然误差)三类。

1) 过失误差

过失误差是由操作者的过失、粗心大意、过度疲劳等特殊原因造成的，如锪窝过深、钻孔时轴线过度偏移等。这类误差在数量上往往是显著的，从工程技术的角度来看，没有任何规律性。过失误差应该避免，并且是可以避免的。

2) 系统误差

系统误差是按一定规律重复出现的误差，或是常值，或是按一定规律变化的确定值，如装配夹具的误差等。一般情况下，一种装配夹具只制造一台，对所有在此装配夹具中装配的装配件来说，这个环节的误差是一定的常数。进一步来说，装配夹具的误差将随车间温度的变化而变化，但这种变化是有规律的，可以根据装配夹具的结构和所用材料建立装配夹具变形误差与温度变化之间的函数关系。

3) 随机误差

随机误差是由许多未知细小因素综合影响造成的。同样的工作，即使采用相同的工艺过程、工艺装备和机床设备，也不可能制造出形状和尺寸完全相同的工件。随机误差在一定范围内的大小是不确定的，其概率分布符合一定的统计规律。

系统误差和随机误差之间的界限并不是绝对的，往往是并存的，并且可以互相转化。例如，对于某些随机误差，随着对它的分析研究不断深化，可以从中发现某些有规律变化的成分，并可以将其从随机误差中分离出来作为系统误差来处理。对于装配夹具的误差，一旦装配夹具制造出来以后就是一定的值，可以作为系统误差。但当设计人员制订工艺方案时，为了分析装配所能达到的准确度，一般是将各种误差，其中包括装配夹具的误差，均作为随机误差来处理。而在投产以后，发现装配准确度达不到要求，通过对产品形状和尺寸的实际测量和统计，可以发现某些超差具有一定的重复性和规律性，并可以将其作为系统误差通过修正装配夹具或其他工艺措施予以消除，以达到所要求的装配准确度。

3.5.5　系统误差分析与控制

装配误差的累积分析可以分为系统误差和随机误差。本节针对系统误差展开分析与控制。

1. 温度影响分析与控制

在飞机制造中，特别是在大型飞机制造中，在有协调关系的尺寸大、协调准确度要求高、车间温度变化大的情况下，由于产品、工艺装备和设备的材料不同，其热膨胀系数、导热系数、比热容和密度等不同，各有关部分的吸热、传热、散热性和热容量差别也很大，表现出不同程度的热惯性和伸缩差。因此，在部件之间、工件与工艺装备之间、工艺装备之间以及同一工艺装备上不同构件之间，均可能产生协调问题。同时，地温与室温变化的差别也会造成设备和工艺装备变形。

解决生产工艺准备和生产过程中温差对装配协调影响的问题，可从两方面进行考虑。一方面，消除或减少产生温度协调误差的因素；另一方面，采取设计和工艺补偿措施，以保证部件对接协调及生产中的尺寸协调。

1)消除或减少产生温度协调误差的因素

(1)消除温差的原则。该原则是有关车间和工地的定温问题，由于恒温车间的基建投资大、维持费用高，只能在少数车间和工地施行，一般可采取适当控制温度和温差的措施，因地制宜处理。在关键的协调过程中尽量创造热平衡条件。在关键的移形、精加工和检测过程中，应使工作对象尽可能处于热平衡的稳定状态，有温差时就停放等待；工作地应避开任何热辐射和来自热系统的热气流，不应靠近外界及位于门通道之间空气流通的地方。

(2)缩短协调尺寸的原则。这主要是结构设计时取分离面的问题，在工艺上应控制定位孔的中心距，避免协调尺寸过大。

(3)热膨胀系数相等的原则。该原则要求工件和工艺装备、有关工艺装备以及工艺装备的有关构件具有相等的热膨胀系数。在飞机制造中采用此原则是有限的，如在型架等大型工艺装备上局部采用铝构件，包括铝制型架平板、铝制结合面钻模板、卡板等，国外曾有采用铸铝型架立柱和底座的案例。需要注意的是，为了在采用铝构件后能保证部件结合交点协调，必须在同一温度下按钢制标准平板制出两块对应的铝制型架平板上的孔，即要求车间定温或控制温度。

由于同类材料构件的厚度、表面积、重量和吸热散热条件不同，当环境温度变化时，它们的温度变化也不同。实际上，采用铝制型架装配铝合金部件并不能完全解决温度协调误差的问题。

2)对温度协调误差的补偿

(1)产品结构设计补偿。结构设计补偿的形式多样，可以采用补偿件的形式，如在结合部位采用带凸缘的偏心衬套(有余量、可调、可换)等。可以在结构上留有配合间隙，叉耳接头配合面的间隙必要时可在装配时配制垫片予以消除，交点结合孔与连接螺栓之间的间隙，一般在结构传力条件的设计中予以考虑，当必须予以消除时，需要采用膨胀螺栓。

(2)工艺补偿。对残余温度协调误差的工艺补偿的形式也是多样的，包括工艺装备上和工艺过程中对温度协调误差的补偿措施。

2. 工艺装备的变形与控制

工艺装备结构的刚度不够，受自重和工艺载荷的作用而产生不希望有的变形。这种变形可由工艺装备结构的刚度设计来控制。工艺装备的钢质构架、框架和梁，常采用焊接结构，焊后存在不希望有的内应力和变形，且焊接应力在时效期内随时间而变化，使结构的尺寸和形状不稳定。这个问题可由控制焊接结构应力和变形的方法来解决。因此，需要对工艺装备的残余变形详细掌握，在使用时可将其作为系统误差来修正。

对于难以控制的地基沉降，为避免其引起型架和设备变形，除了应采用强度足够的地坪，还应完善型架、设备的结构设计，如使地坪受力均匀、型架和设备的底座高度可调等。

3. 装配变形和残余力的控制

飞机机体结构的装配变形主要包括连接过程所产生的变形和强迫装配所产生的变形。在大型飞机装配中，部件受自重递增变化的影响而使其上的交点接头的相对位置发生改变。装配过程不仅要控制残余变形，还要控制装配件中的残余应力，以满足其长期使用的要求。

1)连接变形

各种连接均可能使装配件发生变形，变形显著且影响装配件质量的连接主要为熔焊、普通铆接和点焊等。

(1) 铆接变形。在铆接过程中，工具对板件和钉头、镦斗的锤击或挤压，以及钉杆对孔壁的挤胀，使工件在铆缝上伸长。若铆缝在工件横截面中性轴的一侧，则另一侧的工件材料在内应力平衡的条件下在纵向受压，使整个工件弯曲，有铆缝的一侧凸起。当铆缝分布广泛，铆接顺序选择不当，装配定位夹紧不可靠时，工件将产生弯扭或翘曲的复杂变形。为了减少铆接变形，应尽可能采用压铆以及在产品结构中选用特种变形量小的铆接，除此之外，在生产中还常采取合理安排铆接顺序和铆接前进行反向变形等措施。

(2) 点焊变形。在焊点附近的金属由于加热和电极的压力作用，所产生的点焊变形与铆接变形很相似。但焊点有冷却收缩的作用，与铆钉杆挤胀钉孔的作用相反，因此在点焊缝上的伸长率比普通铆接要小。

点焊机支臂在压力作用下还可能引起弯曲而产生位移。这些情况可能会引起板件间的相对位移。此外，两板件间的配合不良，如圆弧形板件与加强件之间的配合，点焊变形严重，其中包含强迫装配的后果。

2) 连接交点接头移位

机体结构上有些交点接头相对位置的准确度要求较高，如某型飞机机身内炸弹挂架的悬挂接头。若这些接头在部件装配的早期必须安装，则随着部件装配工作的继续进行，结构重量逐渐增加，直到装配和安装工作完成，结构重量才可以稳定下来。当结构自重变化时，已安装结构的交点接头将随着结构的变形而移位。这些移位很难预先准确估计，但结构各组成元件和内部安装物的重量与重心位置是可以准确估计的，因此可预加工艺载荷代替以后要装配的元件和成品。在此条件下安装交点接头，即在结构有应力的状态下安装接头，部件装配和安装中逐渐换下工艺载荷，使交点接头相对位置的准确度满足最终要求，这种装配方法称为应力装配。

装配过程中可能会改变安装位置的交点接头，只要结构和工艺允许，就应尽可能后装，或先安装可卸可换的工艺接头，最后换上真接头。在换装真接头时，应进行必要的位置调整。

3) 强迫装配和加垫

强迫装配允许消除的装配单元配合面(或交点孔)之间的协调误差取决于是否用装配夹具进行装配、被强迫装配的装配单元的刚度比、装配单元与装配对象的刚度比，以及装配对象许可的变形量和装配残余应力。

3.5.6 随机误差的综合

装配误差是各个环节误差综合的结果。对于各系统误差，因其在一定条件下为确定值，在线性尺寸链中，可以用求代数和的方法计算。由随机误差累积造成的累积误差，是飞机装配误差累积分析的重点和难点，因此很多场合提到的误差累积分析实际代指的就是随机误差累积分析，有的文献中称为容差分析或公差分析，均是指从组成环误差到封闭环误差的计算过程，可以采用以下方法进行计算。

1. 极值法

极值法是在假设尺寸链组成环尺寸处于极大值或极小值的情况下，计算尺寸链封闭环尺寸容差的分析方法。

误差的尺寸链方程为

$$\Delta_{\Sigma}=\sum_{i=1}^{n}A_i\Delta_i \tag{3-12}$$

令$(\Delta_{\Sigma})_0$和$(\Delta_i)_0$分别为封闭环和第 i 个组成环误差的中点值，ω_{Σ}和ω_i分别为封闭环和第 i 个组成环误差带的半带宽，按极值法计算封闭环误差的中点值和误差带半带宽的公式分别为

$$(\Delta_{\Sigma})_0=\sum_{i=1}^{n}A_i(\Delta_i)_0 \tag{3-13}$$

$$\omega_{\Sigma}=\sum_{i=1}^{n}|A_i|\omega_i \tag{3-14}$$

封闭环误差Δ_{Σ}的上限$(\Delta_{\Sigma})_s$和下限$(\Delta_{\Sigma})_x$的计算公式为

$$(\Delta_{\Sigma})_s=(\Delta_{\Sigma})_0+\omega_{\Sigma}=\sum_{i=1}^{n}A_i(\Delta_i)_0+\sum_{i=1}^{n}|A_i|\omega_i \tag{3-15}$$

$$(\Delta_{\Sigma})_x=(\Delta_{\Sigma})_0-\omega_{\Sigma}=\sum_{i=1}^{n}A_i(\Delta_i)_0-\sum_{i=1}^{n}|A_i|\omega_i \tag{3-16}$$

用极值法计算累积误差可以达到 100%的概率，但这样计算出来的累积误差偏大。因为在实际生产中，所有增环同时达到其最大极限尺寸并且所有减环同时达到其最小极限尺寸的概率是极小的，即这样计算出来的封闭环尺寸误差带两端有相当一部分出现的概率是很小的，从而影响容差分析的准确性。极值法要求组成环具有较小的容差，即要求制造准确度较高，以满足设计要求，从而导致产品成本上升。

2. 概率法

概率法的基础是各组成环的误差为随机误差，并有一定的统计分布规律，取各随机误差出现的概率接近 100%(小于 100%)作为其分布范围，用概率求和的公式计算累积误差。

随机误差常见的分布规律为正态分布(高斯分布)，它也是比较随机误差分布特征的一种基准分布规律。以Δ表示尺寸 L 的随机误差，以 L_N 表示尺寸 L 的公称值，则$\Delta=L-L_N$。又以Δ'表示尺寸 L 的剩余随机误差(或称为中心化随机误差)，$\Delta'=\Delta-\bar{\Delta}$，$\bar{\Delta}$为$\Delta$的均值。$\varphi(\Delta')$、$\Delta_i$、$\Delta_x$分别为概率密度函数、$\Delta$分布带的上边界和下边界。正态分布曲线如图 3-31 所示。

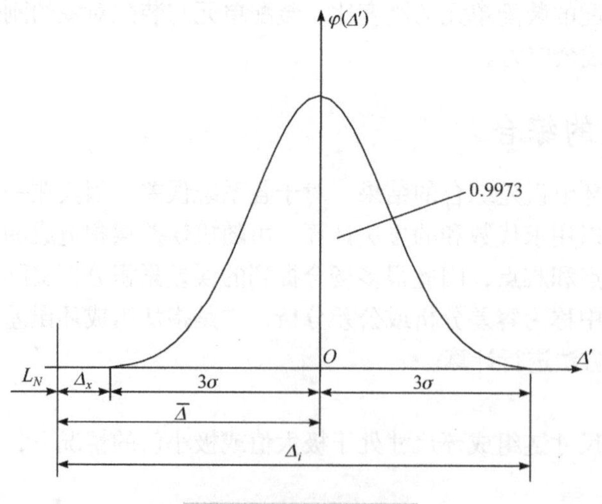

图 3-31 正态分布曲线

正态分布曲线的方程为

$$\varphi(\Delta') = \frac{1}{\sigma\sqrt{2\pi}} e^{-\frac{\Delta'^2}{2\sigma^2}} \tag{3-17}$$

式中，$\Delta' = \Delta - \bar{\Delta}$，$\bar{\Delta}$ 为 Δ 的均值；$\varphi(\Delta')$ 为概率密度函数；σ 为均方根差，表示随机误差的离散程度。

对于正态分布，一般规定随机误差的分布范围为±3σ，此时随机误差出现的概率为 99.73%。

若各组成环的随机误差均服从正态分布，则封闭环误差 Δ_Σ 也符合正态分布，有

$$\bar{\Delta}_\Sigma = \sum_{i=0}^{n} A_i \bar{\Delta}_i \tag{3-18}$$

$$\sigma_\Sigma = \sqrt{\sum_{i=1}^{n} A_i^2 \sigma_i^2} \tag{3-19}$$

$$\omega_\Sigma = \sqrt{\sum_{i=1}^{n} A_i^2 \omega_i^2} \tag{3-20}$$

在机械制造的大批量或大量生产中，随机误差的分布大多属于正态分布。而在飞机制造中，由于主要采用模线—样板—标准样件—模具、夹具—工件的制造和协调路线，即尺寸传递过程中主要采用实体移形方法，随机误差的分布一般不服从于正态分布，而是非对称分布，如图 3-32 所示。

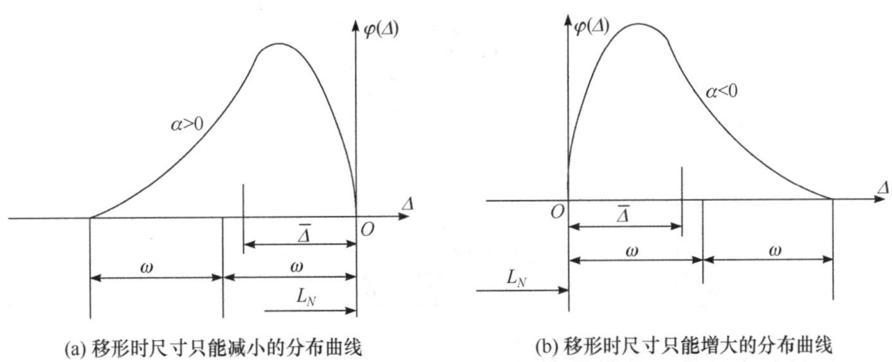

图 3-32　随机误差的非对称分布曲线

为了对各种不同分布的随机误差进行综合，需要设定表示分布特征的参数，即相对离散系数 k 和相对不对称系数 α 。

相对离散系数 k 定义为

$$k = \frac{3\sigma}{\omega} \tag{3-21}$$

相对不对称系数 α 定义为

$$\alpha = \frac{\bar{\Delta} - \Delta_0}{\omega} \tag{3-22}$$

对于正态分布，$k=1$，$\alpha=0$；对于其他非对称分布，$1 \leqslant k \leqslant 1.73$，$0 \leqslant \alpha \leqslant 1$。在飞机制造中，常用的加工方法的相对离散系数 k 和相对不对称系数 α 如表 3-3 所示。

表 3-3　常用加工方法的 k 和 α

加工工艺方法	加工准确度/mm	系数的平均值	
		k	α
按模线加工外形检验样板外形	±0.15	1.4	0.5
按外形检验样板加工生产样板外形	±0.15	1.4	0.5
按样板加工成形模外形	±(0.1～0.2)	1.4	0.5
按切面样板加工立体成形模外形	±(0.1～0.2)	1.4	0.5
按样板加工装配夹具卡板外形	±0.15	1.4	0.5
按标准样件安装装配夹具定位件	±0.1	1.2	0.2
用橡皮成形模成形零件外形	±(0.5～1.5)	1.2	0.2
用落锤成形模成形零件外形	+0.3	1.2	0.2
用蒙皮拉形成形蒙皮外形	+0.3	1.2	0.2
用型材压弯机成形	+0.5	1.2	0.2
按钻模钻装配孔和定位孔	±0.05	1.0	0

若已知各组成环尺寸的公差带半带宽 δ_i 和公差带中点值 $(\delta_i)_0$，计算封闭环的相对离散系数 k_Σ 和相对不对称系数 α_Σ 可用下列近似公式：

$$k_\Sigma \approx 1+0.55\frac{\sqrt{\sum_{i=1}^{n}A_i^2k_i^2\delta_i^2}-\sqrt{\sum_{i=1}^{n}A_i^2\delta_i^2}}{\sum_{i=1}^{n}|A_i|\delta_i} \tag{3-23}$$

$$\alpha_\Sigma \approx 0.59\frac{\sum_{i=1}^{n}A_i\alpha_i\delta_i}{\sum_{i=1}^{n}|A_i|\delta_i} \tag{3-24}$$

此时，累积误差的计算公式可写为

$$(\varDelta_\Sigma)_0=\sum_{i=1}^{n}A_i(\delta_i)_0+\sum_{i=1}^{n}A_i\alpha_i\delta_i-\alpha_\Sigma\omega_\Sigma \tag{3-25}$$

$$\omega_\Sigma=\frac{1}{k_\Sigma}\sqrt{\sum_{i=1}^{n}A_i^2k_i^2\delta_i^2} \tag{3-26}$$

$$(\varDelta_\Sigma)_x^s=(\varDelta_\Sigma)_0\pm\omega_\Sigma \tag{3-27}$$

在采用以上计算方法时，需要有不同加工方法的相对离散系数 k 和相对不对称系数 α 的统计值，在缺乏这些统计数据的情况下不能采用。此时，可采用以下两种更为简便的经验公式。

(1)各组成环尺寸的随机误差按正态分布并引用修正系数，即

$$\omega_\Sigma = H\sqrt{\sum_{i=1}^{n} A_i^2 \delta_i^2} \tag{3-28}$$

$$H = 1.8 - 0.8\frac{\sqrt{\sum_{i=1}^{n} A_i^2 \delta_i^2}}{\sum_{i=1}^{n} |A_i| \delta_i} \tag{3-29}$$

式中，H 为修正系数，其值为 1～1.8。

(2) 按极值法加修正系数。在各组成环中，若对封闭环误差的影响没有明显很大或是很小，则可以根据组成环的数量 n 确定对极值法的修正系数，即修正系数是 n 的函数。此时，计算公式可以写为

$$\omega_\Sigma = f(n) \cdot \sum_{i=1}^{n} |A_i| \delta_i \tag{3-30}$$

式中，$f(n)$ 为对极值法的修正系数，其数值如表 3-4 所示。

表 3-4　修正系数 $f(n)$ 的值

n	$f(n)$	n	$f(n)$	n	$f(n)$	n	$f(n)$	n	$f(n)$
3	0.90	8	0.64	13	0.43	18	0.38	26	0.32
4	0.89	9	0.61	14	0.43	19	0.37	28	0.31
5	0.88	10	0.57	15	0.42	20	0.36	30	0.30
6	0.83	11	0.53	16	0.40	22	0.35	35	0.28
7	0.70	12	0.50	17	0.39	24	0.33	40	0.27

3. 蒙特卡罗法

蒙特卡罗法又称蒙特卡罗仿真法和蒙特卡罗模拟法，其是一类通过随机变量的统计试验、随机模拟，求解数学、物理、工程技术问题近似解的数值方法。

这种方法随着计算机的普及在许多领域得到广泛的应用。与极值法和概率法相比，蒙特卡罗法的计算精度高且符合实际生产情况，尤其在公差相对标准值较大且尺寸公差设计函数是高阶的情况下，这种方法更精确。

蒙特卡罗法的思路为：首先，根据零件尺寸的实际分布由计算机生成一组伪随机数；然后，将伪随机数代入装配偏差模型计算一系列的装配尺寸；最后，计算装配尺寸的各阶中心矩，拟合出尺寸近似的分布。

蒙特卡罗法的理论基础是概率论中的两个基本定理，即大数定理和中心极限定理。大数定理反映的是大量随机数之和的性质，可以保证在抽取足够多的随机样本后，蒙特卡罗法是概率收敛的。因此，蒙特卡罗法的适用范围从原则上来讲几乎没有任何限制，无论公差设计函数是否为线性、零件尺寸符合何种分布，只要模拟的次数足够多，就可以得到一个比较精确的装配尺寸分布。基于蒙特卡罗法的误差综合流程如图 3-33 所示。

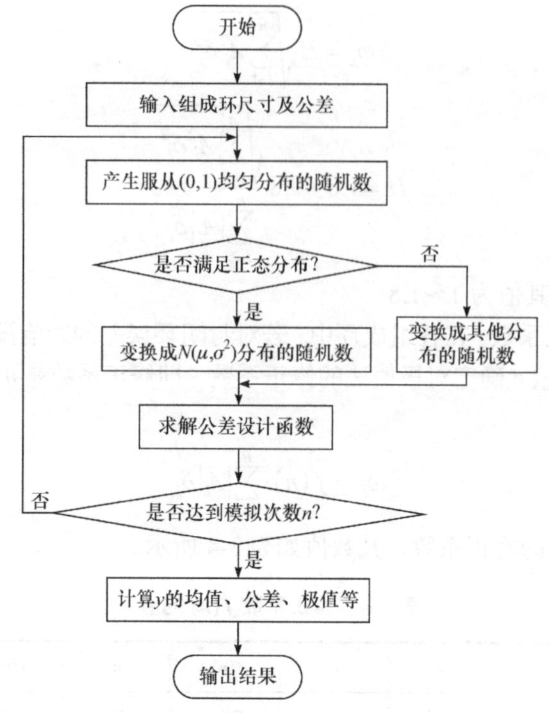

图 3-33　基于蒙特卡罗法的误差综合流程

利用蒙特卡罗法进行公差分析包括以下内容。

(1) 概率密度函数。公差设计函数的性质与尺寸链各组成环尺寸的概率密度函数有关。设 n 为设计变量的个数，$x_1, x_2, \cdots, x_n$ 是相互独立的尺寸设计变量(组成环尺寸)，则公差设计函数为

$$y = f\left(x_1, x_2, \cdots, x_n\right) \tag{3-31}$$

(2) 随机数产生器。为了模拟生产中零件的各个组成尺寸，必须模拟产生大量的服从 (0,1) 均匀分布的随机数。产生伪随机数的方法有平方取中法、线性同余法等。Microsoft Excel、MATLAB 等软件都有产生伪随机数的相应函数，使计算机模拟更加快捷、方便。

(3) 抽样规则。零件的各组成环尺寸的概率分布可能不同，因此需要利用各种抽样方法将上面产生的服从 (0,1) 均匀分布的随机数转换为具有特定分布的随机数。抽样方法有直接抽样法、变换抽样法、舍选抽样法、复合抽样法和近似抽样法等。下面介绍各尺寸分布模型的抽样方法及产生相应随机数的方法。在实际生产中，各尺寸设计变量常服从于正态分布，但无论是哪一种分布的随机变量，都必须以服从 $U(0,1)$ 分布的随机数为基础。若 R_U 为服从 (0,1) 均匀分布的随机数，则可采用变换抽样法得到标准正态分布的随机数：

$$R_N = \sqrt{-2\ln(R_{U1})}\cos(2\pi R_{U2}) \tag{3-32}$$

其他常用分布的随机数可从表 3-5 中查到。

表 3-5　常用分布的随机数产生方法

常用分布	抽样方法	参数	随机数 x
正态分布	近似抽样/变换抽样法	$-\infty < \mu < \infty, \sigma$	$x = \mu + \sigma R_N$

续表

常用分布	抽样方法	参数	随机数 x
对数正态分布	变换抽样法	$-\infty<\mu<\infty,\sigma$	$x=e^{\mu+\sigma R_N}$
均匀分布	直接抽样法	$a<b$	$x=(b-a)R_U+a$
指数分布	直接抽样法	$\lambda>0$	$x=-\frac{1}{\lambda}\ln(1-R_U)$
韦布尔分布	直接抽样法	$\beta>0,\eta>0$	$x=-\eta\left[\ln(1-R_U)\right]^{1/\beta}$

(4) 模拟计算封闭环尺寸及公差。利用上述方法可获得一组等价于尺寸及公差实际值的随机数，通过尺寸公差设计函数可以得出相应的封闭环尺寸 y，再求出封闭环尺寸 y 的各阶中心距。封闭环尺寸 y 的一阶、二阶中心距计算公式分别为

$$m_{1y}=\sum_{i=1}^{N}y_i/N \tag{3-33}$$

$$m_{2y}=\sum_{i=1}^{N}\left(y_i-m_{1y}\right)^2/N \tag{3-34}$$

然后，可得到封闭环尺寸设计变量的基本尺寸、极值和公差。

(5) 误差估计。确定所求解的统计误差随模拟次数以及其他一些参量的变化。林德伯格-列维定理指出，无论随机变量如何分布，它的若干个独立随机变量抽样值之和总是近似服从正态分布的。设有随机变量 $\eta_1,\eta_2,\cdots,\eta_s$，它们的概率密度函数分别为 $f_1(x),f_2(x),\cdots,f_s(x)$，如果将这 s 个独立随机变量 $\eta_1,\eta_2,\cdots,\eta_s$ 相加，记为 $R_s=\eta_1+\eta_2+\cdots+\eta_s$，其 n 次抽样的独立观测值为 $R_{s1},R_{s2},\cdots,R_{sn}$，且 $E(R_{si})=\mu$，$D(R_{si})=\sigma^2,i=1,2,\cdots,n$。根据林德伯格-列维定理，当 n 足够大时，$\sum R_{si}$ 近似服从正态分布 $N\left(n\mu,n\sigma^2\right)$。

设蒙特卡罗估计值为 $I_n=\frac{1}{n}\sum R_{si}$，而 $I=E(I_n)=\mu$，根据正态分布的性质，I_n 也服从于正态分布 $N\left(\mu,\frac{\sigma^2}{n}\right)$，则对于任意的 $\lambda(\lambda>0)$，有

$$\lim_{n\to\infty}P\left(-\lambda\leqslant\frac{I_n-I}{\sigma/\sqrt{n}}\leqslant\lambda\right)=\frac{1}{\sqrt{2\pi}}\int_{-\lambda}^{\lambda}e^{-t^2/2}dt \tag{3-35}$$

对于给定的显著性水平 α，令

$$\frac{1}{\sqrt{2\pi}}\int_{-\lambda_\alpha}^{\lambda_\alpha}e^{-t^2/2}dt=1-\alpha \tag{3-36}$$

λ_α 可通过查标准正态分布函数数值表获得，如取显著性水平 $\alpha=0.0027$，查表可得 $\lambda_\alpha=3$，则误差 $\varepsilon=\left|I_n-I\right|\leqslant 3\frac{\sigma}{\sqrt{n}}$。当显著性水平为 α 时，蒙特卡罗法的误差估计为

$$\varepsilon=\left|I_n-I\right|\leqslant\lambda_\alpha\frac{\sigma}{\sqrt{n}} \tag{3-37}$$

式(3-37)说明，在置信度确定后，蒙特卡罗法的误差完全由均方根差σ和显著性水平α决定。若想减小误差，则可以增大抽样次数或者减小方差。若方差固定，要使精度提高 10 倍，则需要将模拟次数增加 100 倍，因此单纯增大模拟次数不一定是好办法。减小误差的另一途径是减小方差，可以选取最优的随机变量，使其方差最小。

4. 实例分析

本节对飞机典型组件、部件进行了误差分析，并对外形协调与交点协调的典型部件进行了具体的尺寸链分析，下面以前述的某飞机机身尾段结构中 APU 舱门与机身外蒙皮阶差为例，对上述三种容差分析方法进行实例分析。该部件的结构简图及尺寸链如图 3-34 所示。

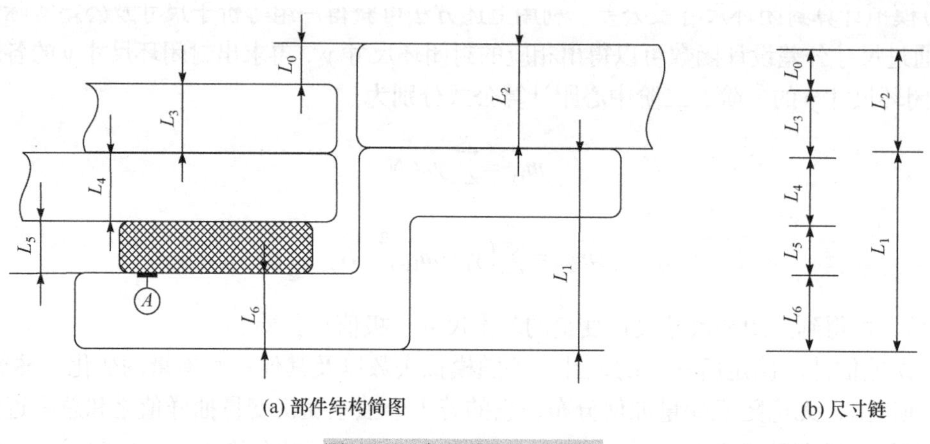

(a) 部件结构简图　　(b) 尺寸链

图 3-34　容差分析尺寸链图

在此结构中，L_0 为舱门外蒙皮与机身蒙皮的阶差，为尺寸链的封闭环；L_1 为舱门安装固定于机身的安装框在周向的高度；L_2 为后机身尾段的机身蒙皮厚度；L_3 为 APU 舱门外蒙皮厚度；L_4 为 APU 舱门安装蒙皮骨架厚度；L_5 为 APU 舱门与机身安装框连接垫圈；L_6 为安装框的钣金件厚度。阶差 L_0 与其他 6 个尺寸 L_1～L_6 组成尺寸链。

已知各组成环的尺寸分别为 $L_1 = 6.4_{0}^{+0.20}$ mm 、$L_2 = 2_{-0.20}^{+0.20}$ mm 、$L_3 = 2_{-0.20}^{+0.20}$ mm 、$L_4 = 2.4_{-0.03}^{+0.01}$ mm 、$L_5 = 1.8_{-0.04}^{0}$ mm 、$L_6 = 2.2_{-0.10}^{0}$ mm ，其中根据组成环的增减性，可以确定传递系数 $A_1=1$，$A_2=1$，$A_3=-1$，$A_4=-1$，$A_5=-1$，$A_6=-1$。

蒙皮阶差作为封闭环，其尺寸公差要求为 $L_0 = 0_{-0.70}^{+0.70}$ mm 。各组成环的数据如表 3-6 所示。

表 3-6　各组成环数据列表

名称	传递系数	基本尺寸/mm	极限偏差/mm	公差/mm	中间偏差/mm
L_1	1	6.4	0～+0.20	0.2	0.10
L_2	1	2	−0.20～+0.20	0.4	0
L_3	−1	2	−0.20～+0.20	0.4	0
L_4	−1	2.4	−0.03～−0.01	0.02	−0.02

续表

名称	传递系数	基本尺寸/mm	极限偏差/mm	公差/mm	中间偏差/mm
L_5	−1	1.8	−0.04～0	0.04	−0.02
L_6	−1	2.2	−0.10～0	0.1	−0.05

1) 极值法实例分析

(1) 封闭环 L_0 的误差带半宽度为

$$\omega_0=\sum_{i=1}^{n}|A_i|\Delta_i=0.2/2+0.4/2+0.4/2+0.02/2+0.04/2+0.1/2=0.58\text{mm}$$

(2) 封闭环 L_0 中间偏差为

$$\Delta_0=\sum_{i=1}^{n}A_i\Delta_i=0.1+0.02+0.02+0.05=0.19\text{mm}$$

(3) 封闭环 L_0 的上极限偏差和下极限偏差分别为

$$\text{ES}_0=\Delta_0+\omega_0=0.19+0.58=0.77\text{mm}$$

$$\text{EI}_0=\Delta_0-\omega_0=0.19-0.58=-0.39\text{mm}$$

由计算结果可知，上偏差超差即极值法容差分析封闭环 $L_0=0_{-0.39}^{+0.77}\text{mm}$，未满足 APU 舱门与机身蒙皮对阶差的要求。

2) 概率法实例分析

采用概率法进行分析计算，各组成环服从正态分布，可得出以下数据。

(1) 封闭环 L_0 的误差带半宽度为

$$\omega_0=\sqrt{\sum_{i=1}^{n}A_i^2\omega_i^2}=0.30496\text{mm}$$

(2) 封闭环 L_0 的中间偏差为

$$\Delta_0=\sum_{i=1}^{n}A_i\Delta_i=0.19\text{mm}$$

(3) 封闭环 L_0 的上极限偏差和下极限偏差分别为

$$\text{ES}_0=\Delta_0+\omega_0=0.19+0.30496=0.49496\text{mm}$$

$$\text{EI}_0=\Delta_0-\omega_0=0.19-0.30496=-0.11496\text{mm}$$

最终求得封闭环 $L_0=0_{-0.11496}^{+0.49496}\text{mm}$，满足设计要求。由结果可知，采用概率法进行容差分析的结果是有效的。

3) 蒙特卡罗法实例分析

根据混合同余法产生(0,1)均匀分布的随机函数，进而转化为正态分布的随机数，通过编程，利用计算机进行 10000 次计算，得到的封闭环尺寸为 $L_0=0_{-0.1396}^{+0.4941}\text{mm}$，装配成功率为 99.99%。

蒙特卡罗法计算得出的封闭环尺寸分布如图 3-35 所示，各组成环用极值法求得的贡献率如表 3-7 所示。

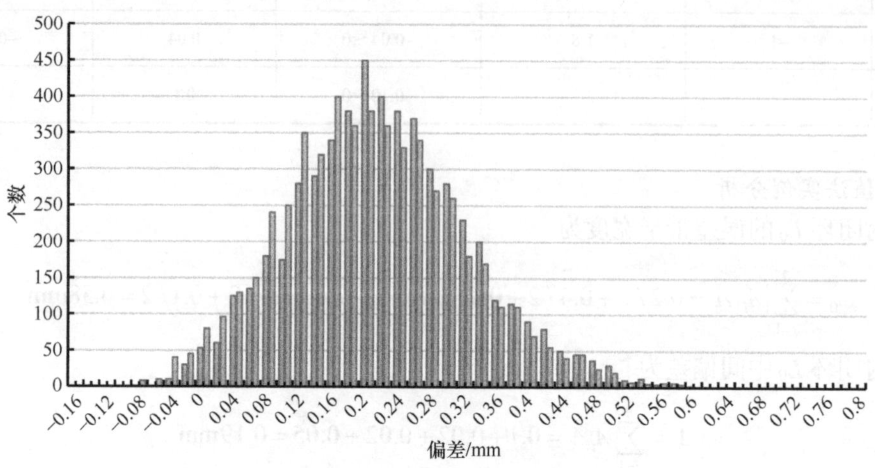

图 3-35 封闭环尺寸分布

表 3-7 各组成环贡献率

分析方法	组成环编号	贡献率/%
蒙特卡罗法	L_0	0
	L_1	0.169491525423729
	L_2	0.338983050847458
	L_3	0.338983050847458
	L_4	3.38983050847458×10⁻²
	L_5	3.38983050847458×10⁻²
	L_6	8.47457627118644×10⁻²

4）*容差分析方法比较*

由舱门外蒙皮与机身蒙皮阶差控制的实例计算结果可知，采用极值法进行容差分析求得的封闭环 $L_0=0_{-0.39}^{+0.77}\text{mm}$，其上偏差超差，采用概率法和蒙特卡罗法求得的容差分析结果分别为 $L_0=0_{-0.11496}^{+0.49496}\text{mm}$ 和 $L_0=0_{-0.1396}^{+0.4941}\text{mm}$，满足装配要求。

极值法按照完全互换要求进行容差分析。若极值法分析得出的封闭环满足要求，则在装配中各组成环可以任意选取而不需要挑选。极值法常用于公差等级较高、组成环数目不多的尺寸链中，如孔轴的配合等，也常用于组成环数目较多的枪械产品的尺寸链中；对于对公差要求比较低的类似限制齿轮副轴向错位量等也常用极限法进行求解。极限法的计算相对保守，对组成环容差要求严格，制造成本较高。

采用概率法进行容差分析时，首先假设各组成环均服从正态分布，装配公差和零件公差之间为线性关系，并基于此假设进行简化处理。概率法对产品生产过程中的建模更加接近实际情况，能够保证绝大多数互换，由于其置信度水平高，基本可以保证无须挑选装配。概率法主要应用于对封闭环精度要求高、组成环数目较多的尺寸链计算中。

蒙特卡罗法通过随机变量的统计试验和随机模拟来求解工程问题，是数值分析和概率统计的有机结合。该方法适用于零件公差分布为包括正态分布在内的任意分布，并且可以进行非线性表达式的计算，在容差分析中可以获得比较高的计算精度，广泛应用于计算机辅助容差分析领域。与极值法和概率法相比，蒙特卡罗法计算精度更高，更加符合实际情况，尤其对于公差相对公称尺寸较大且尺寸公差设计函数是高阶的情况，该方法更加精确。蒙特卡罗法的缺点是在计算中大量的统计数据需要进行多次重复计算，收敛速度较慢，其精度与$1/\sqrt{n}$成正比，其中 n 为随机模拟次数。

3.5.7　容差分配

容差分配是指将已知产品装配容差按一定的准则分配到各零件容差的过程，也称为容差设计、容差优化，均是指从尺寸链封闭环容差到组成环的计算和分配过程，从尺寸链的角度来看，是反计算过程。

容差分配要解决的问题有两个：①根据不同方法，确定各组成环的容差 T_i；②求出容差 T_i 后，确定各组成环 A_i 的极限偏差。也就是说，容差设计不仅要确定容差带的大小，还要确定容差带的位置。

1. 传统容差分配方法

飞机产品的容差分配方法主要有等容差法、等精度法、等影响法、综合因子法、等工序能力分配法、最小成本法和线性规划法。

(1) 等容差法：假设各零件按相同的容差加工，对所有组成环分配相等的容差。该方法是一种容差平均分配法，容易造成大尺寸小容差、加工困难等问题，一般用于粗略估算，且适用条件特殊，不能广泛应用。

(2) 等精度法：首先将待分配容差的全部组成环取相同的容差等级，然后根据标准查出各个组成环的容差因子，最后确定各组成环的容差。该法仅考虑尺寸对容差的影响，具有一定的片面性，一般用于粗略估计。

(3) 等影响法：使各组成环对封闭环具有相同的影响。组成环对封闭环的影响取决于组成环的容差、传递系数以及相对分布系数，容差为三者之积。该方法仅考虑传递系数和相对分布系数，具有很大的片面性。

(4) 综合因子法：在分配组成环容差时，考虑组成环的加工难易程度、成本等因素，根据工作经验给定各组成环容差的综合因子。

(5) 等工序能力分配法：在分配各组成环容差时，各组成环具有相等的加工能力。该方法比较接近生产实际，但需要大量的统计试验，这给新产品设计带来一定的困难。

(6) 最小成本法：根据成本与容差的函数关系决定各组成环容差，理论上可以获得最佳经济效益，但此法需要提供充足的成本与容差的统计资料，通过概率统计方法确定尺寸链中各组成环容差，并使制造成本降至最低。

(7) 线性规划法：将容差和成本函数关系进行线性简化，在很大程度上考虑制造成本，计算方法比较简单。

通过上述比较可以看出，以上方法的优点是容易计算，等容差法、等精度法、等影响法、综合因子法、等工序能力分配法没有考虑制造成本，只适用于容差设计的初级阶段；最小成本法和线性规划法考虑了制造成本，也称为优化分配法，是以满足封闭环精度要求下的制造成本作为评定容差综合合理性的指标，要求在满足精度要求条件下的制造成本最低。

2. 数字化条件下容差分配

对复杂飞机产品而言，由于其机构组成多、机构运动关系复杂，在公差分配过程中，如何建立装配尺寸链方程成为难点。因此，装配尺寸链的自动生成与求解技术成为当前的研究热点，CAD 软件也研发出了此类功能的模块，采用这些模块能够实现装配尺寸链的自动搜索。

公差分析软件可以与 CAD 软件结合，根据用户设定的误差对装配过程的误差进行仿真分析，并对各个环节误差组成进行权重分析。其分析结果对容差分配过程具有参考价值。主流的容差分析软件包括 VisVSA、3DCS、eM-Tolmate、Sigmetrix CETOL 6σ 等。

这些软件的主要功能包括：①基于国际标准化组织（International Organization for Standardization，ISO）、美国国家标准学会（American National Standards Institute，ANSI）和美国机械工程师学会（American Society of Mechanical Engineers，ASME）标准对形位公差进行分析；②确定装配工序，定义装配中的配合条件和装配方法；③定义装配过程中关键的、需要测量的质量特征；④根据定义的装配顺序和装配工序，应用蒙特卡罗法对关键质量特征进行仿真，预测零件的公差和装配工序所造成的装配偏差，并估算其对装配偏差的影响比例，同时根据影响比例的大小进行特征分级；⑤根据仿真分析所得到的各容差环节影响比例的大小，使用容差分配方法进行分配，其权重比例为各容差环节影响比例的大小。应用容差分析软件进行容差分配的流程示意图如图 3-36 所示。

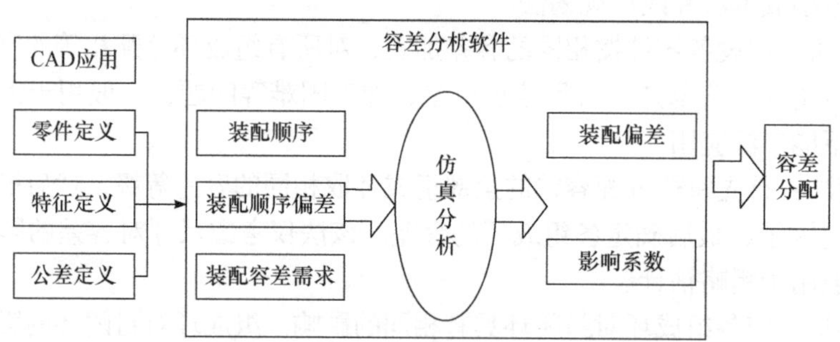

图 3-36　应用容差分析软件进行容差分配的流程示意图

3. 容差分配实例分析

在 3.5.6 节的算例中，采用极值法计算得到的封闭环上偏差为 0.77mm，无法满足 APU 舱门与机身蒙皮对阶差的要求，由此可见开始给定的各部件的尺寸公差并不合理，需要调整各组成环的容差重新计算。

对算例中的装配结构进行分析可知，尺寸链的计算是以面 f_b（图 3-37）为基准的，而在实际装配过程中，面 f_b 不存在配合关系，因此可以选择面 f_t 作为基准重新构造尺寸链，从而无须考虑尺寸 L_6 对尺寸 L_0 的影响，重新构造的尺寸链如图 3-37 所示。

基于图 3-37 所示的尺寸链，分别采用极值法、概率法和蒙特卡罗法重新进行容差分析，计算过程中认为组成环 L_1 的尺寸及上下偏差仍为 $L_1 = 6.4^{+0.20}_{-0}$ mm。

采用极值法进行计算的过程如下。

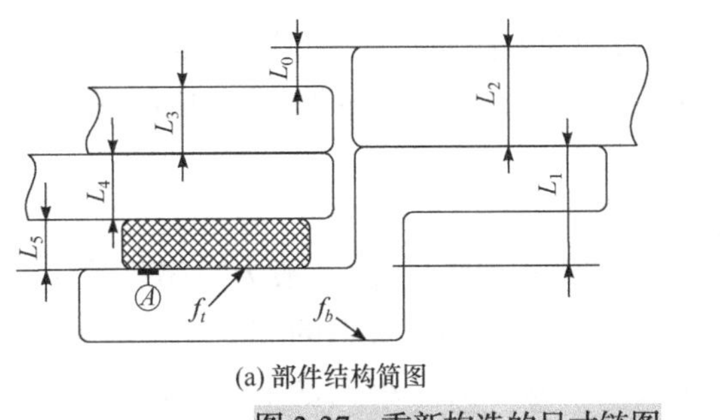

(a) 部件结构简图

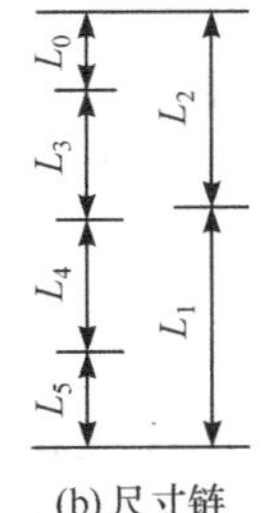

(b) 尺寸链

图 3-37　重新构造的尺寸链图

(1) 封闭环 L_0 的极值公差为

$$T_0 = \sum_{i=1}^{n} |\xi_i| T_i = 0.2 + 0.4 + 0.4 + 0.02 + 0.04 = 1.06\text{mm}$$

(2) 封闭环 L_0 的中间偏差为

$$\Delta_0 = \sum_{i=1}^{n} |\xi_i| \Delta_i = 0.1 + 0.02 + 0.02 = 0.14\text{mm}$$

(3) 封闭环 L_0 的上极限偏差和下极限偏差分别为

$$\text{ES}_0 = \Delta_0 + T_0 / 2 = 0.14 + 1.06 / 2 = 0.67\text{mm}$$

$$\text{EI}_0 = \Delta_0 - T_0 / 2 = 0.14 - 1.06 / 2 = -0.39\text{mm}$$

由上述结果可知，更换装配基准后再进行尺寸链计算，封闭环 $L_0 = 0^{+0.67}_{-0.39}\text{mm}$。此时，封闭环的上极限偏差和下极限偏差均不超差，满足 APU 舱门与机身蒙皮对阶差的要求。

与前述计算过程相似，采用概率法与蒙特卡罗法对封闭环进行计算，所得的结果分别为 $L_0 = 0^{+0.3338}_{-0.0538}\text{mm}$ 和 $L_0 = 0^{+0.4941}_{-0.1396}\text{mm}$。

由上述计算结果可知，通过改变配合基准，重新建立尺寸链并进行计算，可以使得装配部件满足配合要求，实现容差的优化分配。

3.6　误差补偿方法及其应用

误差补偿方法就是零件或装配件某些准确度要求高的尺寸，在装配时或装配后，通过修配、补充加工及调整，部分消除零件制造和装配误差，最后达到所要求的准确度。在采用误差补偿方法时，飞机装配的工作量有所增加，但从整个制造过程来看，将会取得更好的经济效益。飞机装配中采用的误差补偿方法可以分为两类，一类是在工艺方面采取的补偿措施，称为工艺补偿；另一类是在结构设计方面采取的补偿措施，称为设计补偿。

3.6.1　工艺补偿方法

1) 装配时相互修配

在飞机制造中，有些准确度要求高的配合尺寸，在零件加工时，用一般的加工办法难以达到要求，或者在零件加工时虽能达到要求，但在装配过程中由于装配误差，装配后难以达到给定的要求，可以在装配时采用修配的方法使零件满足装配准确度的要求。

修配多属手工操作，因此手工劳动量比较大，修配的零件或组部件一般不具备互换性，所以在成批生产中应尽量少用。

2) 装配后精加工

在飞机装配中对准确度要求比较高的重要尺寸(一般为封闭环尺寸)，因零件加工和装配过程中误差累积的影响，在装配以后达不到所要求的准确度，若采用相互修配的方法，不仅手工劳动量大，而且达不到互换要求。为了解决这个问题，采用装配后精加工的工艺补偿方法。

精加工一般需要专用的精加工设备，设备造价较高，占地面积较大。此外，精加工工序会增加装配周期。因此，应设法改善飞机结构的工艺性，尽量避免采用装配后精加工的工艺补偿方法。

3.6.2 设计补偿方法

1) 垫片补偿

垫片补偿是飞机制造中经常采用的补偿方法，用于补偿零件加工和装配过程中由误差累积偶然产生的外形超差，或用于消除配合零件配合表面之间由协调误差所产生的间隙。

垫片材料包括铝合金、不锈钢以及图纸上规定的其他材料等。为了便于根据实际需要选择一定厚度的垫片，可采用可剥的多层胶合垫片。当然，为了控制结构件的重量和结构强度，对每个部件都规定允许加垫的数量、面积和厚度。

2) 间隙补偿

间隙补偿常用于叉耳对接配合面，以及对接螺栓和螺栓孔。为了便于保证对接的协调准确度和互换性，叉耳接头的配合面、凸缘式对接接头的对接螺栓和螺栓孔之间往往采用有公称间隙的配合。这样可以减少装配后精加工的内容，甚至可以不用精加工。

3) 连接件补偿

为了减少零件之间的协调问题和强迫连接，以保证满足装配准确度的要求，在飞机结构设计时，往往在重要零件和组件之间的连接处增加过渡性的连接角材和连接角片，这些连接角材和连接角片可以起到补偿协调误差的作用。

当部件以蒙皮外形为基准进行装配时，结构的骨架和蒙皮分别在装配夹具中定位，在骨架和蒙皮之间通过连接角材连接。

4) 可调件补偿

可调补偿件的特点是在飞机装配好以后或在使用过程中，仍然可以方便地进行调整。可调补偿件根据需要可采用各种结构形式，如螺纹补偿件、球面补偿件、齿板补偿件、偏心衬套以及综合采用各种补偿形式的补偿件等。

可调补偿件一般应用于在飞机使用过程中需要调整的部位，并在飞机设计时规定只允许在使用过程中进行调整。允许在制造过程中可调整的可调补偿件，一般在飞机图纸上明确限定在制造过程中允许调整的范围，给使用过程中保留一定的调整余量。

习　　题

3-1　飞机装配工艺设计的内涵是什么？
3-2　飞机装配工艺设计的内容包括什么？
3-3　为什么要划分装配单元？
3-4　装配单元按照功能性层次可以分为哪些？
3-5　设计分离面和工艺分离面的内涵分别是什么？二者对于连接方式的要求是什么？
3-6　装配单元划分需要考虑哪些因素？
3-7　分散装配原则和集中装配原则的内涵是什么？
3-8　基准、装配工艺基准、定位基准、装配基准、测量基准的内涵是什么？互相关系是什么？
3-9　以骨架为基准和以蒙皮为基准的特点和适用对象是什么？
3-10　装配工艺基准的选择依据有什么？
3-11　装配工艺基准的选择原则有什么？
3-12　装配定位方法有哪几种？其应用的发展趋势是什么？
3-13　保证装配准确度的协调原则有哪几种？分别适用于什么场景？
3-14　模线、样板、标准工艺装备的定义是什么？
3-15　模拟量传递的内涵是什么？基于模拟量的互换协调方法有哪几种？
3-16　数字量传递的内涵是什么？其优势表现在哪些方面？对飞机研制产生了哪些影响？
3-17　容差的内涵是什么？
3-18　装配尺寸链、封闭环、组成环、增环、减环、调整环、传递系数的内涵是什么？
3-19　关键特性的内涵是什么？
3-20　装配误差按来源可以分为哪几类？装配误差按特点和性质可以分为哪几类？
3-21　系统误差和随机误差可以互相转换吗？为什么？
3-22　如何控制温度可能引起的误差？
3-23　工艺装备可能会如何产生误差？如何控制？
3-24　连接变形如何产生误差？如何控制？
3-25　装配过程中结构自重变化使连接交点接头移位，如何应对该问题？
3-26　随机误差的综合有哪些方法？其内涵分别是什么？
3-27　容差分配的内涵是什么？和误差综合是什么关系？
3-28　工艺补偿和设计补偿分别包括哪些具体方法？

第 4 章　数字化装配技术

数字化就是将许多复杂多变的信息转变为可以度量的数字、数据，以这些数字、数据为基础建立适当的数字化模型，将它们转变为一系列二进制代码，输入计算机内部，进行统一处理，这就是数字化的基本过程。

20 世纪 50 年代，数控机床的出现推动了制造业的数字化进程。80 年代末期，随着计算机软件、硬件、网络技术的飞速发展，从计算机辅助设计、工程分析、工艺规划、加工、管理等技术的全面应用到产品的采办—设计—加工—装配—交付—培训—维护—报废的全生命周期，形成一套成熟、完整的数字化技术体系，并应用于机械、航空航天、汽车、造船等领域。

将数字化技术与传统飞机装配技术相结合即为飞机数字化装配技术。国外以美国波音公司、洛克希德·马丁公司和欧洲空中客车公司为代表的大型飞机公司，在 JSF、波音 777、A380 等新型军用机、民用机的生产中不断发展和应用数字化装配技术，大幅度提高了装配效率和装配质量。我国飞机数字化装配技术发展较晚，与国外有明显的差距，但近年来，在 Y20、J20、C919 等国家战略型号的需求牵引下，在国家大力支持和各科研院所的不断奋斗下，已初步形成了数字化装配技术体系，缩短了与国外的差距，取得了可喜的成果。

数字化装配技术不仅是传统技术模块的升级，也不仅是先进设备和软件的简单堆砌，而是一种思想的转变、一种体系的变革。数字化装配技术重铸了飞机装配技术体系，升级了原有各个技术模块，也补强或新增了新的技术模块。在 3.4.3 节介绍了数字化装配的灵魂和本质，关于传统技术模块的升级将在各章节分别介绍，本章重点介绍传统装配技术没有或忽略的内容。

值得一提的是，随着人工智能、机器人、大数据、物联网、虚拟现实(virtual reality，VR)等技术的蓬勃发展，智能化的理念和技术也在逐渐改变着飞机装配技术，目前国内外都尚处于起步阶段，只在某些单点技术和设备上能看到智能化的影子。回顾数字化技术在 20 世纪的发展历程，相信智能化技术也将在飞机装配中起到颠覆性的作用。这对我国来讲是一个机遇，也是一个挑战，能否像欧美国家在数字化浪潮中那样引领时代发展，要看我们这代人的努力。

4.1　数字化装配技术的内涵

4.1.1　数字化装配的概念

数字化装配技术：融合整个设计、制造的数字化过程，以产品数据集为中心，以数字量传递为基础，利用数字化装配工艺规划、数控设备的自动钻铆、数字化测量设备的测量定位等技术，使产品在装配过程中真正得到有效控制，建立起一套有效的产品发放过程控制机制以及相关的工作规范和制度，以保证生产效率和产品质量。

整个数字化装配过程包含以下两部分：①数字化装配工艺规划过程；②现场数字化装配过程。二者相辅相成，要构建现代飞机数字化装配体系结构，二者缺一不可。

(1) 数字化装配工艺规划是在产品零部件三维数字化实体模型的基础上，利用现代计算机技术、信息技术和人工智能技术，借助于虚拟现实等人机交互手段，来规划与仿真产品的实际装配过程，并最终生成装配大纲。

(2) 现场数字化装配过程是在数字化装配工艺数据的支持下，通过数字化定位、自动钻铆、机器人制孔与连接、数字化测量与检测等数字化工艺装备构建数字化装配系统，精准、高效地完成飞机产品组件、部件、大部件等各个阶段的产品装配工作。

4.1.2　数字化装配技术的应用

1. 国外数字化装配技术的应用

近十年来，国外飞机装配技术发展迅速，以波音 787、A340、A380、F-22、F-35 等为代表的新型军用机、民用机集中反映了国外飞机制造技术的现状和发展趋势，在装配技术上基于单产品数据源的数字量尺寸协调体系，实施数字化尺寸工程技术，通过装配仿真实现装配过程优化，应用柔性模块化的工装技术、加工和检测单元，集成应用为一系列的自动化装配系统进行机体结构的自动化装配，大量采用长寿命连接技术，实现长寿命飞机结构的高质量、高效率装配。

以波音公司为例，波音 777 飞机采用数字化预装配取消了主要的实物样机，修正了 2500 处设计干涉问题，更便于测定间隙、确定公差以及分析重量、平衡和应力等，使设计更改和返工率比原来减少了 50%以上，装配时出现的问题比原来减少了 50%～80%，使波音 777 飞机于 1994 年 6 月提前一年上天。基于全球协同环境(global collaborative environment，GCE)研制的波音 787“绿色”环保客机，利用 Dassault 的产品生命周期管理(product lifecycle management，PLM)套件创建了全球协同平台，与合作伙伴协同研制波音 787 客机，采用了基于模型定义(model based design，MBD)的装配技术、阵列式装配技术、iGPS 技术、复材结构的数字化钻孔和连接等一系列先进装配技术和装备。

美国洛克希德·马丁公司在联合攻击战斗机(JSF)项目中采用数字化思路，推行从设计到飞行的数字化，不仅获得了巨大的商业成功，更重要的是为制造业开创了一种新型的生产方式。JSF 具有最佳的多变共用性，在一个原型机上同时发展成不同用途的三个机种，在一条生产线上同时生产三个不同的机种(空军用型 CTOL、海军用型 CV 和短距起飞垂直降落型 STOVL)，互换性达到 80%。据初步分析，JSF 采用数字化的设计、制造、管理方式后的效果良好(与历史数据比较)，设计时间比原来减少了 50%，制造时间比原来减少了 66%，装配工装比原来减少了 90%，分立零件比原来减少了 50%，设计制造维护成本比原来减少了 50%。其设计思想是飞机的结构完全整体化、组件化和模块化，飞机结构件大量采用复合材料，使飞机的零部件数量大幅度减少同时又具有很大的刚性。现代飞机的装配过程与传统的“软壳”式结构飞机有了根本性的变化。采用的数字化总装配及其测试计划称为 JSF FACO(JSF final assembly and check out)，美国国会还专门对此计划进行了最后的综合评估，其中从对接总装配到交付的周期为 40.8 个工作日，仅为远比 F-35 飞机简单的 F-16 飞机所需周期的 1/2。

波音公司在研制 X-32 技术验证机时，零部件汇集到 JSF 方案验证机总装地——加利福尼亚州帕姆代尔，已不再使用飞机生产线上的巨大型架，取代这些型架的是一种通用支架，用其可以支撑 JSF 的主要部件，应用数字化技术使用四部 ZEISS 激光跟踪仪对部件进行空间定位和完成其他装配工作，并取得了很好的效果。在波音公司制造 X-32 技术验证机的过程中，几乎没有返工现象，这主要是因为采用了先进的设计和制造技术，即三维实体建模、虚拟现实及虚拟装配等技术。在波音公司的帕姆代尔工厂制造 X-32 技术验证机，劳动力和工时比原来均减少了 50%，工装比制造 YF-22 战斗机时也减少了 50%，总的制造和装配成本比原来降低了 30%～40%。在总装车间，使用桌面计算机代替纸质图完成 X-32 技术验证机设计说明书。工程师通过使用来自西雅图、圣路易斯和塔尔萨视频链接与帕姆代尔的同行“会面”。随着 X-32 技术验证机装配工作的进行，工人开始佩带一种挂在腰间的微型计算机。这种微型计算机通过一种单目镜片，将装配顺序按照装配好后的形状投射到正在装配的部件上方。采用这项新的装配技术之后，大大节省了装配时间，能将 X-32 技术验证机前机身和中机身对接的装配时间减少到 YF-22 战斗机的 1/2。事实上，JSF 前机身所用的装配时间只有 YF-22 战斗机的 1/3，装配 X-32B 前机身的时间比装配 X-32A 的时间减少了 1/3。

2. 国内数字化装配技术的应用

我国航空制造业从 20 世纪 70 年代开始研究数字化技术。我国航空工业第一集团在“九五”预研项目“异地无纸设计制造技术”中，开始对数字化产品定义技术进行研究。西安飞机设计研究所在我国飞机研制中采用了无纸设计制造技术，首次设计了飞机全机规模电子样机，标志着我国飞机设计水平已进入数字化设计阶段。我国在数字化方面取得了以下进展：

(1)采用数字化定义技术，应用 CATIA V5 进行三维外形建模、三维结构设计、数字化结构件和飞机系统件的预装配；

(2)设计了我国第一架全机数字样机，全机结构和系统的数字样机包含 5 万多个零配件和 40 多万个标准件；

(3)第一架飞机制造成功，并成功进行了首飞，全面验证了数字样机的正确性；

(4)某型飞机的设计周期从 2.5 年缩短为 1 年；

(5)提高了设计质量，减少设计返工 40%以上；

(6)与原型机相比，制造过程中的工程更改数量减少了 80%以上。

成都飞机研究所在超七“枭龙”飞机研制中，全面应用了数字化设计制造技术，包括采用全机外形的三维数字化定义、超七起落架舱的干涉检查分析、运动机构模拟、空间分析等，建立了全机结构的数字样机，并以三维模型(全部数控零件)和二维工程图样向工厂发放数据。初步建立了数字化的技术体系，包括数字化设计标准的部分规范和部分材料库。在实施数字化设计/制造的集成和数据管理方面做了许多工作，为今后的发展累积了一定的经验。

近年来，随着我国飞机重大型号工程实施、融入国际航空产业链、数字化技术广泛深入应用等方面不断推进，我国的飞机数字化装配技术得到了快速发展，在数字化产品定义技术上取得了一定的成绩，逐渐树立了“设计面向制造”的设计理念。在一些先进的单项工艺技术上开展了研究工作，如数字化柔性装配工装技术、数字化测量技术、自动化制孔和铆接技术、虚拟装配和仿真技术等，为我国开展柔性装配技术的研究奠定了一定的基础。

在实际生产领域，通过对国外先进技术的跟踪和学习，我国航空企业结合转包生产和型号需求开展了壁板自动钻铆、自动定位和检测、大部件柔性对接等关键技术及装备的研究和

应用，在数字化装配技术方面开展了有益的尝试和试验。各航空制造企业开始实施企业 PDM，初步实现了制造数据和流程的集成管理，已在重点型号研制中得到应用，为我国进一步全面开展飞机数字化装配技术的研究奠定了基础。

飞机数字化装配技术体系涉及多学科、多领域的综合研究与应用，通过飞机数字化装配技术体系的研究，突破飞机数字化装配关键技术，对我国航空工业发展有重要的意义。构建飞机数字化装配装备的意义包括以下几方面：

(1) 容易实现产品设计、工艺设计、工装设计的并行工程，缩短产品的研制周期，降低开发成本；

(2) 有效减少装配缺陷和产品的故障，减少因装配干涉等问题而进行的重新设计和工程更改，进而降低产品的研制风险，保证产品装配的质量；

(3) 装配协调过程以数字量传递，可以简化和减少实物工装，并且使用数字测量技术可以保证装配质量；

(4) 可彻底改变我国目前基于二维图纸的工艺规划方式，有效提高装配工艺准备效率；

(5) 可提高企业在产品开发研制方面的快速应变能力，适应激烈的市场竞争和不同的用户需求；

(6) 提高产品的技术创新能力，缩小我国飞机行业型号研制能力与国际先进水平的差距，提高国际竞争能力和在国际合作项目中的参与地位；

(7) 为新型号的研制开发奠定坚实的技术基础。

4.1.3　数字化装配技术体系

飞机数字化装配技术体系是飞机数字化装配过程中所涉及技术的集成，也是与数字化设计、数控装备应用、数字化测量、信息化管理等多学科技术相关的综合技术体系。随着制造技术的发展，飞机数字化装配技术体系也在不断地完善与拓展。

飞机数字化装配技术体系根据各项技术、系统及活动的相互关系，可分为数据平台层、专业技术层、装配过程层、应用系统层和通用技术层，如图 4-1 所示。

数据平台层以产品全寿命周期管理和企业资源规划作为数据集成管理的框架平台，产品模型及各类应用数据库、知识库和技术规范是其主要的数据成分，也是数字化装配技术应用的基础。

专业技术层是支撑飞机装配的专业性单元技术，由面向装配的设计技术、装配工艺设计与管理技术和装配现场应用技术三部分组成。第一部分是与面向制造飞机产品结构设计技术相关的内容，主要包括飞机构件管理技术和面向装配设计技术等。第二部分是与数字化装配工艺相关的技术，包括基于模型的装配工艺规划技术、装配协调技术、工艺过程仿真技术等。第三部分主要是与支撑飞机装配生产现场相关的技术，包括工装设计制造技术、精密制孔技术、先进连接技术、装配测量技术、装配生产管理技术等。

装配过程层涉及从产品设计、装配工艺设计到装配生产执行整个生产活动。产品设计阶段充分贯彻并行工程理念，面向装配制造设计产品，合理定义飞机构型，为装配活动提供高效合理的产品模型和产品结构树。装配工艺设计阶段结合企业自身能力和设计输入，制订装配协调方案(PBOM)，完成装配生产线规划和三维工艺规划构建制造物料清单(manufacturing

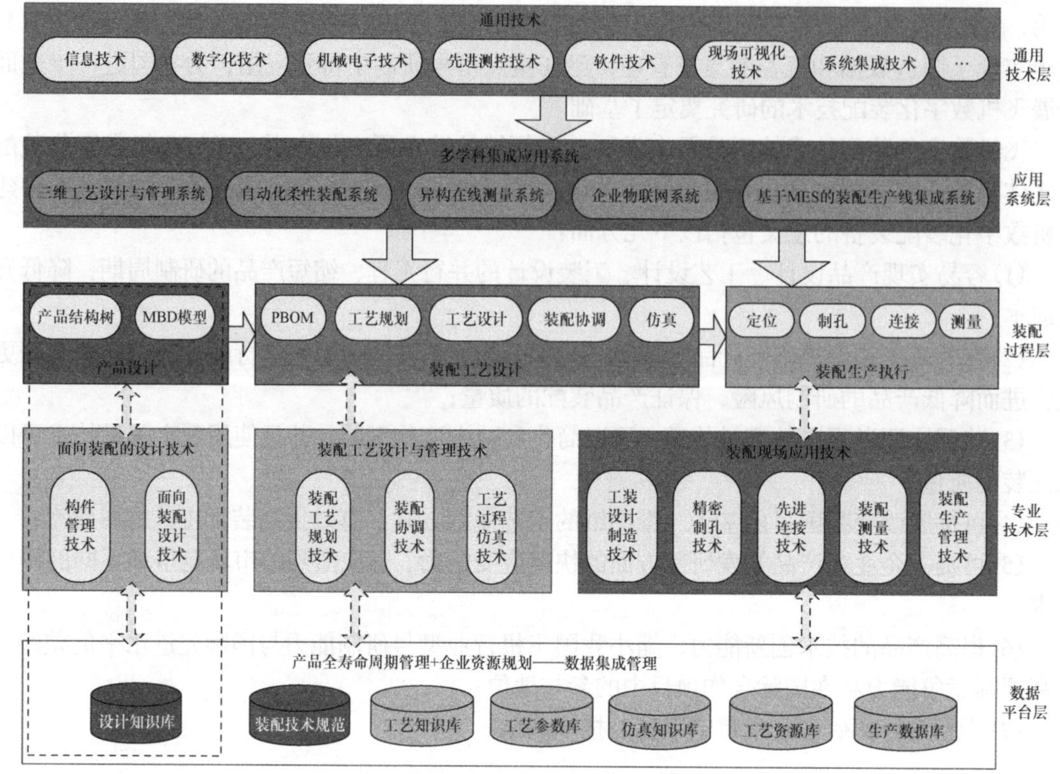

图 4-1　飞机数字化装配技术体系

PBOM 为工艺物料清单

bill of materials，MBOM)，合理设计制造和重用柔性工装，进行工艺过程仿真，最后输出三维工艺规程(包含检验规划)和装配大纲。装配生产执行阶段在集成应用系统的环境支持下完成精确定位、制孔、连接以及测量工作，最终完成装配任务。装配过程的整个生产活动是在各集成系统的支撑下，应用各项专业技术开展的。

应用系统层是数字化装配技术的集成应用环境，是由工艺技术和生产技术等多学科技术支撑的软硬件集成应用系统，直接用于装配生产执行过程。应用系统层包括三维工艺设计与管理系统、自动化柔性装配系统、异构在线测量系统、企业物联网系统和基于制造执行系统(manufacturing execution system，MES)的装配生产线集成系统等。

通用技术层涉及信息技术、数字化技术、机械电子技术、先进测控技术、软件技术、现场可视化技术和系统集成技术等，体现了航空产品对多学科先进技术的集成综合应用领先地位。通用技术层是支持应用系统层和专业技术层的基础通用技术与方法。

4.2　数字化装配模式的特征

数字化装配技术中设计与工艺采用的是并行设计工作方式，且采用整体化、模块化的设计理念，全三维的设计方法及仿真技术可以在整体上优化结构工艺和装配工艺方案。这些技术给装配工艺设计方法、生产管理等带来了一系列的变化。

1. 面向装配的并行设计

数字化产品定义要求设计部门与工艺部门能够实现深度并行与协同，在不同的产品设计成熟度下并行开展装配工艺方案设计。工艺方案设计人员要充分考虑自动钻铆和制孔设备应用的施工通路及柔性工装的应用，与飞机设计人员共同优化飞机结构、密封形式和方法等，同时要确定重要的飞机装配基准、关键零件的加工基准以及装配的测量基准，尽量使这些基准统一，它们是保证产品装配协调的重要基础。数字化产品定义相关内容将在 4.3 节中介绍。

2. 基于模型的工艺设计

基于模型定义技术在一个集成化的三维实体模型中表达完整的产品定义信息，在功能上完全取代二维工程图样，成为制造过程中的唯一数据依据。产品设计人员采用三维建模系统完成数字化产品定义，工艺方案设计人员在工艺设计规范的指导下，直接利用产品的三维实体模型开展三维工艺设计工作，改变了以往同时依据二维工程图样和三维实体模型来设计产品装配工艺和零件加工工艺的方法。工艺方案设计人员可依据数字化装配工艺流程，在虚拟环境中对装配工艺过程进行数字化工艺仿真，如规划装配顺序和路径，从而进行干涉检查、分析人机工效状况、优化装配方案等。

基于模型的工艺设计方法优点为工艺设计更加直观、方便，数据一致性好，并且避免了由二维装配图样复杂、装配关系难以理解等导致的装配进度缓慢、易出现装配质量缺陷等问题。

目前，为实现基于三维模型的装配工艺设计，支撑的软件系统可以分两类，一类是以工艺文件的内容为管理核心，对工艺数据进行结构化管理，并与 CAD 模型集成，操作人员在查看文件时可以方便地调用 CAD 轻量化模型；另一类是基于模型的工艺设计，即将工艺文件的内容以三维标注的方式标注在模型上，操作人员可以直接查看模型，也可以通过专用页面以表单的方式浏览文件。

相关内容在 4.3 节介绍。

3. 数字量协调方法

数字量协调方法要求以产品数模为制造依据，采用数控加工技术和数控测量技术进行零件加工，工装上与飞机形状相关的部分也采用数控加工，装配工艺采用激光跟踪仪等数字化测量设备，从而在整个制造过程中取消中间数据传递环节。数字量协调方法是在数控加工等技术大幅提高工件加工精度的条件下广泛应用的一种协调方法。

将飞机形状、尺寸以数字量直接传递的协调路线不仅提高了零件和工装的精度，还取消了标准工艺装备，缩短了生产周期。

相关内容已在 3.4 节中介绍。

4. 钻铆与制孔自动化

在数字化飞机装配生产线上，为了提高生产效率，针对不同结构特征的部组件采用不同形式的自动钻铆设备和自动制孔设备，如大型壁板结构采用 D 型自动钻铆机、翼面类部件采用五坐标自动制孔设备、复杂曲面采用机器人自动制孔设备等。

相关内容在第 5 章介绍。

5. 装配过程测量数字化

针对不同部组件的结构特征和测量需求，数字化装配过程中广泛采用激光跟踪仪、iGPS、照相测量系统等对工装和装配件进行数字化测量，保证部组件的装配精确度。

相关内容在第 7 章介绍。

6. 装配工装简单化、数字化

在数字化装配模式下大量采用装配孔定位装配方法，从而简化工装形式。为了适应不同型号的飞机装配，通常采用以数控程序驱动定位夹紧单元的柔性工装，柔性工装可自动调整，以适应系列部件的装配。此外，某些柔性工装的控制系统与激光跟踪仪等测量系统进行集成，从而在调整时可实现闭环控制，因此这类柔性工装也是一种数控设备。

相关内容在第 6 章介绍。

7. 数字化移动生产线

数字化移动生产线的建立解决了大批量生产工位划分细、专业性强，在工位间流转时产品反复上下型架、定位夹紧工作量大、协调环节多、误差难以控制等一系列问题。在数字化移动生产线上，产品在不同工位的工装之间流转的方式有别于传统装配形式，产品始终固定在一个框架式工装上，由工装装载产品在不同工位间流转，先完成产品从骨架装配至蒙皮定位安装，再完成自动制孔及蒙皮铆接的装配过程。这种生产线上的工装与地面固定部分有一个可快速自动分解和连接固定的自动装置，工装采用轨道或自动引导运输车(automated guided vehicle，AGV)进行移位，同时还辅以自动升降台、可控翻转吊具等自动化的辅助装置。

相关内容在第 8 章介绍。

8. 管理信息化

现代飞机装配生产线将完善的装配管理系统作为生产现场管理的支撑平台，如图 4-2 所示。

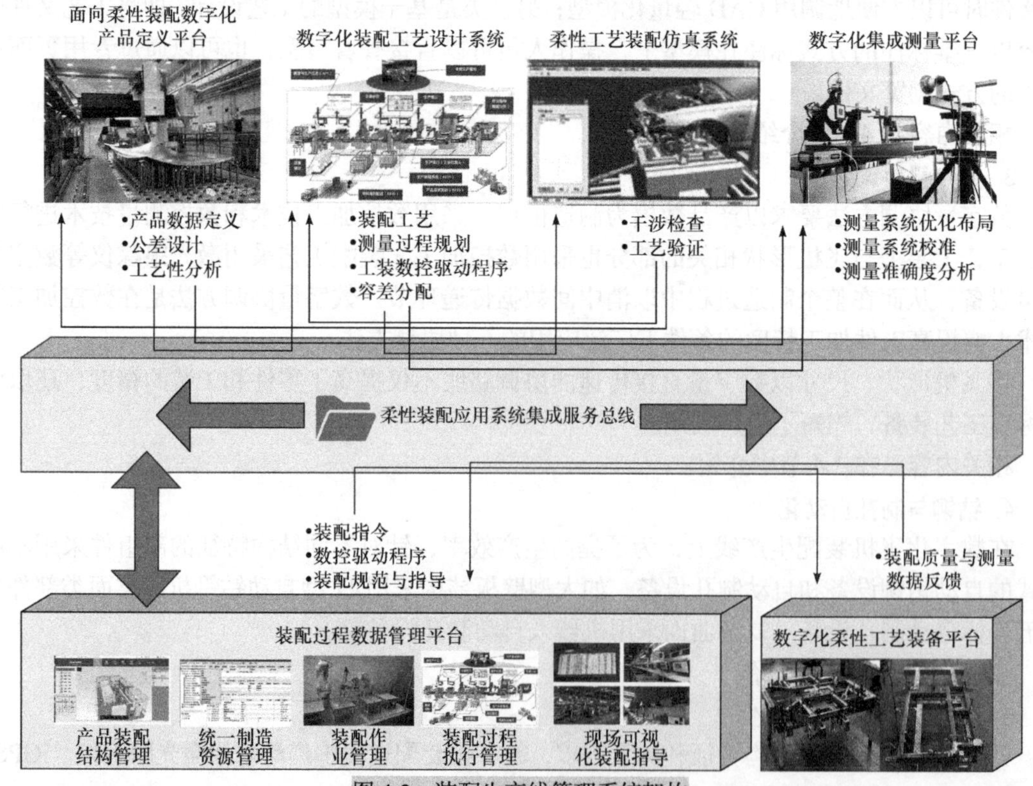

图 4-2 装配生产线管理系统架构

该平台将产品的设计数据、装配仿真数据、自动钻铆程序、柔性工装调整程序、装配工艺信息、生产管理信息、动态资源信息、零部件质量信息等数据进行统一管理，操作者可在生产现场随时查看所需信息，调用所需程序。信息化的飞机装配管理是将整个飞机装配过程中涉及的各类数据、工艺设计过程、生产计划制订与执行过程、物料需求计划管理、车间执行情况等都纳入计算机管理。

装配管理平台利用企业服务总线(enterprise service bus，ESB)集成数字化产品定义平台、装配工艺设计系统、装配工艺仿真系统、装配过程数据管理平台等信息系统，并通过现场网络及通信协议传输指令，控制柔性工艺装备平台、自动钻铆设备等，实现飞机装配从生产准备、生产计划安排到装配过程控制、装配质量管理的全过程调度、控制与管理。

4.3　数字化产品定义

在数字化制造技术中，设计与制造从传统的串行演变为并行，关系更加紧密，设计的产物影响产品生命周期的后续全部过程，而制造工艺又作为约束条件和支撑条件全程参与设计工作。数字化产品定义成为连接设计和制造的桥梁，在产品生命周期中起贯穿始终的作用。

数字化产品定义：面向产品研制的设计、分析、制造、装配到维护等全生命周期的各个环节，用于描述和定义航空产品全生命周期的数字化过程中需要的信息以及这些信息之间的相互关联关系，并使其成为计算机中可实现、可管理和可使用的信息。

4.3.1　数字化产品定义的发展

自古以来，如何将设计者脑海中的产品定义出来，向制造者既高效又精准地传递设计信息，一直是一项非常重要的工作。在战国时期，我国就已运用设计图来指导工程建设，宋代运用投影法表达了复杂的建筑结构，明代宋应星所著的《天工开物》中也有大量的机械图纸。1799年，法国学者蒙日发表《画法几何》著作，自此机械图样中的图形开始严格按照画法几何的投影理论绘制。图样由图形、符号、文字和数字等组成，是表达设计意图和制造要求以及交流经验的技术文，常称为工程界的语言。

20世纪60年代，美国麻省理工学院采用人机交互技术，开发出了第一个正式意义上的CAD软件。在CAD软件发展初期，CAD的含义仅是图板的替代品，即仅指computer aided drawing(or drafting)而非现在的CAD(computer aided design)所包含的全部内容。

CAD技术以二维绘图为主要目标的算法一直持续到20世纪70年代末期，应用较为广泛的是CADAM(computer-augmented design and manufacturing，计算机辅助的设计和制造)软件和AutoCAD软件。计算机硬件的高速发展和三维CAD设计的诸多优势，使三维CAD技术逐步取代二维CAD技术。三维CAD技术的发展先后经历了以下四次革命。

(1)第一次CAD技术革命——曲面造型系统。

初期的三维CAD系统只是极为简单的线框式系统，这种线框式系统只能表达基本的几何信息，不能有效表达几何数据间的拓扑关系。由于缺乏形体的表面信息，CAE(computer aided engineering，计算机辅助工程)及CAM均无法实现。进入20世纪70年代后，飞机和汽车工业中遇到了大量的自由曲面问题，法国达索飞机制造公司的三维曲面造型系统CATIA给人类带来了第一次CAD技术革命，改变了以往只能借助油泥模型近似表达曲面的落后工作方式。

(2)第二次CAD技术革命——实体造型技术。

只要有了表面模型，CAM的问题就可以基本解决。但由于表面模型只能表达形体的表面信息，难以准确表达零件的其他特性，如质量、重心、惯性矩等，对CAE十分不利，最大的问题在于分析的前处理特别困难。美国SDRC软件公司于1979年发布了世界上第一个完全基于实体造型技术的大型CAD/CAE软件——I-DEAS。由于实体造型能够精确表达零件的全部属性，在理论上有助于统一CAD、CAE、CAM的模型表达，使设计更加简单和方便。实体造型技术的普及和应用标志着CAD发展史上的第二次技术革命。

(3)第三次CAD技术革命——参数化技术。

进入20世纪80年代中期后，CV公司提出了一种比无约束自由造型更新颖、更优质的算法——参数化实体造型算法，该算法主要具有基于特征、全尺寸约束、全数据相关、尺寸驱动设计修改等特点。参数化实体造型算法与以往的系统有本质差别，若采用该算法，则必须将全部软件重新改写，投资及开发工作量必然很大。当时CAD技术主要应用于航空和汽车工业，这些工业中自由曲面的需求量非常大，参数化技术还不能提供解决自由曲面的有效工具，更何况当时CV公司的软件在市场上几乎呈供不应求之势，因此CV公司内部否决了参数化技术方案。策划参数化技术的研究人员在新思想无法实现的情况下集体离开了CV公司，另成立了一个参数技术公司(Parametric Technology Corporation，PTC)，开始研制命名为Pro/ENGINEER的参数化软件。可以认为，参数化技术的应用主导了CAD发展史上的第三次技术革命。

(4)第四次CAD技术革命——变量化技术。

20世纪90年代，美国SDRC软件公司投资一亿多美元，采用变量化技术将软件全部重新改写，于1993年推出全新体系结构的I-DEAS Master Series软件。变量化设计在约束定义上做了根本的改变，将参数化技术中所需定义的尺寸“参数”进一步区分为形状约束和尺寸约束，而不像参数化技术那样只用尺寸约束来约束全部几何，这样设计者对设计对象的修改具有更大的自由空间，不仅可以修改形状尺寸，还可以修改拓扑关系。这种充分利用形状和尺寸约束分开处理、无须全约束的灵活性，使设计者可以有更多的时间和精力考虑设计方案，而无须过多地关心设计规则的限制和软件的内在机制，进而使设计过程更加灵活，也更加符合工程师的创造性思维规律。变量化技术的成功应用为CAD技术的发展提供了更大的空间和机遇，实现了CAD技术的第四次技术革命。

至此，数字化产品定义基础技术基本发展成熟，为了保证在产品设计阶段产品信息的完备性、准确性、一致性以及全生命周期各个阶段对信息的扩展，采用数字化手段进行产品定义，要求形成的产品数字化模型具有以下特点。

(1)数据集唯一性：产品数字化模型能提供唯一的权威性数据集，建立面向数字化研制、基于PDM的航空产品的单一产品数据总体模型及内部关系数据模型，实现航空产品各个研制阶段的数据共享。用户评审的唯一依据是数据集，而不是图纸。每个零件的数据集包括零件的三维模型和二维图形，并标注尺寸和公差。

(2)信息可扩展性：从面向产品全生命周期的角度分析，数字化产品开发过程中信息的传递方式由原来传统的图纸传递改变为数字化模型传递，而通过数字化产品定义产生的信息仅是产品数字化模型信息的源头，为了满足工程分析、工艺设计、制造、装配等后续阶段对模型信息的需求，要求所建立的产品数字化模型能够支持全生命周期内信息的扩展和各个相关领域对信息的操作，并实现信息的集成。

(3) 信息的完备性：虽然产品数字化模型的信息是可扩展的，但是对于产品生命周期的各个阶段，必须将本阶段完整的信息定义到产品数字化模型中，否则就会出现因在后续阶段的应用中可能提取不到需要的信息而导致返工，进而导致产品研制周期延长。因此，产品生命周期的各个阶段必须完整定义本阶段的所有信息，保证本阶段在产品数字化模型中信息的完备性。对于数字化产品定义阶段，设计人员必须完整定义产品的所有特征，保证产品数字化模型在设计阶段信息的完备性。

4.3.2 飞机数字样机

以波音公司为代表的欧美飞机制造商将数字化产品定义深入应用于飞机研制过程中，发展了数字样机技术。数字量传递的过程以全机数学模型为基础，这是数字样机的一个典型应用。

1. 数字样机的内涵

数字样机：是对产品的真实化计算机模拟，可以满足各种各样的功能，提供用于工程设计、加工制造、产品拆装维护的模拟环境，也是支持产品和流程、信息传递、决策制定的公共平台，覆盖产品从概念设计到维护服务的全生命周期。

数字样机是对机械产品整机和具有独立功能子系统的数字化描述，这种描述不仅可以反映产品对象的几何属性，在某一领域还可以反映产品对象的功能和性能。

由此可见，产品的数字样机形成于产品的设计阶段，可应用于产品的全生命周期，包括工程设计、制造、装配、检验、销售、使用、售后、回收等环节；数字样机在功能上可实现产品干涉检查、运动分析、性能模拟、加工制造模拟、培训宣传和维修规划等。

相比于全机数学模型，飞机数字样机是更加精准的描述，内涵也更加丰富，它不但包括产品对象的几何属性，还强调几何属性之外的其他属性，如装配关系、技术关联、工艺、公差、人力资源、材料、制造资源、成本等信息。很多人理解的通过三维模型将零件装配在一起形成飞机，这只是实现飞机数字样机最基本的一步，并不是严格意义上的完整数字样机，但是可以称为全机数学模型。

数字样机技术：以 CAX/DFX(design for X，面向产品生命周期各/某环节的设计)技术为基础，以运动学、动力学和控制理论为核心，融合虚拟现实、仿真技术、三维计算机图形技术，将分散的产品设计开发和分析过程集成，使设计者、制造者和使用者在产品的早期可以直观形象地对数字化的虚拟产品原型进行设计优化、性能测试、制造仿真和使用仿真，为产品的研发提供全新的数字化设计方法。

狭义的数字样机是利用虚拟现实技术对产品模型的设计、制造、装配、使用、维护与回收利用等各种属性进行分析与和设计，在虚拟环境中逼真地分析与显示产品的全部特征，以替代或精简物理样机。

广义的数字样机从制造的角度出发，认为数字样机是一种基于计算机的产品描述，从产品设计、制造、服务、维护直至产品回收整个过程，全部所需功能均进行实时计算机仿真，通过计算机技术对产品的各种属性进行设计、分析与仿真，以取代或精简物理样机。

过去航空制造业主要依靠物理样机来分析和协调研制过程中出现的问题，物理样机已成为缩短产品研发周期的瓶颈。基于数字样机的数字化设计/制造技术的应用，协同作者共享模型数据，并同时进行工装设计和工艺设计等各项工作，从而大大减少工程更改和返工，实现飞机研发的低成本、高效率的目标。

国外在飞机制造业中发展和应用数字样机技术大致可分为以下三个阶段。

(1)部件数字样机阶段。

波音公司于 1986 年首次提出并开始采用三维数字化技术，在此过程中获得了大量的经验与教训，制定了一系列有关数字化设计制造的规范、手册、说明等技术文件，同时按精益生产思想不断改进研制过程，基本上建立起了数字化设计制造技术体系，为全面应用数字化技术奠定了组织和管理方面的基础。

(2)全机数字样机阶段。

波音 777 的研制是飞机数字化设计制造的里程碑，成为 20 世纪 90 年代制造业应用信息技术的标志性进展。作为世界上第一个采用全数字化定义和无图纸生产技术的大型工程项目，研制过程中全面应用了数字化技术，主要体现在零部件的 100%三维数字化定义、数字化预装配和并行工程。数字样机取消了主要的实物样机，修正了 2500 处设计干涉问题，便于测定间隙、确定公差以及分析重量、平衡和应力等，使设计更改和返工率比原来减少了 50%以上，装配时出现的问题比原来减少了 50%～80%，使波音 777 飞机于 1994 年 6 月提前一年上天。

(3)数字化生产方式阶段。

洛克希德 · 马丁公司在美国联合攻击战斗机(JSF)的设计与制造中应用数字样机技术，代表了数字化设计与制造的发展方向。以洛克希德 · 马丁公司为首的由 30 个国家 50 家公司组成的团队，改组研制流程，采用数字化的设计制造管理方式，以项目为龙头，充分发挥合作伙伴的最优能力，初步形成了跨越整个航空工业的全球性虚拟企业。据初步分析，JSF 在采用了数字化的设计、制造、管理方式后具有良好的效果，设计时间比原来减少了 50%，制造时间比原来减少了 66%，总装工装比原来减少了 90%，零件比原来减少了 50%，设计制造和维护成本比原来均减少了 50%。除了设计、试验、制造，为了管理整个 JSF 项目，大约需要 400 个软件工具。

我国研制的飞豹改进型飞机，由于在全机设计中应用了数字样机技术而获得了成功。

2. 数字样机的分类

飞机数字样机的界定可根据样机的研制进程、功能以及用途来划分。通常按照数字样机研制的进程分为三级，即一级数字样机(包括概念样机、方案样机)、二级数字样机、三级数字样机。基于功能的数字样机一般分为四类，即结构样机、系统样机、分区样机、全机样机。

(1)一级数字样机，即面向方案设计的样机，它主要是由主尺寸表面(master dimension surfaces，MDS)模型、产品模型的包络空间以及主要的空间位置分布等构成的，如图 4-3 所示。

产品模型的包络空间以及主要的空间位置分布由飞机内部轮廓数字模型(digital inboard profile，DIP)确定。

飞机内部轮廓数字模型：由设计人员根据飞机产品技术要求绘制的三维实体数字模型，用于表达飞机的内部轮廓，包括系统安排、空间分配和高速外形线等信息，如图 4-4 所示。

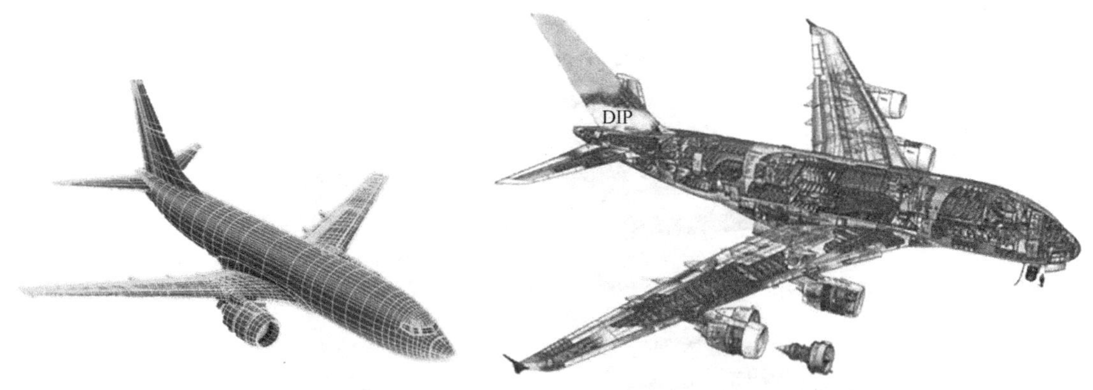

图 4-3　一级数字样机　　图 4-4　飞机内部轮廓数字模型

主尺寸表面：飞机的三维外形数学模型，模线设计组人员利用气动设计结果、飞机内部轮廓模型和结构数据，在 CAD 系统中建立飞机的气动表面定义。

飞机的主尺寸表面与其数字内部轮廓模型组成了三维数字化产品定义。三维数字化产品定义十分有意义，它可以直接起到三维飞机模线的作用，也可以用于三维飞机零组件定义构形，还可以用于后续的制造、工装设计、产品检验和数控加工编程等环节。

⑵二级数字样机，它是面向产品的初步设计，定义产品的初步结构形式，并完成产品模型之间连接界面的干涉检查，如图 4-5 所示。

图 4-5　二级数字样机

⑶三级数字样机，它是对产品模型的精确定义，包括产品模型应遵循的各种标准所形成的产品尺寸模型，如图 4-6 所示。

数字化定义过程中产品三维模型的建立是三级数字样机的演变过程，三级数字样机之间存在以下关系：

⑴依赖关系，即二级数字样机依赖于一级数字样机，在建立二级数字样机的过程中，一级数字样机只读；

⑵生成关系，三级数字样机由二级数字样机生成，即二级数字样机是产品数字样机生成

过程中的中间状态；

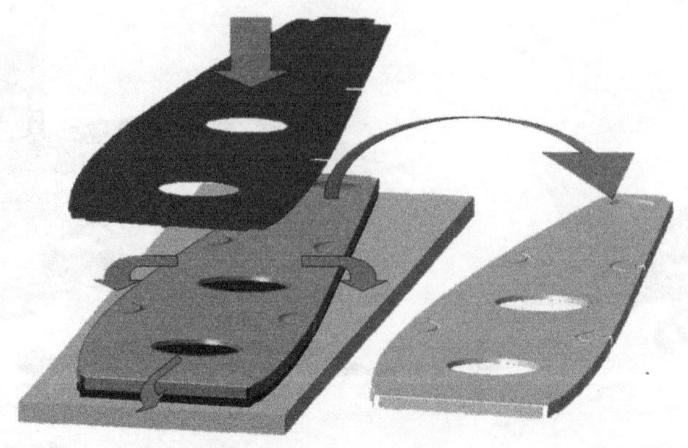

图 4-6　三级数字样机

(3)包含关系，二级数字样机和三级数字样机在设计过程中包含一级数字样机。

3. 数字样机的应用

在飞机并行设计阶段，数字样机可以精确反映产品的几何形状，可以解决产品与产品之间、产品与工装之间、产品与地面维护设备之间的界面协调问题。

在飞机制造阶段，基于数字量的互换协调方法的协调依据是同一数字模型，来源于数字样机，具有唯一性，称为数字标工。

数字标工对标的是传统方法中的标准工艺装备，如标准样板、标准样件等。传统的飞机制造是利用模线、样板、标准样件、各种生产工装，将飞机的设计要求传递到最后产品中。全机理论模线和结构模线可以体现飞机的理论外形及全机的协调关系，西方国家称为主几何。各种以实物形式出现的标准样板(外形样板、切面样板和夹具样板等)和标准样件(标准样件、标准量规和标准平板)等标准工艺装备称为主工装，即用来制造生产工装的工装。

在数字化制造系统中，这些以实物形式出现的各种模线、标准样板和标准样件逐步被数字化主几何和数字化主工装定义所替代。按我国主机厂的习惯，数字化主工装可称为数字化标准工艺装备定义(与以实物形式出现的标准工艺装备相对应)，简称数字化标工定义。

数字标工：全称为数字化主工艺装备或数字化标准工艺装备，是包含并通过统一基准系统(坐标系、主尺寸表面、几何基准)和实体几何(几何形状、尺寸公差)反映飞机产品结构之间、工艺装备之间、飞机产品与工艺装备之间的协调关系，并以数字量形式存在的三维数字化飞机产品或工艺装备几何定义模型，并作为设计、制造、检验所有飞机产品零件加工工装、装配工装、检验工装的数字量标准。

除了作为数字标工，数字样机在数字化制造和维护仿真过程中还可以起到几何尺寸模拟等作用，进行工程分析，数字样机工程分析可以完成以下各方面的工作：

(1)空间结构分析。数字样机用于干涉检查、剖面分析、测量空间位置等工作，使设计者能够直观地了解样机中存在的问题。

(2)运动分析。用于验证机构在空间运动过程中物理位置的准确性，分析机构运动过程中的间隙、干涉性以及机构的可靠性，并能对运动期间几何元素或者点的加速度、速度等进行数值分析。

(3) 装配模拟分析。模拟分析各层次数字样机以及主机、辅机的装配过程和拆卸操作，动态地检测零件及其夹具在装配和拆卸过程中的干涉和间隙情况，进而分析产品的几何形状以及安装过程中的空间要求，验证产品的可装配性。

(4) 人机工程。设计和定义人体的各种姿态，对处在数字样机环境中的人的行为进行分析和控制，直观地展示人机工程环境和维护维修环境。

(5) 数字样机的优化。借助分析结果对数字样机的目标进行系统优化，根据优化对象的不同，数字样机的优化可以分为空间结构优化、运动机构优化、装配模拟优化以及数字样机的综合优化。优化的结果以文本的方式和在零件模型上直接标注说明的方式存储于系统数据库中，并按照规范通知设计部门，进行产品的设计更改和确认。

(6) 重量分析。数字样机根据需要完成重量、重心、转动惯量、密度、体积、面积等的分析。

(7) 维修性模拟。对数字样机的维护性、检测性进行模拟。

(8) 工艺性评估。在数字样机构建过程中，应对其工艺性进行评估，完成样机与型架的协调、DFM/DFA (design for manufacturing/design for assembly，面向制造的设计/面向装配的设计)、容差分析等工作。

4.3.3　基于模型的工艺设计

传统三维数字化模型定义技术并没有完全贯穿整个飞机数字化制造过程，依然需要将二维图纸作为制造过程的主要依据，因此在制造过程中需要将三维数字化模型转化为二维数字化模型，并将二维数字化模型输出为工程图纸作为指导生产的依据。该方法由于数据源不统一，在使用过程中存在多方面的问题，如强制比较(基于图纸检查模型)、工程错误和更改增加、零件设计准备时间长、存储/复制产品定义困难、装配协调性差、成本高等。图纸错误，特别是不同设计团队之间的不一致会导致在飞机装配时出现严重不协调的问题，这一问题在波音 767-100 中非常典型。

为了解决这个问题，美国波音公司在飞机设计过程中推行了 MBD 技术。MBD 技术也称为三维标注技术，是三维设计发展的必经之路，也是三维模型取代二维工程图成为加工制造唯一数据源的核心技术。MBD 技术在生产制造过程中的运用能够完成定义数据的有效统一，制造和检验必须依赖于模型，因此协调问题得以减少甚至被消除，同时还能够在保证工程质量的前提下有效降低工程量。

1. MBD 技术的内涵

MBD 技术：将产品的所有相关设计定义、工艺描述、属性和管理等信息都附加在产品三维模型中，是一种先进的数字化定义方法。

应用 MBD 技术需要强调以下几点：

(1) 二维工程图纸不再用来定义产品的几何特征。

(2) MBD 数据集集成了原来出现在传统图纸上的公差、旗注和文本类的信息，并依靠一系列的标准规范将这些信息集成于三维 CAD 模型文件，如图 4-7 所示。

(3) MBD 数据集应包括精确的实体模型、三维尺寸标注、注释和公差标注等信息，完整定义一个产品的所有要求，如图 4-8 所示。

(4) MBD 是一系列基本数字化定义活动的最终进化结果。

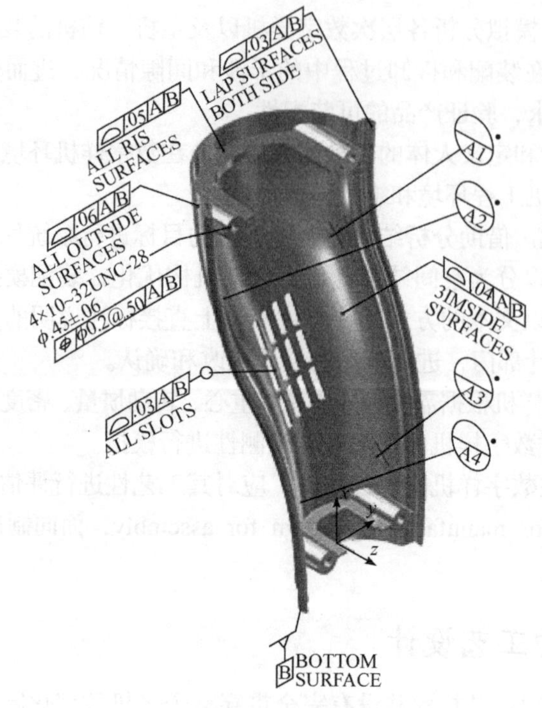

图 4-7 MBD 标注

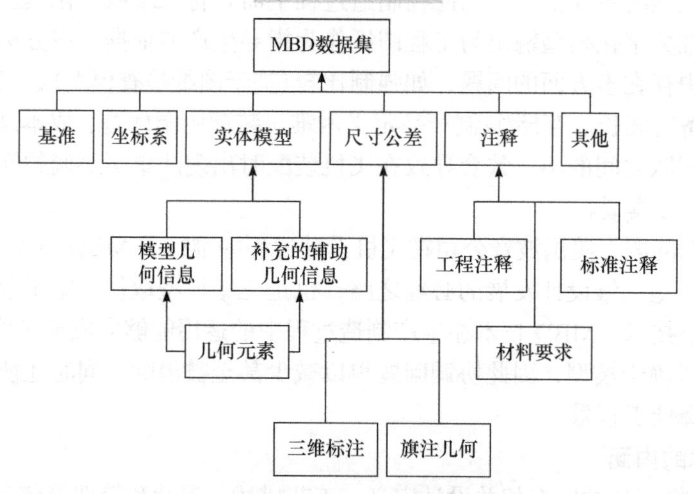

图 4-8 MBD 数据集的组成

MBD 数据集不是简单的三维标注和三维模型，它不仅可以描述设计几何信息，还可以定义三维产品制造信息和非几何管理信息(产品结构、物料清单等)，使用人员仅需一个数模即可获取全部信息，减少了对其他信息系统的过度依赖，使设计院所与制造厂之间的信息交换可以不完全依赖于信息系统的集成而保持有效连接。MBD 数据集通过一系列规范的方法能够更好地表达设计思想，具有更强的表现力，同时打破了设计制造的壁垒，其设计、制造特征能够更方便地为计算机和工程人员解读，而不像传统的定义方法只能被工程人员解读，可以有效解决设计/制造一体化的问题。

MBD 模型的建立，不仅是设计部门的任务，工艺、工装、检验部门也应参与设计的过程，最后形成的 MBD 模型才能用于指导工艺制造与检验。MBD 模型可融入知识工程、过程模拟和产品标准规范等，使抽象、分散的知识更加形象和集中，进而使设计、制造的过程演变为知识累积和技术创新的过程，成为企业知识的最佳载体。

2. MBD 技术在装配中的应用

在 MBD 应用体系中，通过建立 MBD 的数字化协调规范和数字化定义规范，采用三维建模系统进行数字化产品定义，能够建立满足协调要求的飞机全机级三维数字样机和三维工装模型，进行三维数字化预装配。工艺人员在工艺设计规范的指导下，能够直接依据三维实体模型开展三维工艺开发工作，改变了以往同时依据二维工程图纸和三维实体模型来设计产品装配工艺和零件加工工艺的方法。依据数字化装配工艺流程，能够建立三维数字化装配工艺模型，通过数字化虚拟装配环境对装配工艺过程进行数字化模拟仿真，在工艺工作进行的同时，飞机产品实物装配之前，进行制造工艺活动的虚拟装配验证，确认工艺操作过程准确无误后再将装配工艺授权发放，进行现场使用和实物装配。在数字化装配工艺模拟仿真过程中，生成装配操作过程的三维工艺图解和多媒体动画数据，建立三维数字化工艺数据，为三维数字化工艺现场应用提供数据。根据产品开发规范和数据组织规范，所有产品工程设计、工艺设计、工装设计制造等开发过程及其产生的工程数据、工艺数据、工装数据等，通过 PLM 系统能够实现产品全生命周期管理。MBD 的数字化制造技术达到了全机 100%的三维数字化产品定义、数字化预装配、数字化工装设计、检测与质量控制，同时使三维工艺设计及三维数据可视化应用成为现实。

在数字化装配三维工艺设计过程中，工艺部门依据设计部门预发放的 MBD 模型进行工艺分析并向设计部门反馈工艺审查意见。依据设计部门正式发放的设计物料清单(design bill of materials，EBOM)(产品设计结构)和三维设计数模，建立 PBOM(产品工艺结构)，制订装配工艺协调方案，划分工艺分离面，并进行全机装配工艺仿真，最终形成经过装配仿真验证的 MBOM(产品制造结构)顶层结构，将此 MBOM 发放到下游的工装设计、专业制造和检验检测等部门，同时工艺部门完成详细工艺设计并进行仿真验证，编制三维装配指令(AO)。装配工艺设计贯穿于飞机设计、试制及批量生产的全过程。

EBOM(设计 BOM)：主要是设计部门产生的数据。产品设计人员根据客户订单或者设计要求进行产品设计，生成包括产品名称、产品结构、明细表、汇总表、产品使用说明书、装箱清单等信息，这些信息大部分包括在 EBOM 中。EBOM 是工艺、制造等后续部门的其他应用系统所需产品数据的基础。

PBOM(工艺 BOM)：工艺设计部门以 EBOM 为基础，进一步划分工艺分离面，通过对产品结构树工艺构型节点的增、删、改，形成指导装配的装配工艺树。装配工艺树上的一个节点，对应一个装配单元。

MBOM(制造 BOM)：是制造部门根据已经生成的 PBOM，对工艺装配步骤进行详细设计后得到的，主要描述产品的装配顺序、工时定额、材料定额以及相关的设备、刀具、夹具和模具等工装信息，反映零件、装配件和最终产品的制造方法和装配顺序，以及物料在生产车间之间的合理流动和消失过程。

3. MBD 技术实施的若干问题

MBD 技术的实施是一项长期、复杂且艰巨的工作。其不仅要解决技术问题，更主要的是要有效解决技术问题带来的企业文化、管理体制、生产方式的冲突。

波音公司早在 20 世纪 90 年代中期就已提出 MBD 的概念，由于在技术转型期间，波音公司内部的某些生产流程及大量供应商的设计、制造和检验手段还未达到 MBD 技术体系的要求，为保证生产的平稳过渡，在此期间波音公司推行 MBD 技术并不是进行激进的改革，而是采取许多“容忍”措施，如仍保留部分二维图为制造依据、承包商可选择使用三维或二维图纸等，目的是循序渐进而又坚定不移地推行 MBD 技术。

MBD 技术在实施过程中存在以下问题：

(1)设计与制造分离的问题；

(2)MBD 标准制定不统一的问题；

(3)工厂现场使用问题；

(4)MBD 与管理信息系统的关系；

(5)信息的有效跟踪问题；

(6)软件种类与版本的问题；

(7)产品周期延长与软件更新频繁带来的兼容性问题；

(8)产品设计制造数据归档的问题。

这些问题不仅是技术问题和管理问题，还是复杂的综合问题。解决这些问题是一个漫长且艰苦的过程，需要涉及众多技术和学科，工作艰难且细致。

目前，我国主机厂在新型号飞机上基本上已经实现了 MBD 技术的应用，几乎实现了无纸化，而老机型仍在采用传统二维图纸的方式进行生产。大部分机载系统和设备制造厂采用传统二维图纸+三维模型的方式，二维图纸和三维模型并存于产品数据管理 PDM 系统，在工艺设计时，以二维图纸为准，三维模型只是参考。

4.4 装配仿真技术

仿真，顾名思义，模仿真实。装配是一个复杂的系统工程，任何差错都会带来额外的经济损失和进度延误，因此类似于大型的活动都需要彩排，熟悉并优化流程，排除可能出现的不合理情况。飞机装配仿真就是对飞机装配的彩排。

最初，飞机结构相对简单，工程师想象一下装配过程即可；在飞机结构变得复杂后，工程师需要提前制造木质样机，用于模拟装配过程；随着计算机技术的发展，数字样机代替了木质样机，装配仿真成为现在理解的形式，即利用计算机建立三维模型进行虚拟的装配操作。

随着计算机技术、传感技术、虚拟现实技术、脑机技术等进一步发展，装配仿真的内涵进一步丰富，表现形式将继续向着更加真实、更加沉浸、更加便捷的方向改进。本节对目前工程中用到的装配仿真形式展开详细介绍。

4.4.1 装配仿真的内涵

1. 装配仿真的概念

装配仿真：在三维数字样机的基础上进行的工艺样机级仿真，利用计算机仿真环境和资源模型对产品整个装配过程进行模拟，分析装配操作及相关特性，实现产品的装配规划和评价，生成指导实际装配现场的工艺文件。

装配仿真的关键技术包括产品装配顺序和装配路径的表达与建立方法、装配过程中的实时干涉检测、虚拟环境下零部件的精确定位，以及工装和工具的装配操作等。

装配仿真由工艺人员来完成，其仿真结果构成 MBOM。

飞机装配仿真是数字化条件下飞机装配工艺设计的一项重要内容，也是数字化并行设计的关键环节。随着数字化制造技术的逐步深入，装配仿真技术已经成为优化工艺设计、缩短产品研制周期和降低成本的必要手段。

装配仿真的作用主要包括以下几点：

(1)装配仿真可以实现在产品设计阶段及时进行干涉检查、工艺性检查、可拆卸性检查和可维护性检查，消除潜在的装配缺陷，评价产品的可装配性，减少由设计造成的更改或返工。

(2)有效解决传统的二维装配工艺设计周期长、需要实物验证、效率低等问题，优化工艺设计，降低技术风险。

(3)提高工艺准备质量，提前解决装配工程中的问题，最大限度减少设计返工、工装返修和零件报废，减少装配过程反复，提高首件合格率，缩短生产准备周期，降低制造成本。

(4)建立装配工艺知识库，实现先进工艺知识的集成和储备，促进工艺应用水平的提高。

(5)实现可视化技术培训和生产指导，提高装配的准确性和效率，缩短装配周期，降低装配成本。

(6)提高飞机售后服务质量，简化维护协调过程。

2. 数字化预装配与虚拟装配

装配仿真是工艺人员在工艺设计阶段进行的，而在产品设计阶段，设计人员为了对飞机设计的合理性进行检验，也需要利用计算机进行模型的装配，这个过程称为数字化预装配，与装配仿真在目标、对象、结果等方面有明显的区别。

数字化预装配：在产品设计阶段，在数字样机的基础上进行的几何样机级仿真，主要对飞机设计的合理性、飞机的功能和性能进行仿真，对装配的几何约束、干涉问题进行检验，验证飞机理论外形和结构的合理性。

数字化预装配由设计人员完成，其仿真结果构成 EBOM。

数字化预装配虽然在一定程度上包含飞机制造过程的工艺、材料等非几何信息，但很大程度上忽略了飞机装配过程中装配现场的信息，如场地、工装、工具、设备、人员运动信息等。

数字化预装配与装配仿真是相辅相成的关系，在产品并行设计阶段共同完成优化设计、消除潜在装配缺陷与冲突的目标。

数字化预装配和装配仿真单纯从汉语词义上来看并没有太大的区别，进行以上区分的原因是工程中约定俗成的应用。

除此之外，还有虚拟装配的说法，在大部分情况下它是一个更宽泛的概念，虚拟装配包含数字化预装配和装配仿真。

3. 装配仿真的内容

装配仿真的主要内容(图 4-9)包括以下几方面：

(1)装配干涉仿真。在虚拟环境中，依据设计好的装配工艺流程，通过使零件、组件和资源在装配过程中与其他零件、组件和资源发生碰撞，对不能到达安装位置的装配干涉情况进行仿真。当系统存在干涉情况时报警，并给出干涉区域和干涉量，以帮助工艺设计人员查找和分析干涉原因。

(2)装配顺序仿真。在虚拟环境中，依据设计好的装配工艺流程，对零件和组件由装配顺序的安排可能导致无法安装的情况进行仿真。

(3)人机工程仿真。在产品结构和工装结构环境中，按照工艺流程，对人在装配环境中的可视性、可达性、可操作性以及舒适性进行仿真。

(4)工艺布局仿真。在三维工艺布局中，按照已经设计好的装配工艺流程进行产品、资源、流程以及操作者之间融为一体的三维动态仿真，使工作现场更加符合工艺布局原则。

(a) 装配干涉仿真

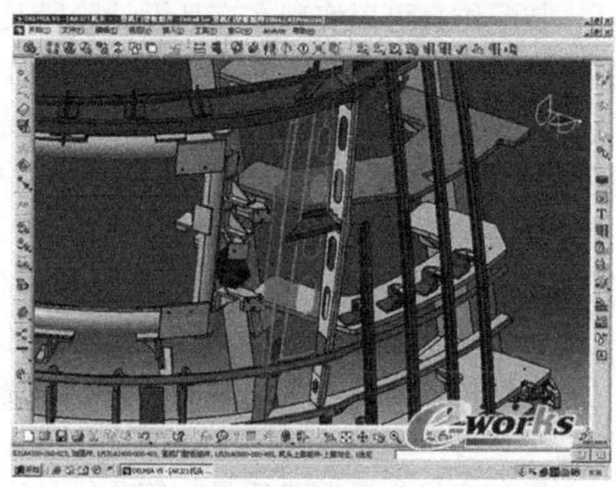

(b) 装配顺序仿真

(c) 人机工程仿真

(d) 工艺布局仿真

图 4-9　装配仿真的主要内容

4.4.2　装配仿真的一般流程

飞机装配仿真是在工艺规划后，对工艺方案和装配工艺细节的模拟分析和技术验证。将产品与资源按照实际装配工艺过程进行模拟，结合人机模型直观地分析产品的可制造性、可拆卸性、可达性以及可维护性。该部分工作可以分为五个阶段，即数据准备、装配工艺流程创建、装配过程仿真、装配工艺过程问题分析与处理以及仿真结果输出。数字化装配过程仿真一般流程如图 4-10 所示。

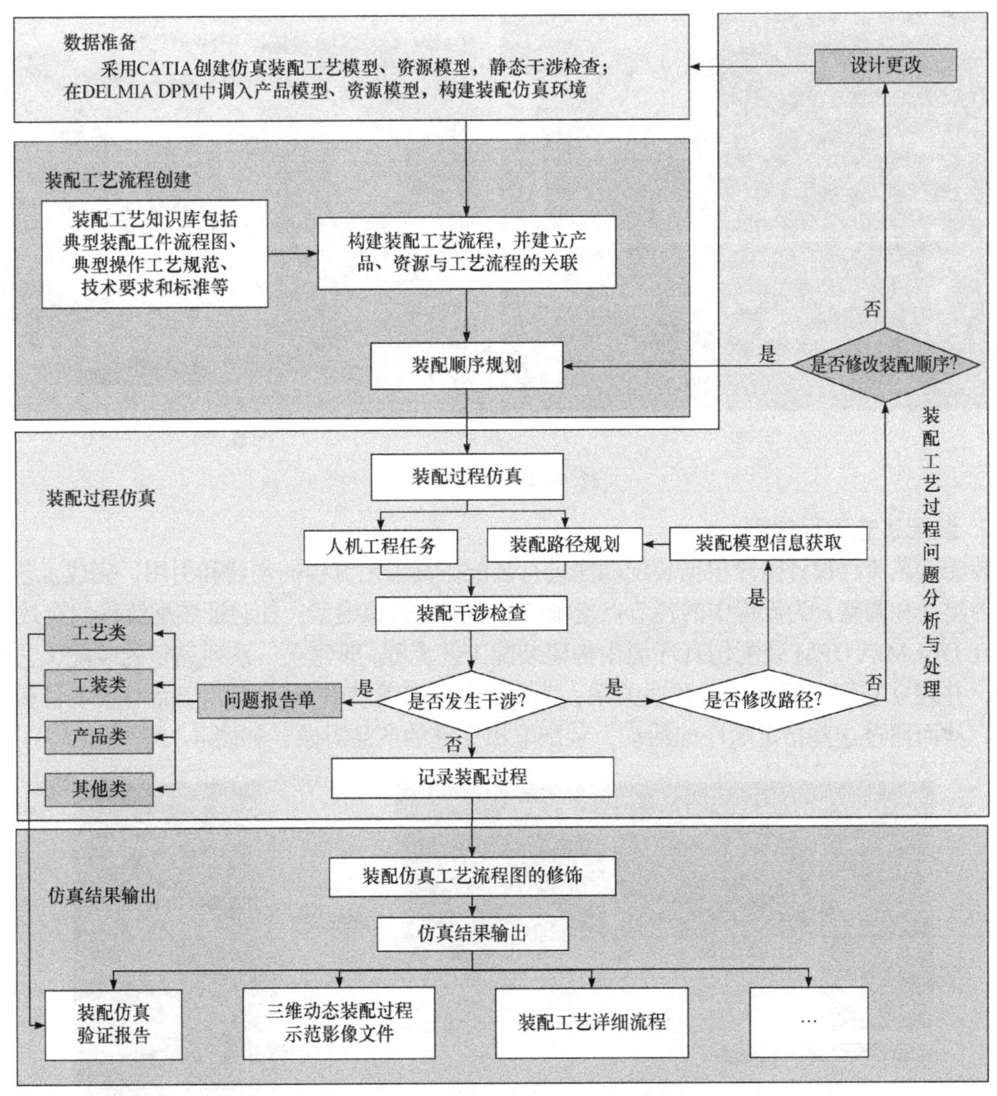

图 4-10　数字化装配过程仿真一般流程

1. 数据准备

数据准备包括模型的建立和导入。模型的建立包括产品模型和资源模型。产品模型是指根据装配层次的需要和工艺分离面的划分原则对工程数据集中的零部件进行重组，并加入必要的制造数据工艺信息而建立的装配仿真工艺模型，其与装配系统图中每一个装配单元一一对应；资源模型是指装配仿真过程中应用的工装、工具、夹具、设备、人员等制造资源的模型。模型的导入是指将轻量化的装配工艺模型和资源模型导入装配仿真环境中。

应用 DELMIA 软件进行装配工艺仿真数据准备，将装配工艺仿真模型和资源模型分别导入 P.P.R 树中的 Product 和 Resources 节点下，如图 4-11 所示。将装配工艺仿真模型和资源模型导入装配环境中，还需要对它们之间的相对位置进行排列布置，以满足制造活动的需要，并对仿真环境中的模型进行静态干涉检查，确认产品对象项目和资源项目的初始状态没有任何干涉，并对它们的初始状态进行记录。

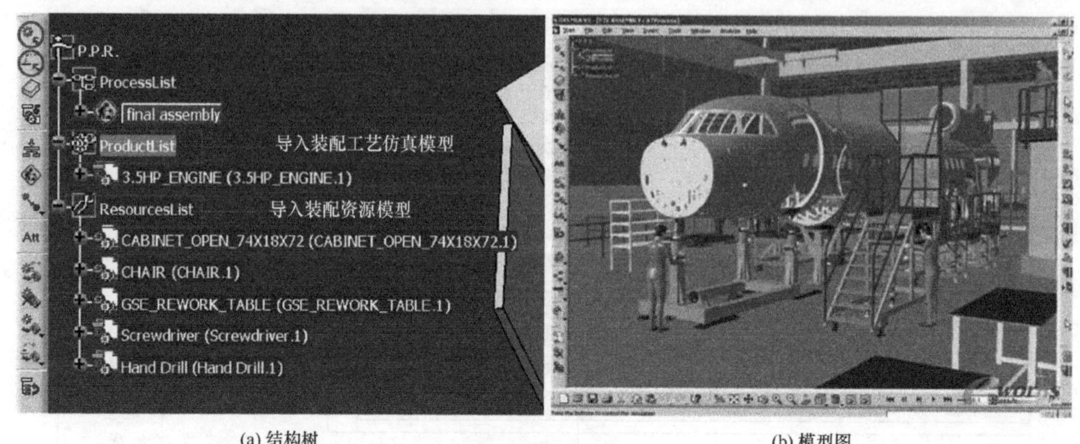

(a) 结构树　　(b) 模型图

图 4-11　模型导入

2. 装配工艺流程创建

装配工艺流程设计阶段根据装配顺序进行装配仿真工艺流程的创建和引用，完成工艺流程顺序的建立和调整，为流程中的各节点指派产品模型和资源模型，并验证装配流程的有效性。

在 DELMIA DPM 装配仿真环境中构建装配工艺流程，即建立一系列完整的装配工艺操作活动，并建立它们之间的前后顺序关系，为每个活动指派操作所对应的产品对象项目和资源项目，从而通过这些指定顺序的活动，装配输出完整的产品对象，如图 4-12 所示。

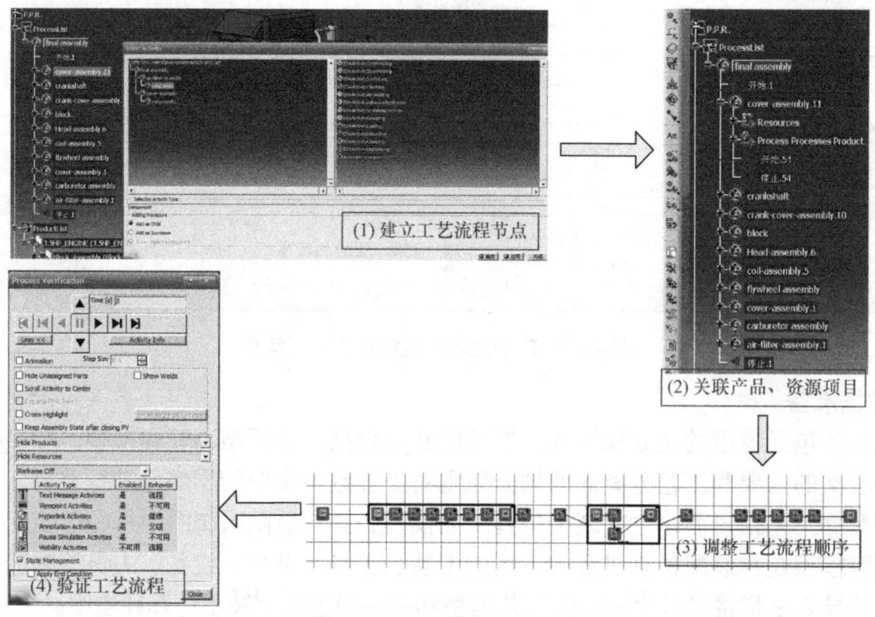

图 4-12　装配工艺流程的创建

3. 装配过程仿真

装配过程仿真是指通过装配路径规划，实现装配工艺过程和人机工程任务仿真，并检查装配过程中产品零部件或资源的动态干涉和碰撞的情况，验证装配工艺的可行性。

在 DELMIA DPM 装配仿真环境中为每个工艺节点创建活动，编辑移动零部件或资源的运动路径，并实时检验零部件或资源在运动过程中是否与其他对象发生干涉或碰撞，从而及时调整运动路径，如图 4-13 所示。

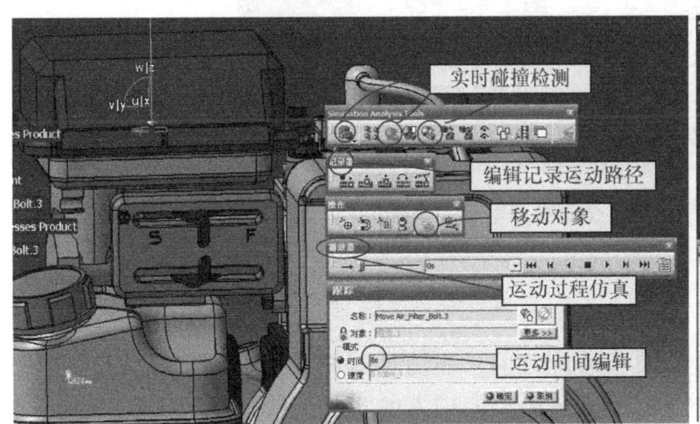

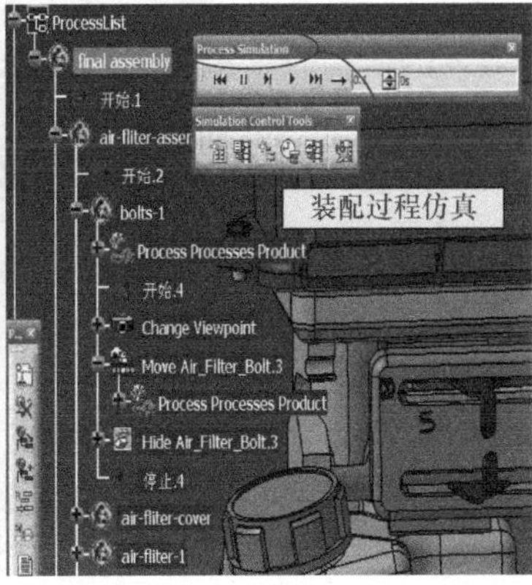

图 4-13　装配过程仿真

4. 装配工艺过程问题分析与处理

装配工艺过程问题分析与处理是根据装配过程仿真中的验证结果，对装配过程中的干涉情况及人机工效进行分析，通过对装配路径的改进、工艺流程的重新设计和调整，对产品、资源进行设计改进，保证装配过程中无干涉、无碰撞，以及人机任务的顺利进行，达到合理的装配工艺过程。

在 DELMIA DPM 装配仿真环境中对装配工艺过程进行分析，可实现动态干涉情况检测、距离与间隙测量、内部结构剖切、运动空间分析、物理测量分析、装配过程时间分析、人机工程仿真分析等，通过分析结果，对装配顺序、装配空间、装配路径、人机工效等方面存在的问题进行反馈与优化，当装配工艺改进后仍不能满足要求时，需要将产品设计和资源设计的问题进行反馈与优化，直至得到合理的装配工艺。

5. 仿真结果输出

为得到效果清晰、重点突出、便于观察的视频文件，在装配仿真中需要添加必要的修饰，并最终生成相关的分析报告和视频文件等。

通过装配工艺仿真验证后的详细装配工艺设计结果，可以通过 DELMIA DPM 的输出报告功能将工艺设计结果及分析数据输出，并形成各种类型的多媒体电子文档，如图 4-14 所示。为了使输出的多媒体电子文档可以应用于装配生产现场的三维 AO 中，对装配仿真添加必要的修饰，如视角变换、文本信息、延迟、暂停、模型隐藏、模型颜色编辑等，使多媒体电子文档更清晰地显示装配过程，达到指导装配工艺操作的效果。

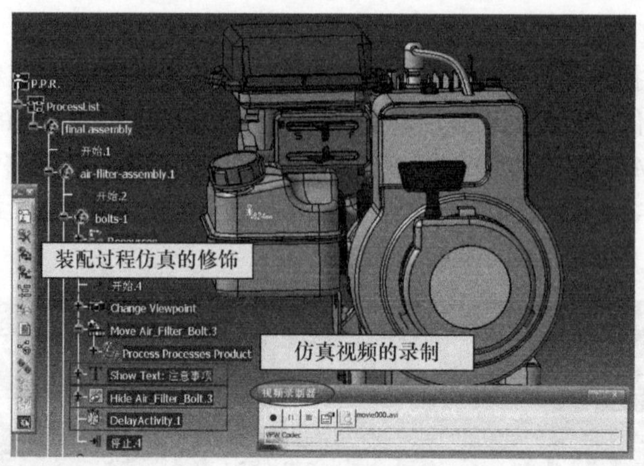

图 4-14　仿真结果输出示意图

4.4.3　人机工程仿真

人机工程仿真：是指在产品进行真实装配之前，在仿真软件系统中建立产品及资源对象的三维实体模型，在虚拟环境中利用三维人体模型模拟人的实际工作情况，实现三维人体在制造环境中与其所制造、安装、操作、维护的产品之间互动关系的动态仿真，以分析操作人员在该环境下工作的姿态、负荷等，验证装配操作的可视性、可达性、可操作性等，并从工效学的角度对人体姿态做出评估与改进，使其满足作业要求以及安全舒适、高效的标准。

工效学也称人因工程学或人机工程学，是指综合运用生理学、心理学、卫生学、人体测量等研究生产系统中人、机器和环境之间相互作用的一门边缘科学。人机工效仿真、人因工程仿真、人机工程仿真、人机仿真等，这些词基本上同义，因此只需要在同一个场景下统一说法即可。

飞机装配中人机工程仿真典型的作业流程如图 4-15 所示。

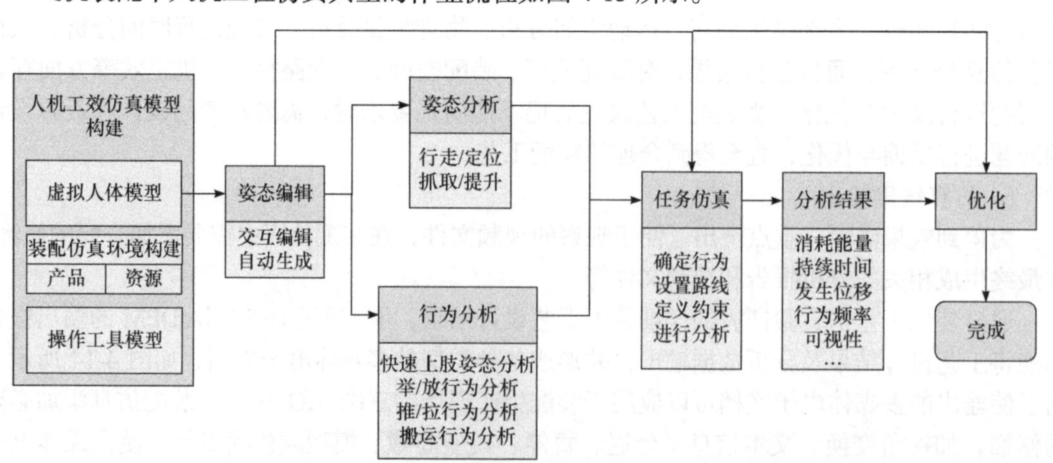

图 4-15　飞机装配中人机工程仿真典型的作业流程

DELMIA 软件的人机工程设计与分析模块是针对人体姿态、运动和任务的分析工具，其具有如下功能。

(1) 人体建模：提供 5 百分位、50 百分位和 95 百分位的男女人体模型库，这些模型都带有根据人体生物力学特性设定的人体反向运动特性，用户可修改人体各部位的形体尺寸以满足各种人群和特殊仿真需求。

(2) 姿态分析：对人体的各种姿态进行分析，检验各种百分位人体的可达性、座舱乘坐舒适性以及判断装配维修是否方便。

(3) 视野分析：生成视野窗口，并随人体的运动动态更新。设计人员可以据此改进产品的人体工程学设计，检验产品的可维护性和可装配性。

(4) 人机作业仿真：在图形化的界面下示范人体设计的工作，可以用鼠标操作人体各个关节的运动。

1. 人体建模

人体建模是进行人体任务仿真的基础，DELMIA 软件可以根据国家、性别、百分点、身高、体重、承载能力等参数自动生成人体模型，也可以直接从工厂建立的人体模型库中选择数模，并通过编辑参数使其与人体的实际情况相符，如图 4-16(a) 所示。对于特殊工序的人机工程仿真，应根据生产现场操作者的特征建立其三维人体模型。

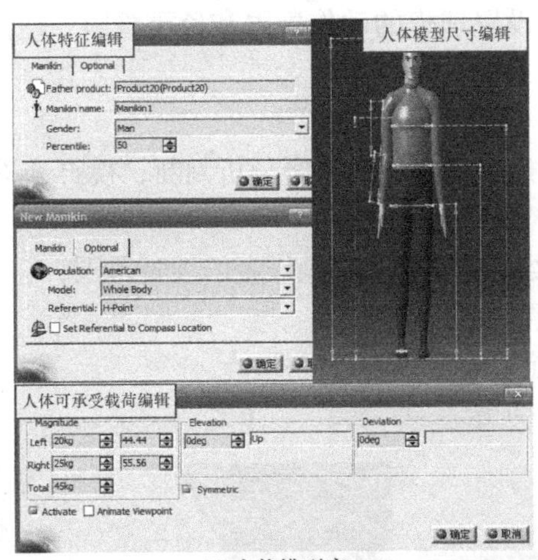

(a) 人体模型库

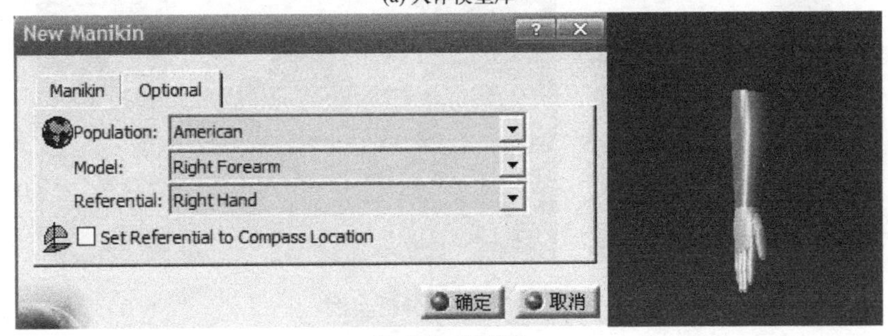

(b) 局部三维模型

图 4-16　人体模型的创建

在某些特定的工作场景下，如在狭小的空间里钻孔、铆接和打保险等，需要模拟人体手部的详细动作，分析手的可操作空间，对于这种情况，可单独建立人体的局部三维模型，如图 4-16(b) 所示。

以真实人体关节活动为依据，考虑人体生理及可承受的疲劳强度，应用 DELMIA 软件中 Posture Editor 编辑人体姿态，调整头、颈、肩膀、手臂等约 30 个部位，以创建工人工作中的各种姿态。人体姿态的编辑方式有两种：①选择需要更改姿态的人体部位及其自由度，通过修改自由度得到人体不同的姿态；②在人体标准姿态库中选择相似的姿态，通过对标准姿态进行调整得到所需要的人体姿态。

2. 姿态分析

人体模型运动分析包含两部分，即人体姿态分析和人体行为分析。通过对人体工作时的姿态和动作进行分析，可以合理配置工人与其制造、安装、操作与维护的产品及资源。

姿态分析是通过求解人体的运动学模型和动力学模型，对行走、定位、抓取和举放等姿态进行评估，进而对人体受力及疲劳进行分析。针对飞机装配过程中人体姿态的计算，根据人体参数、作业点、作业力方向、人体位置以及人体操作方式等计算上下体姿态角，判断可工作域，自动调整人体姿势，以实现自动控制及计算姿势，并达到最舒适的状态。

人体姿态分析用于检测人与工作环境中各种设备和工具的相互影响，进而分析人的举、放、推、拉、运等行为，包括快速上肢分析、搬起/放下行为分析、推拉行为分析、搬运行为分析、个人行为分析等，设置理想的动作极限和负重极限，使操作者操作起来更加舒适和安全。

3. 视野分析

装配过程中的可视性通过人体模型的视野分析判断，视野分析的流程如下：

(1) 建立人体模型；

(2) 通过编辑人体模型姿态，模拟显示操作者的视野范围；

(3) 编辑视野窗口的显示状态；

(4) 分析并验证完成当前装配操作的可视性。

视野分析实例如图 4-17 所示。

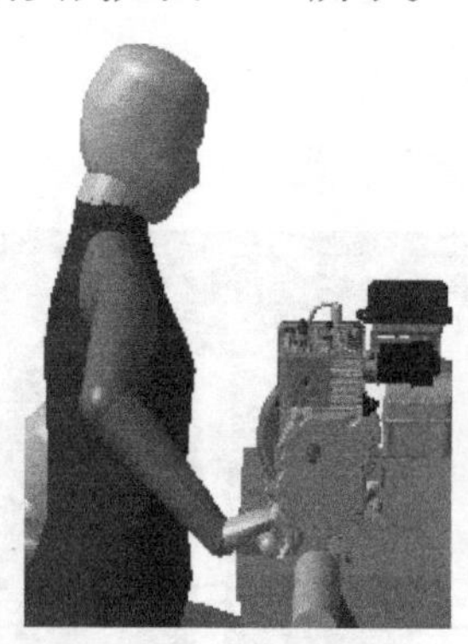

图 4-17　视野分析实例

4. 人机作业仿真

人机作业仿真又称人机任务仿真，是在包括产品、工艺、资源的装配仿真环境中，以装配工艺流程为主线，根据工人的实际工作创建如行走、移动到某一姿态、拿起或放下物体、上台阶、结合机构工作等动作，分析人在工作时与所操作产品和所涉及的工装、工具等关系。

利用数字化环境中的任务仿真工具，指定工人在完成某个装配操作过程中的作业行为、行走路线和工作负荷，对各种典型作业姿态和装配行为进行模拟及定性定量分析，并在此基础上准确地评估工艺和工装的人机性能及工人的劳动生产率。为了减少人机工效仿真的工作量，仅对作业环境恶劣、劳动强度大的人机任务进行仿真。

5. 人机工程仿真结果分析与处理

应用人机工程主要可以完成以下分析：

(1) 可视性检验。主要检查由产品零部件装配次序、装配路径、装配工艺布局不同而导致的装配时待装配零件位置不可见的问题。

(2) 可达性检验。主要考察工人的身体或肢体是否可以到达装配位置。

(3) 可操作性检验。主要检查由装配序列、装配路径、装配工艺布局不同而导致的零部件不在装配操作范围内的问题，以及作业空间小、零件重量不便于工人操作等问题。

(4) 舒适性检验。主要检查工人承受的负荷以及操作时间(次数)是否使工人容易疲劳。

(5) 安全性检验。主要检验工人操作过程中的安全隐患。

在人机仿真过程中，若发现工艺设计与人相关的错误，如装配顺序导致的工人操作空间不足、操作对象不可视等，则应及时对工艺设计进行修改；若发现工装设计与人相关的错误，如工作梯高度不合理、工作梯台面间距不合理、工装设计的定位器阻挡了工人操作的通路等，则应及时对工装设计进行修改；若发现工艺布局与人相关的错误，如由工艺布局导致的装配对象不可视、装配操作不便、安全性低等问题，则应及时对工艺布局进行修改。

4.4.4 工艺布局仿真

工艺布局仿真：在数字化环境下，建立厂房、地面、起吊设备等三维制造资源模型，将已经建立好的各装配工艺模型以及装配型架、工作平台、夹具、人员等制造资源三维模型放入厂房中，按照设计好的工艺布局将产品、制造资源等放置到位，以装配工艺流程为主线，模拟工厂实际生产过程，如图 4-18 所示。

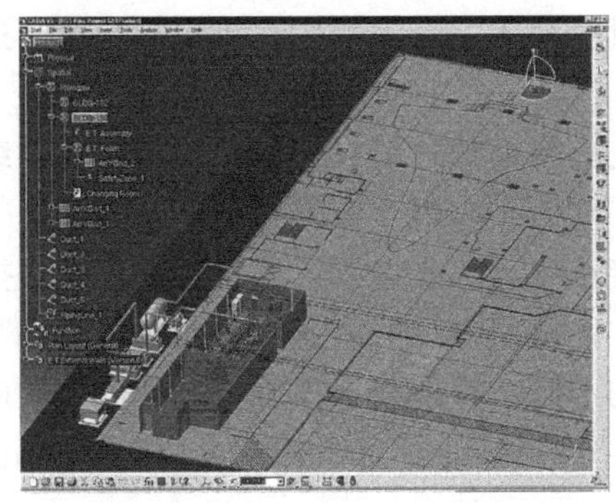

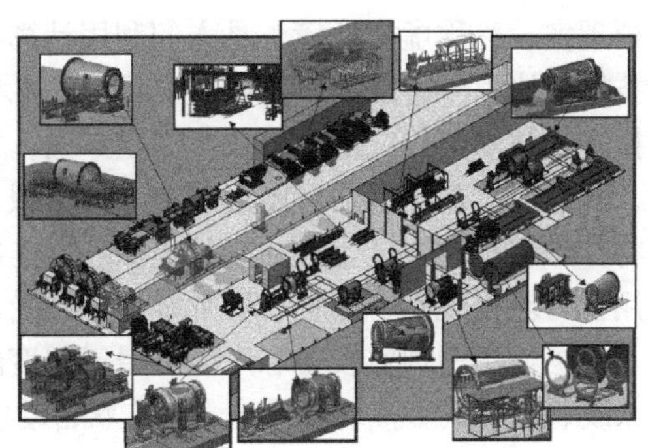

图 4-18　装配工艺布局

工艺布局的仿真可以实现以下功能：

(1) 检验产品生产线上各生产要素是否齐备，检验生产原料堆放场地是否合理利用，以及适用于何种运输工具；

(2) 检验工艺布局是否符合流水化作业进程，检验运输通道是否流畅；

(3) 在飞机装配过程中可进行静态和动态干涉检查，也可进行装配工人的视界检查；

(4)在进行数字工艺准备设计的同时，可以进行定位和配合检查、实际装配过程(包括安装顺序)的可视性检查等。

通过仿真验证工艺布局的合理性，调整装配工艺流程、资源人员配置以及相对位置，可以减少交叉路径、迂回现象、移动距离以及成本，达到优化工艺布局的目的。

工艺布局优化的原则包括：①工艺规程前提下的最短路线原则；②生产力均衡原则；③充分利用空间和场地原则；④方便运输原则；⑤安全和环保原则；⑥快速重组原则。

以数字化装配协调为基础，针对数字化装配工艺方案，建立数字化装配系统装备的仿真模型，考虑装配系统产品和制造资源的布局，结合数字化装配系统物流管理，进行系统布局装配仿真，合理布局，可有效提高厂房空间和数字化装配装备的利用率，保证数字化装配系统布局满足精益制造的要求。

4.4.5 装配工艺的优化

装配工艺是用于指导现场装配的工艺文件，装配工艺编制质量的高低直接影响产品的装配质量。

装配工艺优化有两种情况：①对于已有的装配工艺，可以按照现有的装配路径、装配顺序进行装配过程的分析和仿真，检查现有工艺的可行性，同时也可以根据动态仿真的过程，生成一个优化的装配次序和装配路径，从而优化现有的装配工艺；②可以改变传统装配工艺的表现形式，采用电子化、结构化、可视化的工艺形式来生成装配工艺规划，用于指导实际的装配过程，便于装配工人对装配工艺的有效理解，从而提高装配质量。

除了保证装配工艺的可行性，装配工艺优化还需要考虑装配周期和成本等因素，以及设备、空间、人员、工具等利用率，最终输出最优的装配工艺方案。

4.4.6 虚拟现实技术

虚拟现实，又称虚拟环境，是人们利用计算机生成的一个逼真的三维虚拟环境，通过人体自然技能，使用传感设备与其相互作用的新技术。

虚拟现实技术与传统的模拟技术完全不同，它是将模拟环境、视镜系统和仿真系统合三者为一，并利用头盔显示器、图形眼镜、数据服、立体声耳机、数据手套以及脚踏板等传感装置，将操作者与计算机生成的三维虚拟环境连接在一起。操作者通过传感装置与虚拟环境交互作用，可获得视觉、听觉、触觉等多种感受，并按照自己的意愿去改变“不随心”的虚拟环境。根据使用的现实设备和产生沉浸感程度的不同，可以将虚拟现实环境分为桌面式虚拟现实系统、头盔式虚拟现实系统、洞穴状自动虚拟系统(cave automatic virtual environment, CAVE)和 Cyber Sphere 式虚拟现实系统四类。

将虚拟现实环境应用于装配仿真过程中，以自然的方式与虚拟环境中的对象进行交互作用、相互影响，从而产生沉浸于等同真实环境的感受和体验。在虚拟的环境下展示装配、维护的过程，漫游并进入飞机局部，通过虚拟外部设备进行沉浸式、互动式的拆装体验，验证数字化装配作业过程和人机工效仿真的可行性、可达性、可操作性和舒适性，优化数字化装配工艺方案，支持数字化装配系统的研制，加速数字化装配系统的研制进度。虚拟现实环境也可作为一种全新 3D 环境的展示和培训环境，用于飞机研发部门进行展示、培训、交流的综合平台。

4.4.7 数字孪生技术

数字化产品定义一直在拓宽外延，以表达更加丰富的产品信息，但其仍然侧重于产品全生命周期中的设计阶段，而制造过程和服务过程的定义表达与应用管理问题日益突出。与此同时，数字孪生技术被认为可以对物理产品进行数字化描述，并有效管控产品全生命周期的数据信息，因此逐渐引起国内外学者的关注。

1. 数字孪生技术的发展历史

2002 年，密西根大学的 Grieves 在关于产品生命周期管理的演示文档中提出了“conceptual ideal for PLM information mirroring”，包括实物空间的实体产品、虚拟空间的虚拟产品以及两者之间的数据和信息接口。Grieves 曾改用“mirrored spaced model”和“information mirroring model”来描述数字孪生，最终在 2011 年选择用“digital twin”来指代上述概念。

2011 年，美国空军在制定未来 30 年的长期目标时采纳了数字孪生概念，目的是解决飞机运行维护和寿命预测等问题。2012 年，美国航空航天局(National Aeronautics and Space Administration，NASA)对外公布技术路线图，也将数字孪生技术列为实现基于仿真的系统工程的技术挑战。

目前，数字孪生技术研究的典型代表是美国空军研究实验室与 NASA 合作构建的 F-15 战斗机机体数字孪生技术，旨在对在役飞机机体结构开展健康评估与损伤预测，提供预警并给出维修更换指导。

法国达索公司计划通过 3DExperience 体验平台实现与产品的数字孪生互动，通用电气公司旨在利用 Predix 云服务平台和发动机的数字孪生技术实现监控和维护，PTC 公司计划利用数字孪生技术建立闭环的产品研制流程，西门子公司关注于如何建立生产系统的数字孪生。

近年来，数字孪生技术在理论层面和应用层面均取得了快速发展，同时应用范围也逐渐从产品设计阶段向产品制造运行维护阶段转移。

2. 数字孪生技术的内涵

对于数字孪生的定义，目前有狭义与广义两种说法。

狭义上的数字孪生体：产品物理实体的工作状态和工作进展在信息空间的全要素重建及数字化映射，是一个集成的多物理、多尺度、超写实、动态概率仿真模型，可用于模拟、监控、诊断、预测、控制产品物理实体在现实环境中的形成过程、状态和行为。

更广泛地，Grieves 等给出了面向复杂产品的数字孪生定义。数字孪生是一套从微观原子级到宏观几何级全面描述潜在生产或实际制造产品的虚拟信息结构。构建数字孪生的最佳结果是，任何可以通过检测实际制造产品所获得的信息，都可以从它的数字孪生中获得。

由定义可知，产品数字孪生对产品运行维护阶段的意义重大，主要有以下三个作用：

(1)运行模拟。以飞行器为例，基于飞行器的产品数字孪生，可以在数字孪生环境中尽可能地模拟未来的飞行过程，预测飞行器的状态行为、执行任务的成功概率等，从而为后续的任务决策提供可靠的依据。

(2)健康预测。通过数字孪生的仿真模拟结合传感器的实时数据，可以对飞行器的健康情况开展预测，提高产品服役的安全性，并及时在问题发生前给出故障的具体信息以及维修更换的指导意见。

(3)优化研制。基于前述两点，运行维护阶段的产品信息可以毫无保留地流向下一轮的产品研制。凭借运行模拟得到的任务决策和健康预测得到的寿命分析，研制人员可以提高产品的使用价值和系统稳定性，从而形成良好的产品全生命周期的闭环迭代。

美国空军研究实验室计划在 2025 年交付某型飞行器及其对应的数字孪生。研究表明，以人类现有的超级计算机的能力推算，目前很难实现能够实时完整映射物理产品的数字孪生。由此可见，短期内数字孪生研究应着重于关键支撑技术的突破。实现飞行器数字孪生的技术集群主要分为四大类，即高保真度的仿真建模、产品状态感知、新的设计检验方法以及实时监测与健康预测。

3. 数字孪生技术在装配仿真中的应用

数字孪生技术内涵较宽，横向可以包含产品的全部信息，纵向可以应用于产品的全生命周期。然而，以目前的计算能力，追求全面的数字孪生并不可行，而在产品生命周期中局部有所侧重的应用还是可以尝试的。装配仿真是很好的应用场景，值得研究。

目前，装配仿真的依据是数字样机，是理想的模型。理想，指的是在 CAD 平台上根据设计尺寸建立的三维模型，不考虑制造误差和变形误差。制造误差可以用容差分配方法计算，在一定程度上弥补装配仿真的理想化，而变形误差没有成熟的方法计算。

飞机产品结构的特点是易变形，因此在装配仿真中考虑变形是非常有必要的。但在装配仿真中并不考虑变形，原因有两个：①不准，无论是仿真计算还是测量，都难以获得准确的变形数据；②太慢，获得变形数据的过程和在此基础上的装配仿真时间成本太高。

随着计算机技术的发展，可控成本下计算机的运算速度得以大幅提升；随着传感技术的发展，获得相关变形数据的速度提升。二者结合可以解决不准和太慢的问题，使得考虑变形的飞机装配仿真成为现实。这就是数字孪生技术在装配仿真中的应用。

通过传感技术获取部分变形实测数据，结合仿真数据与实测数据，形成考虑变形的数字模型，在此基础上进行装配仿真，过程中不断更新变形数据，从而更加真实地模拟飞机装配的过程，在干涉检测、路径优化等方面更接近真实情况。

4.5 产品数据管理

过去 20 年来，制造企业竞争核心、产品发展战略、技术重点、过程重点和组织重点发生变化，开发和生产与众不同、满足客户个性化需求的创新产品成为制造企业追求的主要目标，并成为衡量企业市场竞争力的重要标志。

围绕该目标，采用不同的生产方式(如敏捷制造、大批量定制、虚拟制造、并行工程)、不同的设计制造技术、不同的管理技术以及不同的信息技术。无论采用哪一种生产方式，哪些设计、制造、管理和信息技术，都离不开产品数据管理。

产品数据管理：对产品全生命周期数据和过程进行有效管理的方法和技术总称。

实现产品数据管理功能的信息系统称为产品数据管理系统(product data management system，PDM 系统或简称 PDMS)。

与 PDM 相关的概念具体如下。

(1) EDM：工程数据管理(engineering data management)。
(2) PDMII：产品开发管理(product development management)。
(3) CM：配置管理(configuration management)。
(4) PIM：产品信息管理(product information management)。
(5) TIM：技术信息管理(technical information management)。
(6) DM：文档管理(document management)。
(7) TDM：技术数据管理(technical data management)。

区分这些概念与 PDM 的联系和差别，对于正确理解 PDM 是非常重要的。

实施 PDM 系统的主要目标是利用一个集成的信息系统协助创建和管理，为进行开发设计产品制造所需要的完整技术资料，并对产品的形成过程进行有效的管理和控制。

为了生产产品，企业需要利用各种各样的技术文档，包括各种计算结果、产品目录、技术标准、工程图、BOM、设计和制造准则、规格说明书、工艺过程规划、NC(numerical control，数字控制)程序、安装说明、检验计划等。PDM 系统应该对这些技术文档进行系统的分类和管理，以便在设计人员或其他相关人员需要时可以方便地找到并有效地利用这些文档。

PDM 系统除了可以进行技术文档和数据管理，还可以提供管理企业中例行业务流程(如技术文档的更改过程和发放过程)以及动态的、与具体项目有关的产品开发过程的技术手段，使整个产品的形成过程能够在 PDM 系统的控制下有序、高效地进行，尽可能减少手工管理，增加过程的透明性，提高产品形成过程的质量和效率。

一个功能完备的 PDM 系统应该同时满足上述两方面的需要，将正确的文档在正确的时间送到正确的地点，供正确的人使用。

完整描述产品所需要的各种重要信息，如图 4-19 所示。这些信息从不同的角度描述了产品的特点。例如，描述产品几何形状和结构情况时采用 CAD 模型、仿真模型、FEM 模型、工程图和 BOM 等；描述产品制造特性时采用工艺过程规划、NC 程序、检验计划和安装说明等。

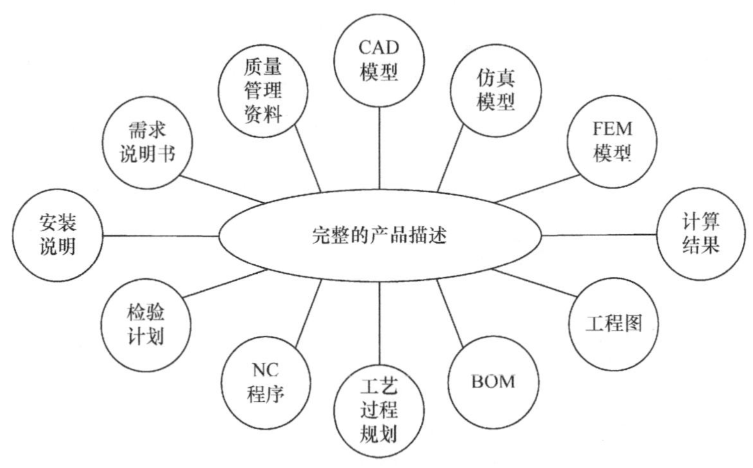

图 4-19　完整的产品描述

FEM 为有限单元法

上述信息是产品生命周期的不同环节，由不同的计算机应用系统或人工产生，存放在不同的介质(如电子文档、纸介质、物理模型)和不同的地点，具有不同的格式。采用基于元数据的产品建模方法，可以将这些不同介质、不同地点和不同格式的产品信息在逻辑上集成为一个整体，形成一个完整的产品描述，即虚拟产品模型。由 PDM 系统管理的虚拟产品模型是所有与产品有关的几何、技术和管理方面数据的结构化集成，其描述了在产品全生命周期中各个不同阶段的变化状态。

利用虚拟产品模型除了可以支持产品的设计和制造过程，还可以快速、有效地向供应商和用户提供各种信息服务。例如，在 PDM 系统的支持下，企业可以快速向用户提供产品运行、维护、修理等方面的重要信息，以便有效地使用和维护产品，快速地提供备品、备件。这是向用户提供最佳售后服务，确保企业竞争优势的重要措施。

习　题

4-1　数字化装配的内涵是什么？

4-2　数字化装配模式具有哪些特征？

4-3　数字样机的内涵是什么？

4-4　DIP 和 MDS 的定义是什么？

4-5　数字标工是什么？

4-6　MBD 技术的定义是什么？其特点包括什么？

4-7　EBOM、PBOM、MBOM 分别是什么意思？生成部门和使用部门分别是什么？

4-8　装配仿真的概念是什么？其作用包括哪几点？其内容包括哪几点？

4-9　虚拟现实和数字孪生等新技术在装配中有什么样的应用？

4-10　PDM 的定义是什么？

第 5 章　连接技术与装备

飞机的零件数量大、品种多，波音 747 系列总共有 600 多万个零件。如此多的零件要组合成一个整体，并且能够承受重力、起降冲击力、交变循环载荷的长时间作用，需要用可靠的方法将其连接起来，这不是一件容易的事情。“破镜难以重圆”，同种材料连接起来恢复其原本的力学性能都是不可能的，更何况飞机零件是由很多不同性质的材料组成的，如树脂基复合材料、钛合金、铝锂合金、合金钢等。这些材料连接在一起，不但要保证静强度，还要保证在长时间复杂且经常剧变的载荷和湿热环境下安全服役，遵守由飞机“原罪”引发的减重原则，装配时在狭小空间内应可以方便施工，这是典型的“既要马儿跑，又要马儿不吃草”。

目前，连接方式可分为机械连接和非机械连接两大类。机械连接依靠的是物理作用，不涉及化学反应，包括铆钉连接、螺栓连接两大类；非机械连接恰好相反，其依靠化学反应连接，如胶接、焊接等。这两种连接方式各有优缺点，机械连接稳定可靠、操作方便，非机械连接减重能力更为出色，在飞机装配中起到非常大的作用。当然也有将两者相结合的混合连接，如胶铆混合，它们发挥各自的优势，互相弥补，提高了连接件的强度、可靠性和密封性。

机械连接使用量大并且是重要结构承力件的选择，其中铆接是飞机连接方式中使用最多的，一般用于飞机壁板的内部装配，连接蒙皮、长桁、框等结构。例如，苏联第一架宽体喷气客机伊尔 86，全机铆钉约有 148 万个，占紧固件总数的 82%。螺栓连接一般用于设计分离面，承力性能更好，更方便拆卸，数量上比铆钉少很多，如伊尔 86 全机螺栓约有 15 万个。由于连接、检测的技术与装备不够成熟，胶接和焊接在往年应用不多，近年来随着技术的进步，连接强度和可靠性不断提升，应用范围逐渐扩大。

本章以机械连接为主，介绍飞机装配中的连接技术与装备。

5.1　机械连接技术的内涵

飞机机体上连接方法的选用取决于各部件的结构及其材料。例如，铝合金薄壁结构的飞机大量采用铆接，约占全机总连接量的 80%，当飞机部件采用以整体壁板和整体构件为主要结构时，铆接大量减少，而螺栓连接明显增多。

机械连接作为一种传统的连接方法，是其他连接方式无法代替的。机械连接成为飞机主要装配手段的主要原因如下：

(1) 连接强度大、耐腐蚀性能好、可靠性比较高；

(2) 使用的工具比较简单，成本较低；

(3) 对工件不要求进行预处理；

(4) 适合在空间开敞性差的部位施工；

(5) 检验直观、省工，出现故障容易排除。

机械连接施工现场如图 5-1 所示。

图 5-1　机械连接施工现场

机械连接技术是一项系统工程，包括紧固件、制孔、连接工艺、工具设备、检测等多方面的内容。

紧固件：两个或两个以上零件(或构件)紧固连接成为整体时所采用的一类机械零件的总称。

铆钉、螺栓均称为紧固件，在某些情况下也可称为连接件或标准件，本节进行简单辨析。连接件的内涵范围较大，有时还可以指管道接头的连接，也可以指被紧固件连接后的工件。标准件的内涵范围更大，所有结构、尺寸、画法、标记等各个方面已经完全标准化，由专业厂生产的常用的零(部)件都是标准件。紧固件是标准件的一种。因此本节采用紧固件这个准确的名称。

常用的紧固件有铆钉和螺栓，其连接受力形式分析如下。

(1)铆钉：通常将其设计成传剪的受力状态，或者是以受剪(F_Q)为主，如图 5-2(a)所示，如飞机表面蒙皮与桁条、翼肋和框的连接铆钉。在传递局部气动力时，铆钉可能处于受拉(F_P)状态，但在传递机体总体载荷时，铆钉一定处于受剪状态。

(2)螺栓：螺栓既可受剪也可受拉，视具体情况而定，一般结构中多使其处于受剪状态，如图 5-2(b)所示。

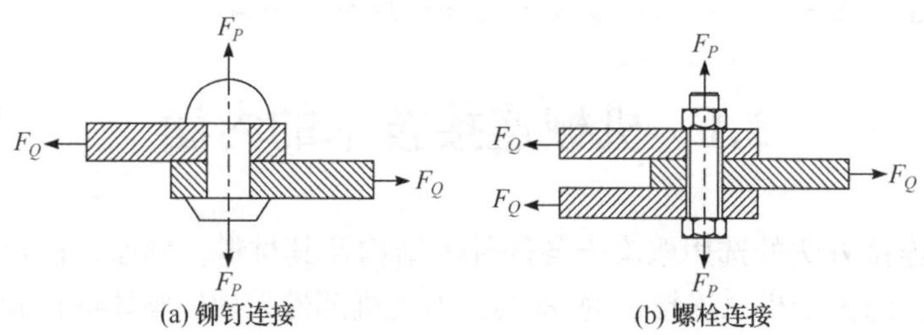

图 5-2　紧固件受力形式

5.2　制孔技术与装备

制孔的英文为 hole-making，只要可以把孔做出来的工艺均称为制孔，包括钻孔、扩孔、铰孔、锪窝、铣孔、镗孔、拉孔等。由于飞机中需要制孔的部位大多数是直径小(直径通常为 4～8mm)、厚度小(厚度通常为 0～10mm)的部位，多采用钻孔进行初加工，扩孔和铰孔进行精加工，铣孔、镗孔和拉孔等适用于大孔或深孔的工艺，在飞机装配中应用较少。当然也有个别部位需要进行大孔、深孔加工，如设计分离面连接接头处。复合材料、钛合金、合金钢组成的叠层结构厚度可以达到 80mm，孔径可以达到 30mm，这对于高精度制孔是一个挑战，需要制孔工艺的选择、刀具结构的设计、设备的研发共同保证。

5.2.1　制孔工艺的内涵

传统飞机装配中的制孔主要以风钻为主，存在制孔精度差、质量不稳定、效率低等问题。随着复合材料、钛合金等难加工材料在飞机上的应用逐渐增多以及对飞机性能要求的不断提高，传统制孔工艺已经不能满足当前的飞机装配要求。随着飞机装配技术向着自动化、数字化、柔性化和信息化发展，针对传统制孔工艺问题，制孔工艺方法在传统风钻制孔工艺的基础上，引进先进设备、技术，并通过研发和集成逐步应用自动制孔机床系统、柔性导轨制孔设备以及机器人制孔设备等类似设备及其配套技术。

手工制孔工艺，或多步制孔工艺，主要设备是轻便的手风钻，通过钻孔、扩孔、铰孔、锪窝等多步工序，完成孔的加工，如图 5-3 所示。手工制孔的主要优点是可以在一些开敞性较差的部位进行制孔操作，缺点是工作效率较低、制孔质量不稳定等。

钻孔：钻头在实心工件上钻出通孔或者较深(大于钻头直径的 2 倍)的盲孔。

扩孔：在工件原有的孔上扩大孔的直径。

铰孔：在孔壁上切除微量材料，以提高尺寸精度及孔壁表面精度。

锪窝：在已有孔的端面进行平面、柱面、锥面以及其他型面加工。

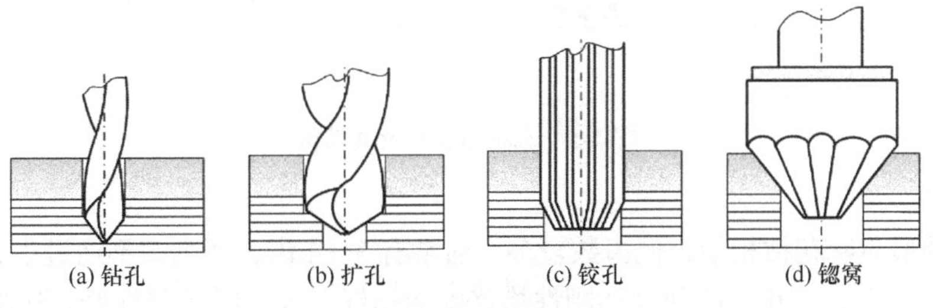

图 5-3　手工制孔工艺

采用自动制孔设备进行制孔时，重复定位难以避免出现误差，因此一般不采用分步制孔法。这就要求采用钻铰锪一体化复合刀具，如图 5-4 所示，机床定位后，一次完成钻孔、铰孔和锪窝等操作。由于刀长的限制，一般刀具切削部分由锪窝部分、铰削部分和钻削部分组成，有的刀具只有锪窝部分和钻削部分。

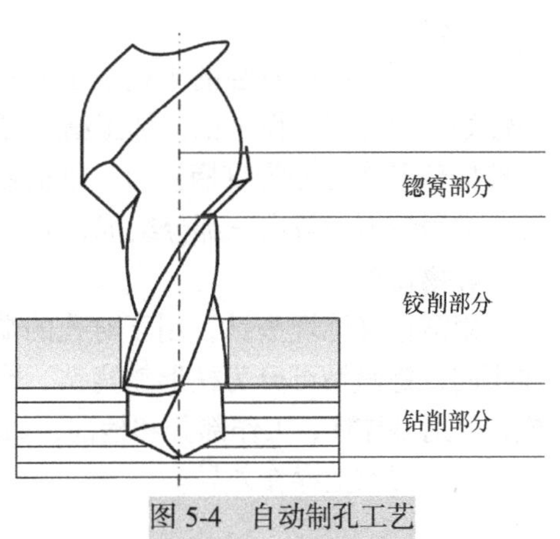

图 5-4　自动制孔工艺

5.2.2　制孔刀具

1. 刀具种类与用途

钻孔刀具除了钻孔、扩孔、铰孔、锪窝专用的刀具，还有在基本刀具类型基础上改型刀具，种类繁多，包括扁钻、麻花钻、中心钻、深孔钻、扩孔钻、锪窝钻、铰刀、一体钻、镗刀等，在机械加工相关图书中均有详细描述，本节仅介绍代表性刀具。

1) 麻花钻

麻花钻是一种形状较复杂的双刀槽孔加工工具，也是迄今为止应用最广泛的孔加工刀具，其结构性较强，有成熟的制造工艺及完善的刃磨方法，特别适合加工直径小于 30mm 的孔。麻花钻各几何参数角度依照《金属切削 基本术语》(GB/T 12204—2010) 和 ISO 3002 标准具有严格的定义。麻花钻由钻柄、钻颈、钻体三部分组成，如图 5-5 所示。

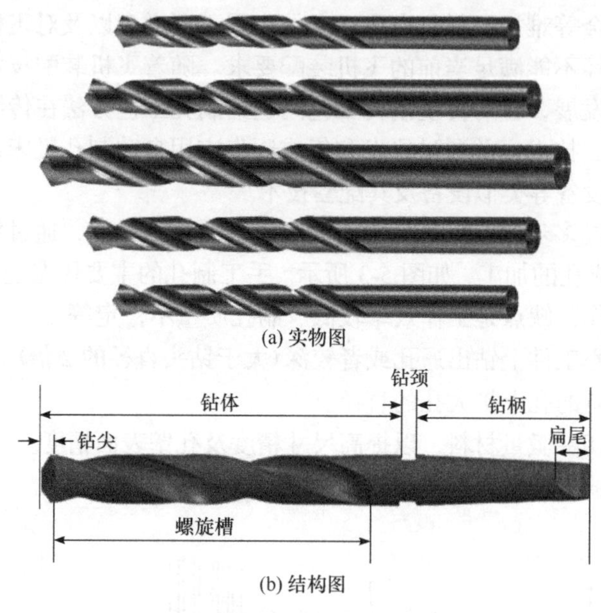

(a) 实物图

(b) 结构图

图 5-5 麻花钻实物及其结构

2) 扩孔钻

扩孔钻外形与麻花钻相似，但齿数较多，通常有 3～4 齿，切削刃不通过中心，无横刃，钻心直径较大，因此扩孔钻的强度和刚性均比麻花钻好；加工时导向性好，切削过程平稳，加工质量和生产效率也比麻花钻高。生产中也有将麻花钻作为扩孔钻使用的情况。

3) 铰刀

铰刀用于中小直径的半精加工与精加工。铰削加工余量小，铰刀齿数多，铰刀刚度和导向性好，因此其工作平稳，加工精度可达到 IT7～IT6 级，表面粗糙度 *Ra* 为 1.6～0.2μm。铰刀按柄部形式可分为直柄铰刀、锥柄铰刀；按螺旋方向可分为右旋铰刀、左旋铰刀和直刃铰刀。常用铰刀一般由三部分组成，分别是工作部分、颈部、柄部，如图 5-6 所示。

4) 锪窝钻

锪窝钻又称埋头钻，用于对孔的端面进行平面、柱面、锥面以及其他型面加工。根据用途不同，锪窝钻可分为柱形锪窝钻、锥形锪窝钻和端面锪窝钻三种。锪窝钻一般由三部分组成，分别是导柱、工作部分和柄部，如图 5-7 所示。根据连接件对孔端面的具体要求，锪窝钻在角度、刃数上存在差异。

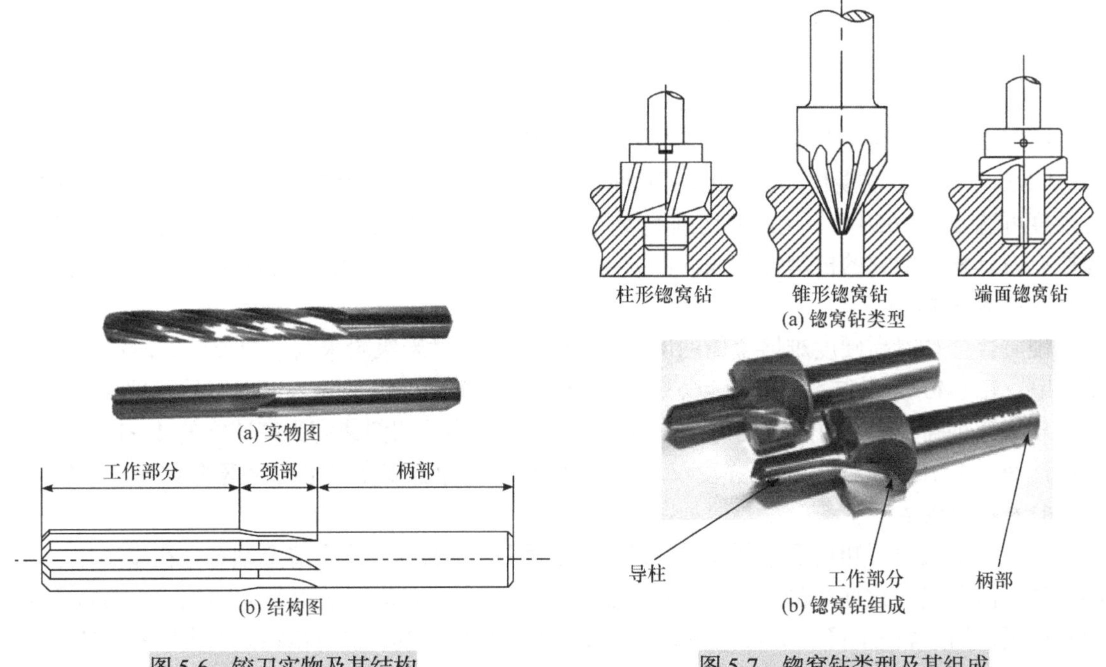

图 5-6　铰刀实物及其结构

图 5-7　锪窝钻类型及其组成

5) 一体钻

在自动化制孔工艺中，保证设备的重复定位精度成本较高，同时为了提高效率，一般要求制孔、锪窝一次完成，因此出现了各种类型的一体钻。一体钻根据加工对象和制孔质量等级的不同，选择性组合钻、扩、铰、锪等工作部分，形成阶梯状的复合型钻头，如图 5-8 所示。

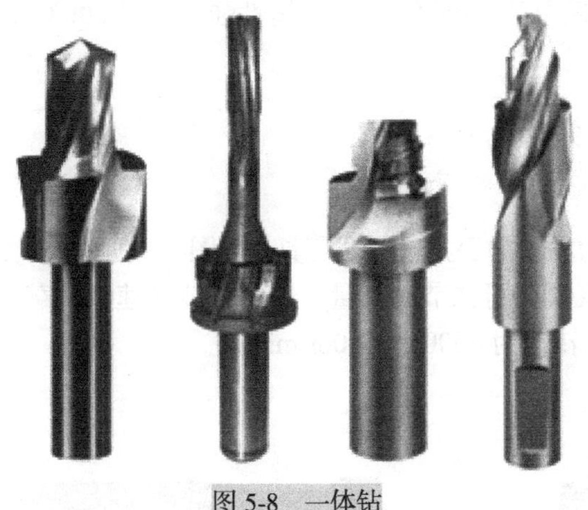

图 5-8　一体钻

2. 刀具材料

刀具材料包括切削部分材料和主体部分材料两类，刀具材料性能的优劣对切削加工过程、加工精度、表面质量以及生产效率有直接影响。切削部分材料要求具有高硬度、高耐磨性和高耐热性，主体部分材料要求刀具具有足够的强度和韧性。

在飞机装配制孔工艺中，应用较多的材料包括高速钢(high speed steel)、硬质合金(cemented carbide)、人造金刚石(synthetic diamond)、立方氮化硼(cubic boron nitride，CBN)

等。碳纤维增强基复合材料(carbon fiber-rein forced polymer，CFRP)、钛合金等难加工材料在飞机上的广泛应用，对制孔刀具材料提出了更高的要求。

1) 高速钢

高速钢全称为高速合金工具钢，也称白钢、锋钢，是在高碳钢中加入较多的合金元素 W、Cr、V、Mo 等与 C 生成碳化物制成的。高速钢晶粒细、硬度高，一般其淬火硬度可达 63～67HRC，红硬度可达 550～650℃，允许的切削速度是合金工具钢的 1～2 倍。高速钢具有较高的强度，在所有刀具材料中它的抗弯强度和冲击韧度最高，是制造各种刃型复杂刀具的主要材料。

2) 硬质合金

硬质合金是以高硬度难熔金属的碳化物(WC、TiC)微米级粉末为主要成分，以钴(Co)、镍(Ni)、钼(Mo)为黏结剂，在真空炉或氢气还原炉中烧结而成的粉末冶金制品。硬质合金耐热性较高速钢高很多，耐热温度可达 800～1000℃，允许的切削速度为高速钢的 4～10 倍，硬度可达 89～91HRA，但其抗弯强度仅为高速钢的 1/2，冲击韧度不足高速钢的 1/25～1/10。

3) 人造金刚石

金刚石是人们所知物质中硬度最高的物质，可达 10000HV，人造金刚石是在超高压、高温条件下由石墨转化而成的。人造金刚石的粉末可以人工合成工艺聚晶大颗粒，可直接作为刀具使用，如聚晶金刚石(polycrystalline diamond，PCD)刀具；也可以将人造金刚石粉末聚晶烧结在硬质合金表面上，形成厚度为 0.5mm 左右的涂层，如金刚石复合片(polycrystalline diamond compact，PDC)刀具。

4) 立方氮化硼

CBN 是由六方氮化硼在合成金刚石的相同条件下加入催化剂转变而成的。与人造金刚石相同，CBN 可分为整体聚晶 CBN 和复合 CBN。CBN 的硬度和耐磨性仅次于金刚石，但其耐热性高于金刚石(耐热温度可达 1400℃)，化学惰性强，但在 800℃以上易与水发生化学反应，因此不宜用水基切削液。

5.2.3 制孔工具与装备

1. 风钻

风钻是以压缩空气为动力的手持式打孔工具，如图 5-9 所示。风钻的优点为重量轻，尺寸小，可以手动控制，进气阀门可调节进气量，进而调节转速，超载时会自动停转。常用风钻的钻孔直径为 2～6mm，转速为 4000～20000r/min。

(a) 普通风钻

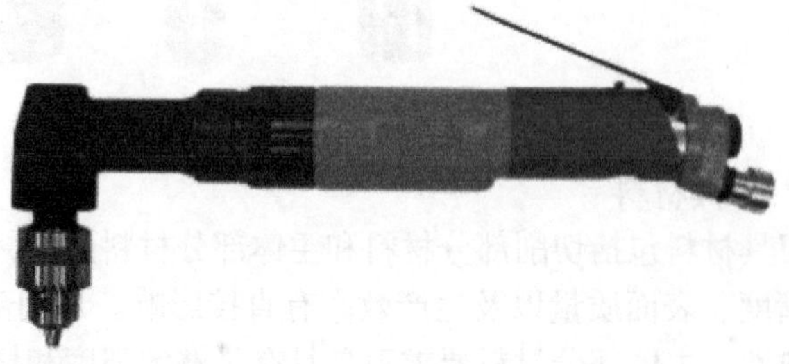

(b) 90°弯头风钻

图 5-9 普通风钻和 90°弯头风钻

弯头风钻与普通风钻的主体结构部分基本相同，只是将普通风钻的钻夹头换成了带弹性夹头的弯头结构。弯头是弯头风钻的特殊结构，用于适应各种狭窄部位钻孔。制孔部位的要求不同，弯头角度也不同，主要有 30°、45°、90°以及万向等。

2. 半自动制孔工具

现代航空业对飞机的安全性和可靠性提出了更高的要求，因此对飞机部件制造过程中的制孔也提出了非常严格的标准。现代飞机大量采用先进的合金材料和复合材料，为了保证制孔的质量和提高制孔的工效，对制孔工具提出了新的挑战和要求。

近年来，市场上出现了针对性的半自动制孔解决方案，这里的“半自动”是相对机器人、机床自动制孔设备而言的，半自动制孔需要人工参与定位夹紧，设备自主进行进给和转速的控制。相比于传统风钻，半自动制孔具有以下优势：

(1)具有较高的钻孔精度，可以轻松达到 H7 级精度；

(2)具有较高的表面光洁度；

(3)具有较高的锪窝定位精度，可达 0.02mm；

(4)钻孔、铰孔和锪窝一次完成，简化工艺，提高工效。

半自动制孔工具以 Desoutter(马头动力工具)旗下 Seti-Tec Line 公司的自动(先进)制孔单元(automatic(advanced) drilling units，ADU)和电动先进制孔单元(electric advanced drilling units，EDU)为典型代表。

ADU 在行业内通常称为自动进给钻，如图 5-10 所示。ADU 以压缩空气为动力，由内置涡轮气马达的动力模块和机头组成，集计数器、冷却、吸尘、润滑、微啄等功能于一体。

EDU 在行业内通常称为电动自动进给钻，如图 5-11 所示。EDU 与 ADU 相比，它们的本质区别在于 EDU 由电力提供动力。电动与气动相比，其转速和进给能够精确控制，并且可以实现制孔过程中参数调整。

图 5-10　自动进给钻

图 5-11　电动自动进给钻

3. 自动制孔设备

自动制孔设备是指具有能够在无人干预的情况下按预定的程序或指令自动进行制孔操作的设备，一般由设备主体、制孔执行末端、控制系统等组成。自动制孔设备主要分为机器人自动制孔设备和数控机床式自动制孔设备两大类。其中，机器人自动制孔设备主要包括关节臂机器人制孔设备、(并联)混联机器人制孔设备、柔性轨道机器人制孔设备和爬行机器人制孔设备等。数控机床式自动制孔设备主要包括大型卧式五坐标自动制孔机床、并联机构式自动制孔机床等。

关节臂机器人制孔设备主要由机器人系统模块、制孔执行器模块、视觉检测系统模块和上位机模块四部分，如图 5-12 所示。其中，机器人系统模块的主要作用是根据制孔任务移动制孔执行器到目标位置，主要由机器人本体和机器人控制器组成；制孔执行器模块与工件接触完成制孔任务，主要由制孔执行器本体程序逻辑控制(program logic control，PLC)系统组成；视觉检测系统模块主要由上位机和机器人控制器提供孔的位置信息；上位机模块主要用于软件层控制系统启动/停止、制孔参数设置以及各个设备运行状态的监控。

图 5-12　南京航空航天大学研制的关节臂机器人制孔设备实物图

关节臂机器人属于串联悬臂结构，刚性较差，南京航空航天大学团队突破了机器人精度补偿、基准检测、法向找正、离线编程、集成控制、钻铆一体化多功能末端执行器等关键技术，形成机器人制孔、铣削、钻铆等系列化机器人钻铆和机床钻铆装备，在新一代军用机、导弹、飞船上得到了应用验证。

混联机器人作为一种新型的工业机器人，以并联机构为补充，克服串联机构的劣势，具有大工作空间、高刚性、高精度、高静/动态特性等优点。天津大学团队研发的 TriMule 系列混联机器人用于制孔加工，如图 5-13 所示。

(a) TriMule-200

(b) TriMule-600

(c) TriMule-800

图 5-13　天津大学研制的 TriMule 系列混联机器人实物

柔性轨道机器人制孔设备包括柔性轨道、制孔执行器。设备自身由真空吸盘吸附在工件上，柔性轨道贴合工件的外形，完全附着在工件上制孔，轨道具有适应不同曲率型面的柔性，可以用同一设备在不同形式和外形的部件(如机身和机翼)上制孔，如图 5-14 所示。该类设备可以用于机身对接部位的自动钻孔，也可以用于机翼蒙皮与肋或长桁连接、机翼与前后梁连接、翼身对接、机身壁板拼接等部位的自动制孔。

图 5-14　南京航空航天大学研制的柔性轨道机器人制孔设备

爬行机器人制孔设备主要由多位置真空吸盘、制孔机器人、摄像系统等结构组成，该设备从形式上来看是一种多足式机器人，可以在机身表面行走，如图 5-15 所示。足上吸盘将设备吸附在工件表面进行制孔作业。对其末端执行器稍加改动即可配备紧固件孔注胶和紧固件安装功能。该类设备可用于绝大多数航空航天材料(铝合金、碳纤维、玻璃纤维等)，特别适用于机身桶段蒙皮和机身段，同时也适用于其他各种几何形状飞机部件的装配。

图 5-15　南京航空航天大学研制的爬行机器人制孔设备

5.2.4　螺旋铣孔技术与装备

1. 螺旋铣孔工艺

螺旋铣孔是一种全新的孔加工方法，与传统的钻孔加工有很大的区别，其实质是一个断续铣削加工的过程，由两种运动合成，第一种运动是主轴的高速旋转，第二种运动是刀具中心轴绕孔中心做旋转运动的同时 z 轴向下进给，如图 5-16 所示。

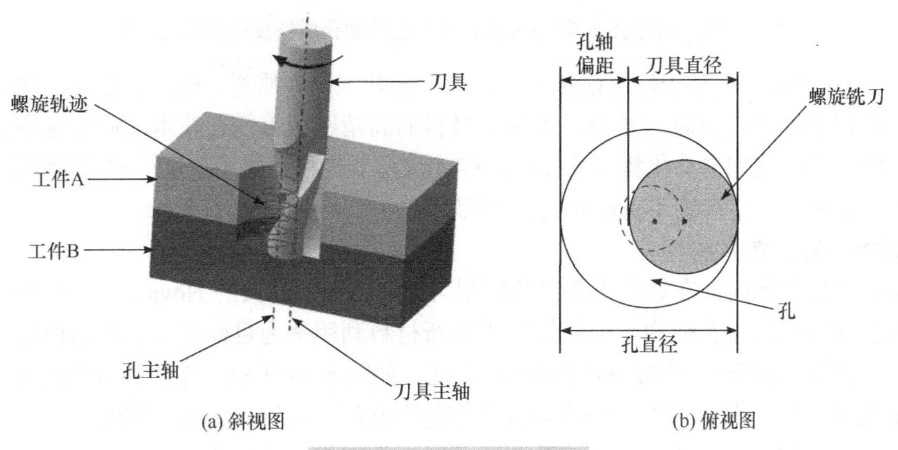

图 5-16　螺旋铣孔加工原理

螺旋铣孔主要有以下三个特点：

(1)刀具中心的轨迹是螺旋线而非直线，即刀具中心与所加工孔的中心不重合，是偏心加工过程。孔的直径与刀具的直径不同，突破了传统的钻孔一把刀具加工同一直径孔的局限，实现了单一直径刀具加工一系列直径孔的目的。在实际生产加工过程中，有效地减少了换刀次数，缩短了换刀时间，这不仅提高了加工效率，还大大减少了存刀数量和种类，进而降低了加工成本。

(2)螺旋铣孔工艺过程是断续切削过程，有利于刀具的散热，降低了温度累积而造成刀具磨损、破损失效的风险。螺旋铣孔过程中冷却液的使用与传统的钻孔相比有很大的改进，整个铣孔过程的冷却可以采用微量润滑，以及空冷的方式实现，是一个绿色加工过程。

(3)铣削加工切削变形与钻削加工切削变形原理的差异，导致切削抗力和排屑难易程度不同，螺旋铣孔的偏心加工方式使得切屑有足够的空间从孔槽中排出，排屑方式不再是影响已加工孔表面粗糙度的主要因素。

螺旋铣孔作为新兴的制孔技术有如下优势。

(1)制孔质量好：刀具直径小于孔的直径，排屑方便，表面质量不再受排屑的影响，切削力小，缩孔小。

(2)刀具寿命长：非连续加工有利于刀具散热。

(3)加工范围广：切削力小，可以加工复合材料、难加工材料。

(4)柔性化程度高：一把刀具可以加工不同直径的孔，减小了刀具库存量，提高了加工柔性。

(5)自动化程度高：轴向力小，可以应用于工艺机器人终端。

(6)加工效率高：工艺简单，避免了传统、复杂的制孔工艺，不需要另外拆卸除屑。

(7)加工绿色环保：非连续加工有利于刀具散热，减少甚至避免使用冷却液。

螺旋铣孔工艺与传统钻孔工艺的制孔质量及切屑形式对比如图 5-17 所示。

(a) 制孔质量

(b) 切屑形式

图 5-17 螺旋铣孔工艺与传统钻孔工艺的制孔质量及切屑形式对比

由图 5-17 可见，相对于传统钻孔工艺，螺旋铣孔工艺在质量、效率、成本、环保等方面均有显著的优势。在航空航天领域，难加工材料的高精密螺旋铣孔技术的应用也取得了良好的效果。随着飞机装配自动化程度的提高，螺旋铣孔工艺在某些场合逐步取代传统钻孔工艺，成为自动高精密制孔生产线不可或缺的组成部分。

2. 螺旋铣孔装备系统

目前在世界范围内，在螺旋铣孔设备研制与推广方面，瑞典的 Novator AB 公司最具有代表性。该公司以提高制孔效率、孔质量以及高新材料利用率为目标进行了广泛而深入的螺旋铣孔研究，创新性地开发了 Orbital Drilling 系统，如图 5-18 所示。作为高级钻孔方案基础的 Twinspin 管理软件，其可以在工程中一次设定每个孔的全部钻孔参数，同时还可以进行所有孔设置的批量操作，在钻孔过程中该系统还可以提供在线实时检测与记录功能。大连理工大学和天津大学的团队也相继研发了螺旋铣孔装备。

(a) 基于六坐标机器人的螺旋铣孔系统

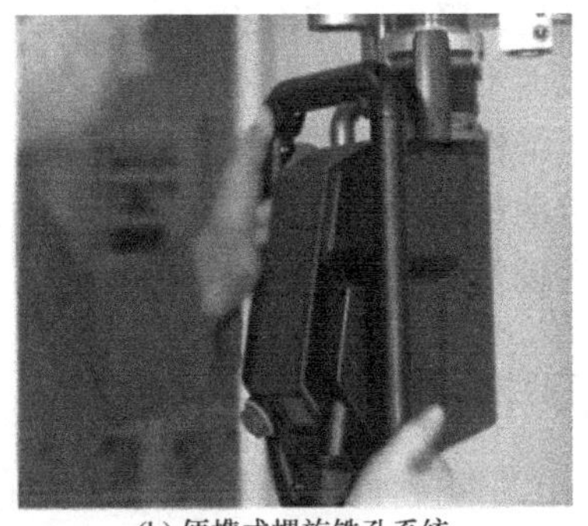

(b) 便携式螺旋铣孔系统

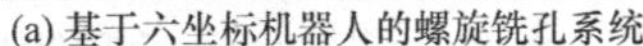

图 5-18　Novator AB 公司研制的螺旋铣孔设备

5.3　铆 钉 连 接

飞机制造业发展之初借鉴了很多造船厂的技术，铆钉连接也是造船工艺的延续。在第一次世界大战以前，造船工艺中应用铆接的地方比焊接多，这是因为铆接工艺相对简单，而焊接工艺在当时并不完善。因此，第一次世界大战以前的大部分大型船舶，大多是以铆接工艺为主建造船壳。例如，在第一次世界大战前著名的泰坦尼克号，它就是以铆接工艺为主建造的，首次航行时侧面剐蹭冰山导致迅速沉没，也有专家怀疑其沉没的主要原因是使用了不符合规格要求的铆钉。目前，铆钉连接在造船工艺中的位置早已被焊接取代，但在飞机装配中仍在使用，继续扮演着连接工艺中最为重要的角色。

铆钉连接是一种不可拆卸的连接形式，从飞机机体采用铝合金薄壁结构开始，就得以广泛应用。与其他连接形式相比，虽然铆钉连接降低了结构的强度，疲劳性能较差，并且增加了结构的重量，铆接变形大，手工劳动量的比重大，劳动条件较差，但它的工艺过程简单，连接强度稳定可靠，检查和排除故障容易，可以适用于复杂结构的各种金属及非金属材料之间的连接，因此目前铆钉连接仍然是一种广泛采用的连接方法。为了改善劳动条件、提高生成效率、保证铆接质量，后来发展了自动钻铆技术、电磁铆接技术、铆钉塑性改善技术等。

5.3.1　铆接的内涵

铆接：即铆钉连接，是利用轴向力将零件铆钉孔内钉杆镦粗，产生塑性变形并形成钉头，使多个零件相连接的方法。

铆接的优点主要有：

(1) 工艺过程简单，容易掌握；

(2) 连接强度稳定可靠；

(3) 便于检查和排除故障；

(4) 所用设备机动灵活，并能适应比较复杂和不够开敞的结构，还能适应复杂结构的各种金属及非金属材料之间的连接。

铆接的缺点主要有：

(1) 破坏结构，降低了结构的强度，疲劳性能较差；

(2) 蒙皮表面不够光滑，气动性能受影响；

(3) 增加了结构的重量；

(4) 手工劳动量的比重大，劳动条件较差；

(5) 密封性较差。

5.3.2 铆接种类及其特点

飞机结构中的铆接种类有很多，虽然都称为铆接，但它们不同的性能要求和结构空间约束导致铆钉类型、原理、施工方法等有很大的不同，本节从铆接的种类和铆接施工方法两个角度介绍铆钉的种类及特点，后续章节将针对重要的种类进一步详细介绍。

1. 铆接的种类

根据不同的分类方法对铆接进行分类，如表 5-1 所示。

表 5-1 铆接的种类

分类方法	铆接种类	释义	说明
按用途分类	普通铆接	在结构没有特殊要求的部位，采用半圆头铆钉、平锥头铆钉、沉头铆钉、120°沉头铆钉、大扁圆头铆钉，形成标准镦头或90°、120°沉镦头的铆钉连接形式	普通铆接包括： (1) 凸头铆钉铆接； (2) 沉头铆钉铆接，又称沉头铆接； (3) 双面沉头铆接
	密封铆接	在有结构要求如防漏气、防漏油、防漏水和防腐蚀等的部位，采用不同的密封方法来防止气体或液体从铆接件内部泄漏的铆钉连接形式	密封铆接包括： (1) 在铆缝贴合面处附加密封剂的铆接； (2) 在铆钉处附加密封剂或密封元件的铆接； (3) 干涉配合铆接
	特种铆接	在结构主要受力或不开敞、封闭等部位，采用不同于普通铆钉形状和铆接方法的环槽铆钉、高抗剪铆钉、螺纹空心铆钉、抽芯铆钉等的铆钉连接形式	通常以铆钉的名称命名该铆接形式的名称，如环槽铆钉铆接、拉丝型抽芯铆钉铆接等
按铆接后钉与孔配合性质分类	干涉配合铆接	铆接前，在一定的钉与孔配合间隙的条件下，铆接时适当控制钉杆的镦粗，使孔壁受挤压而胀大，铆接后形成一定的、比较均匀的干涉量	干涉配合铆接包括： (1) 普通铆钉干涉配合铆接； (2) 无头铆钉干涉配合铆接； (3) 冠头铆钉干涉配合铆接
	非干涉配合铆接	不能形成比较均匀的干涉量的铆接	—
按铆接时接近工件情况分类	双面铆接	从两面接近工件完成铆接	双面铆接主要包括普通铆接、密封铆接和特种铆接中的环槽铆钉与微铆型高抗剪铆钉铆接等
	单面铆接	仅从单面接近工件完成铆接	单面铆接主要包括螺纹抽芯高抗剪铆钉铆接、螺纹空心铆钉铆接、拉丝型抽芯铆钉铆接、鼓包型抽芯铆钉铆接等

2. 铆接施工方法

根据不同的分类方法对铆接方式进行分类，不同铆接方式的施工方法如表 5-2 所示。

表 5-2　不同铆接方式的施工方法

分类方法	铆接方式	施工方法	说明
按工具设备分类	手铆法	用顶把顶住铆钉头，冲头顶住铆钉杆，借助于手锤的敲击力形成镦头的方法	—
	冲击铆法	借助于铆枪的冲击力和顶把的顶撞作用而形成镦头的方法	—
	正铆法	是冲击铆法的一种，将顶把顶住铆钉头，铆枪的冲击力直接作用在铆钉杆上而形成镦头的方法	—
	反铆法	是冲击铆法的一种，将铆枪的冲击力作用在铆钉头上，用顶把顶住铆钉杆而形成镦头的方法	—
	拉铆法	用拉枪或旋转工具产生轴向拉力，使拉铆型铆钉形成镦头的方法	拉枪的轴向拉力作用于紧固件中的一个元件上，使紧固件中的另一个元件变形而成镦头
	压铆法	借助于压铆设备的静压力，通过上、下铆模挤压铆钉杆而形成镦头的方法	—
	单个压铆法	是压铆法的一种，每次只铆接一个铆钉	—
	成组压铆法	是压铆法的一种，每次可铆接两个或两个以上的铆钉	—
	自动钻铆法	在钻铆机上，逐个自动完成确定孔位、制孔、锪窝、放钉和施铆等全过程的铆接方法	—
	应力波铆接法	利用脉冲电流，周围形成强脉冲磁场所产生的大振幅应力波使铆钉在瞬间（0.001s 内）塑性变形完成铆接的方法，又称电磁铆接法	应力波是指外载以毫秒或微秒，甚至更短暂的时间作用于固体介质表面上引起的应力，在固体介质中以波动形式传播
按施工温度分类	冷铆法	施铆时铆钉在室温下形成镦头的铆接方法	—
	热铆法	施铆时铆钉在加热状态下形成镦头的铆接方法	—

3. 特点和应用范围

各种铆接方式的特点和应用范围如表 5-3 所示。

表 5-3　各种铆接方式的特点和应用范围

铆接方式	特点	应用范围
普通铆接	工艺过程比较简单，方法成熟，连接强度稳定可靠，应用范围广，但铆接件变形较大	广泛应用于机体各种组件和部件，其中半圆头、平锥头铆钉连接用于机体内部结构及气动外形要求低的外蒙皮，沉头铆接主要用于气动外形要求高的外蒙皮，大扁圆头铆钉连接主要用于气动外形要求较低的蒙皮及油箱舱等部位
密封铆接	消除结构缝隙，堵塞泄漏途径，工艺过程比较繁杂，密封材料的敷设要在一定的施工温度、湿度等环境下进行	用于有密封要求的部位和结构，如整体油箱、气密座舱等
特种铆接	铆接效率高、操作简单，可以适应结构的特殊要求；铆钉结构比较繁杂，制造成本高，应用范围较小，铆接故障不易排除	可用于结构有特殊要求的部位，还可用于修理和排除故障

续表

铆接方式	特点	应用范围
干涉配合铆接	疲劳寿命长，可以对钉孔起密封作用，从根本上提高了铆接质量，但铆钉孔精度要求高，铆接前钉与孔的配合间隙要求严格	用于抗疲劳性能要求高或有密封要求的组件、部件等
手铆法	工具简单，操作方便，但效率低	有时用于小组件、托板螺母和双面沉头铆接
冲击铆法	适用于各种铆接结构，甚至不开敞的、较复杂的结构，铆接时装配件可处于各种位置和状态；与压铆法相比，冲击铆法质量稳定性较差、效率低、噪声大	用于普通铆钉铆接、镦铆型环槽铆钉铆接和镦铆型高抗剪铆钉铆接
正铆法	与反铆法相比，正铆法铆接变形小，蒙皮表面质量好，但劳动强度大，效率低，应用范围受结构的限制	用于蒙皮表面质量要求高的沉头铆接和普通铆钉干涉配合铆接
反铆法	应用范围广、顶把轻(相对于正铆顶把重量)，能够使零件贴紧，但铆接变形较大，严重时铆钉头周围会有局部下陷	主要适用于结构不开敞部位、涂覆密封剂部位的密封铆接，以及各种结构的铆接
拉铆法	操作简单，效率高，但铆接质量不够稳定	用于拉铆型环槽铆钉铆接、螺纹抽芯高抗剪铆钉铆接、螺纹空心铆钉铆接、拉丝型抽芯铆钉铆接、鼓包型抽芯铆钉铆接等单面连接
压铆法	钉杆能较均匀地镦粗而填满钉孔，质量稳定，表面质量好，效率高，劳动条件好，但应用范围受结构限制，由于手提压铆机和压铆模的不断改进，其应用范围不断扩大	用于开敞性好的组件(如肋、框、梁、壁板等)的平锥头铆钉铆接和沉头铆接
自动钻铆法	铆接质量高，效率高，劳动条件好，但设备复杂，价格昂贵	用于无头铆钉干涉配合铆接、镦铆型环槽铆钉铆接、抽芯铆钉铆接，也可用于普通铆钉铆接
应力波铆接法	铆接过程中铆钉材料向各方向同步流动，即铆钉孔的填充和铆钉镦头的形成同步完成，因此可以形成比较均匀的干涉量。其疲劳寿命相当于或高于无头铆钉干涉配合的铆接，铆接时不需要精加工孔和大吨位的压铆机，工件变形小，但设备复杂，寿命短，噪声大，使用不够方便	用于用手铆接较难成形的钛合金、高温合金、合金钢铆钉和大直径铆钉，铆接碳纤维环氧复合材料还可用于抗疲劳性能要求高的干涉配合铆接
热铆法	镦头成形容易，不易产生裂纹，比冷铆质量好，但工具设备较复杂	用于钛合金铆钉铆接

5.3.3 普通铆接

普通铆接是在结构没有特殊要求的部位，采用半圆头铆钉、平锥头铆钉、沉头铆钉、120°沉头铆钉、大扁圆头铆钉，形成标准镦头或90°、120°沉镦头的铆钉连接形式。

最常用的是凸头或埋头铆钉铆接，其铆接过程是制铆钉孔—制埋头窝(对埋头铆钉而言)—放铆钉—进行铆接，如图 5-19 所示。

铆接过程中将钉杆镦粗，并在钉杆的一端形成镦头。镦头尺寸在国标规定的范围内时，铆缝的强度最大，同时选用的钉杆最短。当镦头直径 D 过大或过小，超出 $D=(1.50\pm0.1)\times d$ 时，铆缝质量较差，强度降低。铆钉长度的选择和镦头尺寸要求如表 5-4 所示。

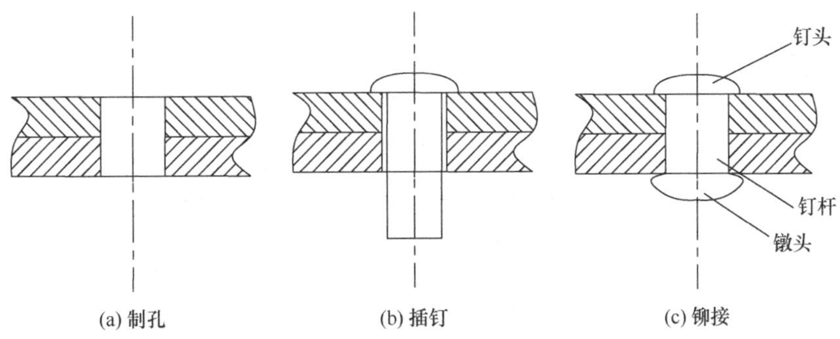

(a) 制孔　(b) 插钉　(c) 铆接

图 5-19　普通铆接工艺

表 5-4　铆钉铆接后的尺寸

铆钉直径 d/mm	铆钉长度 L/mm	镦头直径 D/mm	镦头高度 h/mm	简图
2~3	$1.4d+S$	$(1.50\pm0.1)\times d$	$0.4d$	
3.5~4.0	$1.3d+S$			
5~6	$1.2d+S$	$(1.45\pm0.1)\times d$		

注：S 为板厚。

典型的普通铆接过程和工序内容如表 5-5 所示。

表 5-5　普通铆接过程和工序内容

序号	工艺过程	工序内容	工艺方法	附注
1	零件的定位与夹紧	零件定位	(1) 按划线； (2) 按装配孔； (3) 按基准零件或已装零件； (4) 按装配夹具	有些零件需要修合
		零件夹紧	(1) 用弓形夹或手虎钳； (2) 用定位销； (3) 用工艺螺栓； (4) 用工艺铆钉； (5) 用夹具压紧件； (6) 用橡皮绳等	—
2	确定孔位	在铆缝上排铆钉孔	(1) 按划线； (2) 按导孔； (3) 按冲点	—
			(1) 按专用样板； (2) 按钻模	(1) 划出位置； (2) 直接钻孔
3	制孔	钻孔	(1) 用风钻； (2) 用台钻、摇臂钻等； (3) 在自动钻铆机上钻孔	—

续表

序号	工艺过程	工序内容	工艺方法	附注
3	制孔	冲孔	(1)手动冲孔钳； (2)手提式冲孔机； (3)台式冲孔机	—
		铰孔	(1)手铰； (2)风钻铰孔(用通用手铰刀)	—
4	制窝	锪窝	(1)钻孔后单独锪窝； (2)钻孔的同时锪窝	—
		压窝	冷压窝： (1)用手打冲窝器； (2)用压窝钳； (3)用压窝机； (4)用压铆机； (5)用铆钉头	通过阴、阳压窝模压窝，其中用铆钉头压窝是以铆钉头作为阳模
			热压窝：用专用热压窝机	—

按铆接工具设备分类，普通铆接的常用铆接方法有手铆法、锤铆法和压铆法，下面逐一介绍。

1) 手铆法

手铆法是用顶把顶住铆钉头，冲头顶住铆钉杆，用手锤沿铆钉轴线方向敲击冲头，使铆钉杆形成镦头。手铆法工具简单，操作方便，但效率低。手铆法适用于小组件、托板螺母和双面沉头铆接。

2) 锤铆法

锤铆法是利用铆枪的活塞撞击铆卡，铆卡撞击铆钉，在铆钉的另一端由顶铁顶住，使钉杆镦粗，形成镦头，如图 5-20 所示。

图 5-20　锤铆法施工现场

锤铆法适用于各种铆接结构，甚至不开敞的、较复杂的结构，铆接时装配件可处于各种位置和状态；与压铆法相比，锤铆法质量稳定性差、效率低、噪声大。锤铆法适用于普通铆钉铆接、镦铆型环槽铆钉铆接、镦铆型高抗剪铆钉铆接。

用锤铆时，有正铆和反铆两种方法。正铆是用顶铁顶住铆钉头，铆枪的锤击力直接打在钉杆上而形成镦头；反铆是用铆枪在铆钉头那面锤击，用顶铁顶住钉杆一端而形成镦头，如图 5-21 所示。

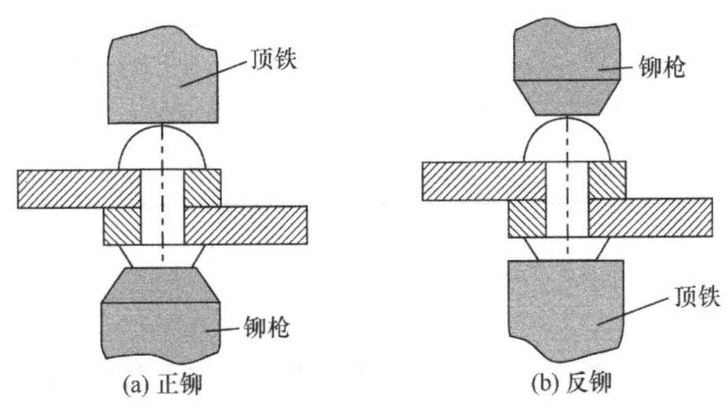

图 5-21　正铆和反铆

铆枪主要由手把、枪体、扳机、管接头等组成，枪体顶端孔内可安装各种罩模和冲头，以便进行铆接和冲铆工作。

3) 压铆法

压铆法是借助压铆设备的静压力，通过上、下铆模挤压铆钉杆而形成镦头的方法，具有铆接质量稳定、劳动生产率高、工件变形较小、工人劳动条件好等优点。

压铆法可分为单个压铆法和成组压铆法。单个压铆法是指每次只铆接一个铆钉，而成组压铆法是指每次可铆接两个或两个以上的铆钉。

在压铆过程中，钉杆能较均匀地镦粗而填满钉孔，虽然压铆法质量稳定、表面质量高、效率高、劳动条件好，但其应用范围受结构限制，随着手提压铆机和压铆模的不断改进，其应用范围不断扩大。压铆法适用于开敞性好的组件(如肋、框、梁、壁板等)的平锥头铆钉铆接、沉头铆接。无头铆钉压铆过程示意图如图 5-22 所示。

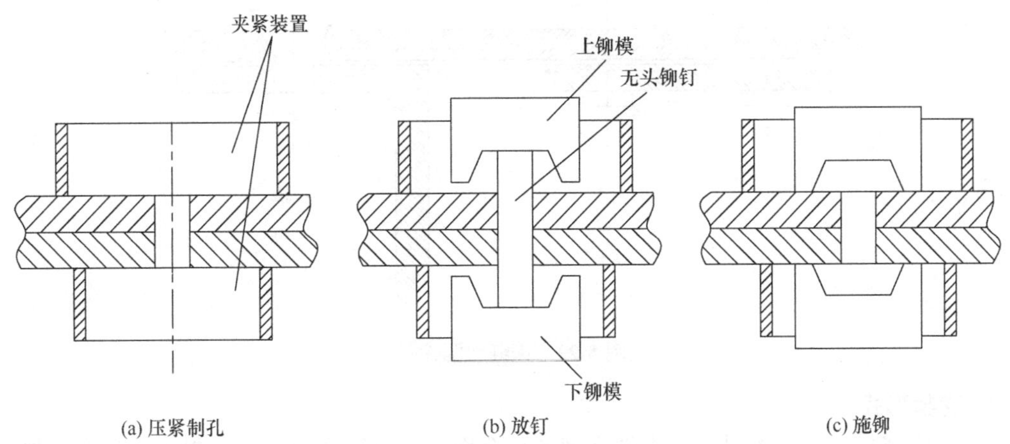

图 5-22　无头铆钉压铆过程示意图

压铆过程中要严格控制施铆力，它将影响铆钉镦头的几何尺寸和铆接件的下凹量。压铆过程中施铆力的大小与铆钉材料和铆钉几何尺寸选取关系如表 5-6 所示。

表 5-6 压铆所需施铆力

铆钉材料	不同铆钉直径所对应的施铆力/N							
	2.6mm	3.0mm	3.5mm	4.0mm	5.0mm	6.0mm	8.0mm	10.0mm
铝合金	8000	9500	15000	20000	30000	39000	80000	125000
碳素钢	11000	17000	22000	28000	42000	52000	100000	155000
合金钢	18000	25000	34000	43000	58000	80000	120000	—

5.3.4 密封铆接

飞机在高空中飞行，气压随飞行高度的增加而降低，为了使座舱内有一定的气压，保证乘坐人员有舒适的工作和生活环境，舱体必须密封。由于飞机经常处于高温、严寒等恶劣的环境中飞行，密封要求比较高。

现代飞机的机身和机翼的一部分结构形成整体油箱。对于整体油箱，对其要求是不漏油，无论在高温或低温下还是各种载荷下，都要保证不漏油。

密封铆接：在有结构要求如防漏气、防漏油、防漏水和防腐蚀等的部位，采用不同的密封方法来防止气体或液体从铆接件内部泄漏的铆钉连接形式。

密封铆接结构应能够承受一定的内外压差。例如，对于气密座舱，压力可能达到 0.8MPa；对于密封材料，要求能够承受−70～100℃（高温密封可达 300℃）的温度变化，且要求在各种气体、燃油、氧气中能够保持稳定。密封结构不仅应能够承受静载荷，还应能够承受振动载荷。总之，密封铆接结构在强度、密封、重量、寿命等方面都有严格的要求。

普通铆接不能密封，其泄漏途径（图 5-23）有两种：①沿铆钉（或螺钉）与钉孔之间的缝隙泄漏；②沿零件之间的缝隙泄漏。密封铆接就是消除这些缝隙以防止泄漏。

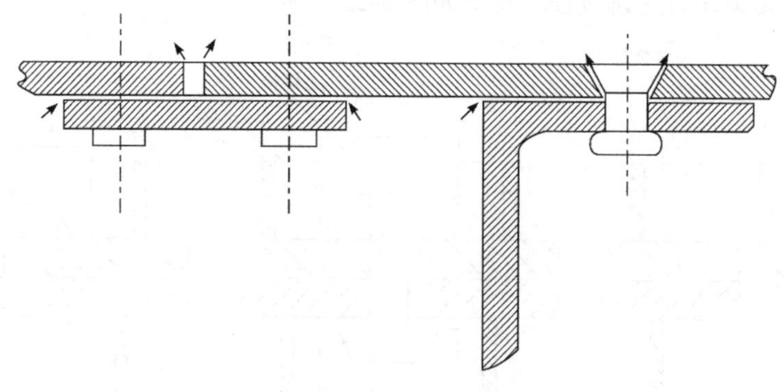

图 5-23 铆缝泄漏途径

1. 密封形式

（1）缝内密封。缝内密封是在零件之间的贴合面上以及钉孔处涂以密封胶、腻子或敷上胶膜，如图 5-24 所示。缝内密封既能消除沿铆钉与钉孔之间的缝隙泄漏，又能消除沿零件之间的缝隙泄漏，因此这是一种可靠的密封方式。各零件在涂胶前应先进行预装配制出钉孔；然后分解去毛刺，用汽油丙酮清洗和涂胶，重新装配并对准孔；最后铆接或螺接。因此，缝内密封工序烦琐，工作量是普通铆接的 3 倍。密封胶有一定的活性期，只要超过这个时间，胶就会失去黏性，影响密封性能，因此除胶以后必须在规定的时间内完成铆接。缝内也可以用密封胶膜，其突出的优点是涂敷方便、干净，改善了劳动条件。

(2)缝外密封。铆接以后，在铆缝外涂以密封胶，称为缝外密封，如图 5-25 所示。缝外密封是在结构装配和连接好以后进行的，因此工序比缝内密封少，多数情况是与缝内密封同时采用，以确保结构的密封性。涂胶时先洗净铆缝处，刷第一遍稀胶，使胶液渗透到夹缝中，然后在铆缝及铆钉上刷第二遍稠胶，最后用刮铲刮掉气泡。

(3)表面密封。表面密封是在缝内密封、缝外密封之后，再涂一层密封胶，用于整体油箱，以确保结构的密封性能。图 5-26 为同时采用三种密封形式示意图。

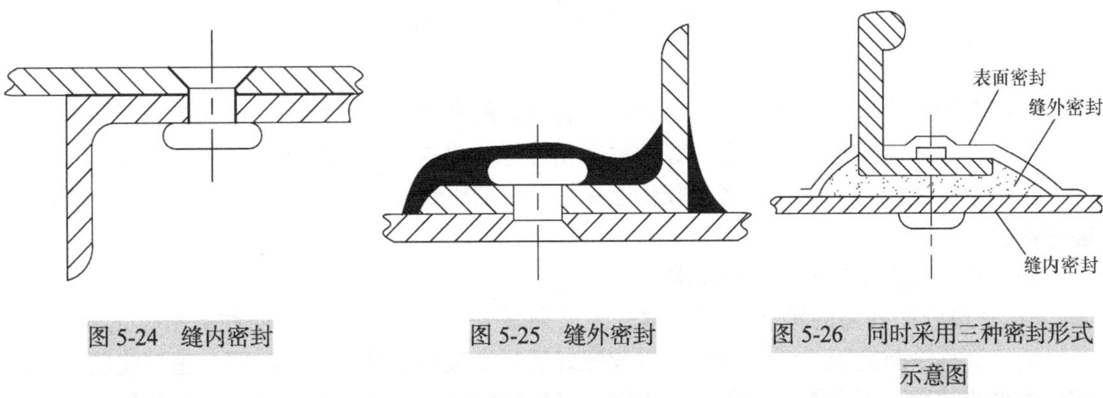

图 5-24　缝内密封　　图 5-25　缝外密封　　图 5-26　同时采用三种密封形式示意图

(4)紧固件自身密封。只要是具有干涉配合的铆钉和螺栓，铆接后都具有自身密封性能，如图 5-27 所示。图 5-27(a)为镦埋头铆钉，从密封性能方面来看，镦埋头铆钉在铆接后，埋头部分铆钉和孔形成紧配合，从而获得良好的密封性。图 5-27(b)为全冠头铆钉。图 5-27(c)为半冠头铆钉，常用于气密座舱。图 5-27(d)为 BRILES 铆钉，其是在冠头铆钉的基础上发展而来的，它的埋头锥度较小，凸出部分有倒角，高度较小，顶部是平面，便于手铆。

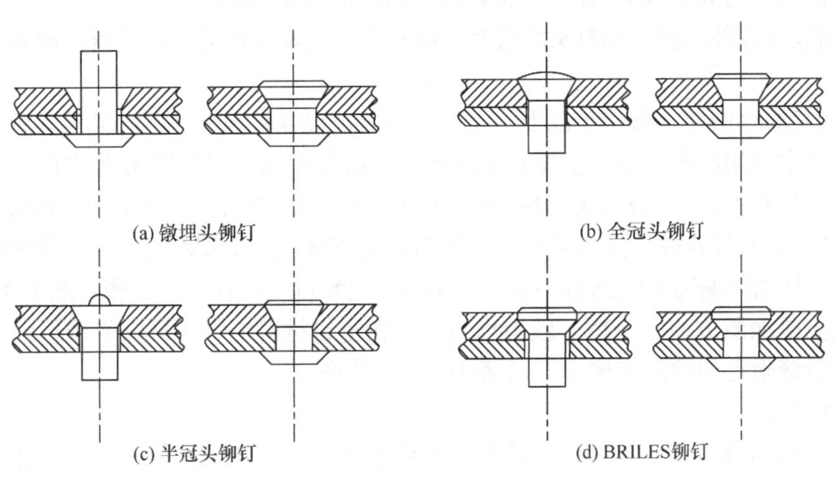

图 5-27　密封铆钉

密封铆钉结构与普通铆钉相比，有以下特点：①钉杆端面带圆角；②铆钉头上表面带圆弧凸面或锥形凸面。这两点共同的作用是在铆接时减少铆钉与铆卡和顶把的接触面积，使作用力集中在钉杆的中心线附近，有利于钉杆的镦粗，起到自身密封的作用。

除此之外，还有在锥形钉杆的铆钉上附加铝套或橡胶圈的密封方法等，如图 5-28 所示。

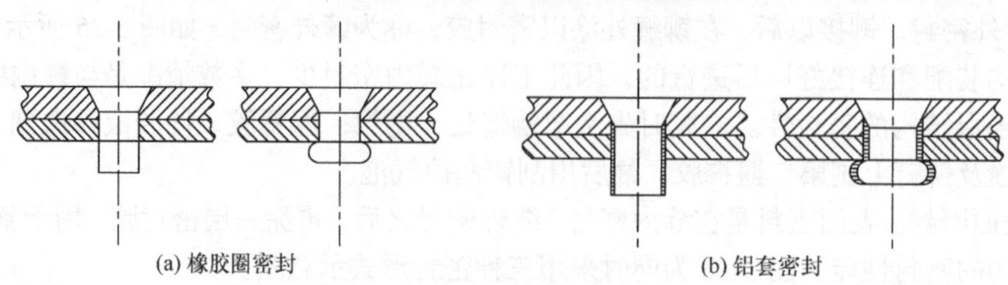

图 5-28　橡胶圈和铝套密封

2. 密封材料

对密封胶的要求主要包括：①对金属应有很好的黏合力，在结构受力和产生变形的情况下也能保证可靠地密封；②具有较好的耐老化性能，要求和飞机有同样的使用寿命；③在汽油、煤油中，在低温、高温下密封胶仍能保持良好的密封性能；④应有良好的工艺性能，不能有毒性。

密封胶的工艺性应满足下述要求。

(1) 密封胶配好后的工艺期限要宽。工艺期限分为活性期、施工期和初始硫化期三种。活性期，又称涂敷期限。活性期是密封胶配好后到涂敷所允许的最长时间。超过此期限密封胶会失去流动性，不允许再使用。施工期，又称装配期限，从活性期结束，到装配完成所允许的最长时间。在此期限内，密封胶应保持必要的塑性，以保证配合面良好的密封。施工期一般为活性期的 2～4 倍。初始硫化期，密封胶达到基本硬度，可以进行充压试验，达到这个状态所需要的时间称为初始硫化期。

上述三种期限，可通过密封胶内促进剂的加入量来调节，活性期可在 0.5～16h 范围调节，这对施工是有利的。在修理时，希望活性期短；在大面积密封铆接时，希望活性期长。在缝外密封时，活性期为 0.5～4h；在缝内密封时，活性期为 4～16h。

(2) 密封胶在缝外填胶、铆钉头堆胶时，应有良好的堆砌性能。在垂直面或斜面上涂胶时不会流淌。

(3) 有较长的存储期，即半年以上，在这期限内，很容易混炼，不必使用炼胶机。

密封铆接中使用的密封胶，主要是聚硫橡胶。我国从 20 世纪 50 年代中期开始研制密封胶，最早研制出 XM-15，后发展为 XM-16、XM-18、XM-22、XM-23、XM-28、XM-33、XM-40、XM-44、DB-XM-1 等胶种。整体油箱的密封剂常用 XM-15 和 XM-22；油的铆缝密封剂常用 XM-40；当整体油渗漏需要快速修补时，可用新型包装自行混合注射的密封剂 DB-XM-1。使用胶膜的优点是涂敷方便、干净、胶层均匀等。在密封材料中，还可以将密封腻子、不干性腻子注射在铆缝附近的预制沟槽中，以堵住铆缝的泄漏。

3. 密封试验

密封试验极为重要，要求密封的结构部位或单独的装配单元在装配后必须经过严格的试验。密封试验可分为气密试验和油密试验。

气密试验是向密封容器内充以压缩空气，观察在一定时间内的压力降。例如，气密座舱先增压至 0.0176MPa，再关闭气源，压力从 0.0176MPa 降至 0.007MPa，所用时间不少于 10min 为合格。

油密试验是在整体油箱内装 80%的燃油，充以一定的压缩空气，在连接件与结构间的缝隙处涂上密封胶，在各种状态下停放一段时间，观察有无燃油渗漏。上述试验合格后，油箱不充压，模拟各种状态，再停放 14～21h，如不渗油即算合格。

5.3.5　干涉配合铆接

干涉配合铆接是指通过铆接工艺过程，沿整个夹层厚度内的钉孔乃至沉头窝均能与钉杆间获得一定干涉量的铆接方法。

干涉配合铆接与其他连接如螺栓、销钉类紧固件的干涉配合连接不同，后者在安装前钉杆大于孔径，需要用机械法或冷冻法安装，而干涉配合铆接用的钉杆在施铆前与钉孔之间的配合是有间隙的，两者之间的干涉量是在施铆过程中形成的。

1. 干涉配合

干涉配合：是指连接后钉杆和钉孔之间为紧配合。它是一种连接强化技术，能显著提高结构的疲劳寿命，并能获得良好的密封性。

目前，干涉配合铆接和干涉配合螺接已广泛应用于飞机结构中。

采用紧固件连接的构件承载时，孔附近会产生很高的应力集中，如图 5-29 所示。这种情况对结构的疲劳寿命会产生不利影响。

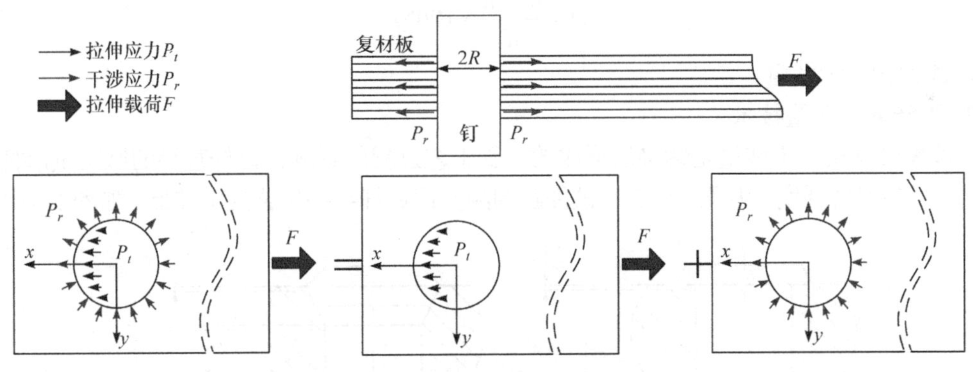

图 5-29　紧固件孔附近的应力集中

R 为钉半径

若采用干涉配合铆接，则在交变载荷作用下，在钉和孔的接触面会产生较大的摩擦力，摩擦力承担了一部分外载荷。此外，干涉配合在孔边缘处产生预应力，也会使孔边缘处切向拉应力的变化幅度显著降低，推迟了初始裂纹的萌生，降低了裂纹的扩展速度，疲劳寿命大幅度提高。

非干涉配合和干涉配合的应力水平和疲劳寿命对比情况如图 5-30 所示。

干涉量对疲劳寿命的影响很大，干涉量过大或过小都不利。最佳的干涉量应满足：①使应力的变化幅度减少到最小，同时减小平均应力；②由干涉量产生的预应力不会引起结构变形；③预应力应小于产生应力腐蚀的临界值；④干涉量应大于孔切削刀痕的深度。

实践证明，对于铝合金的无头铆钉铆接，其干涉量取 1.5%～3.0%为宜。

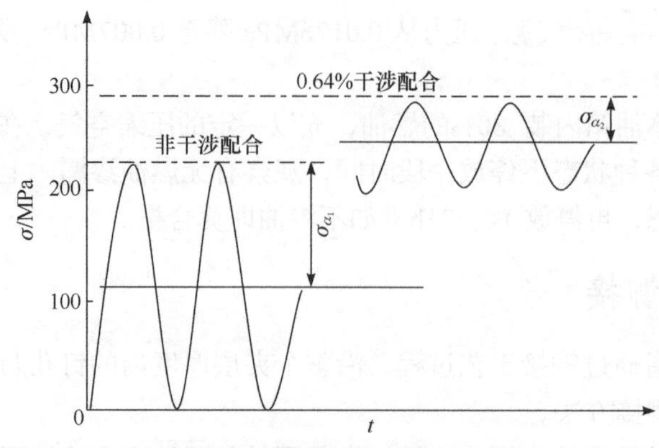

图 5-30　交变载荷下应力幅对比

2. 干涉量的计算方法

干涉配合铆接的干涉量是铆接后铆钉杆镦粗而使铆钉孔胀大的量。干涉量的评定指标为绝对干涉量和相对干涉量。

绝对干涉量为

$$I = d_i - d \tag{5-1}$$

式中，I 为绝对干涉量，mm；d_i 为铆接后的铆钉直径，mm；d 为铆接前的铆钉孔直径，mm。

为了便于对不同直径铆钉的干涉量进行比较，通常使用相对干涉量：

$$\Delta = \frac{d_i - d}{d} \times 100\% \tag{5-2}$$

式中，Δ 为相对干涉量。

3. 干涉量的测量技术

干涉配合铆接的干涉量是铆接后形成的，受工艺过程的影响；钉杆直径的镦粗量沿杆分布不均匀，不易保持圆度。因此，规定对试件解剖测量铆钉杆某些位置的干涉量，如图 5-31 所示。

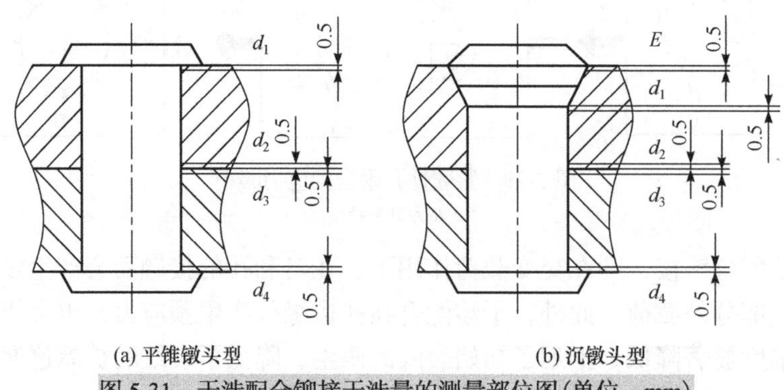

图 5-31　干涉配合铆接干涉量的测量部位图（单位：mm）

试件解剖方法通常有两种，即横切法和纵切法。

(1) 横切法：先用铣刀按图 5-31 逐层铣切并打磨光滑，将试件浸泡在 10%～15%浓度的氢氧化钠水溶液中，10～15min 后用水冲洗；再在 5%～10%浓度的硝酸水溶液中浸泡 3～5min，用水冲洗并擦净。用工具显微镜测得每层互相垂直两个方向的直径，然后取平均值 d_s，并计算各层的干涉量。

锪窝层干涉量的测量，需要求出测量层处的铆前窝直径(图 5-32)，按式(5-3)计算干涉量，即

$$E = D - \tan\frac{\alpha}{2} \tag{5-3}$$

式中，E 为沉镦头窝测量层铆前直径，mm；D 为沉镦头窝直径，mm；α 为沉镦头窝角度，(°)。

(2)纵切法：沿孔轴线将板切开，取出铆钉直接测量钉直径。采用该方法时铆钉取出后有回弹，横切法比纵切法更准确，但纵切法测量更方便。

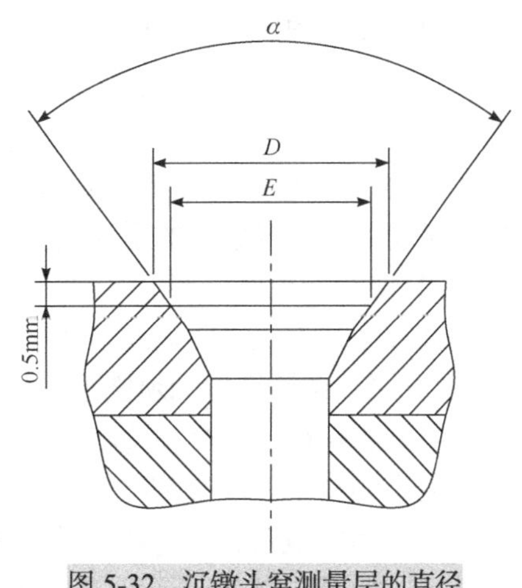

图 5-32　沉镦头窝测量层的直径

4. 干涉配合铆接的类型

干涉配合铆接按所用的铆钉分为普通铆钉干涉配合铆接、冠头铆钉干涉配合铆接和无头铆钉干涉配合铆接。

1)普通铆钉干涉配合铆接

干涉配合是在铆接过程中，采用控制各工艺参数的办法，铆接后使铆钉杆和孔获得预定的干涉量，从而达到提高疲劳寿命和密封的目的。传统的铆接方法，无论是压铆、正铆还是反铆，均只能在局部位置获得干涉量。一般在镦头附近，干涉量可达 3%，但在夹层中间和埋头窝附近，干涉量很小，或有间隙，如图 5-33 所示。上面提到的工艺参数包括钉孔直径，埋头窝尺寸和精度要求，钉杆外伸量，铆模形状，镦头直径、高度和形状，机床设备型号及功率等。

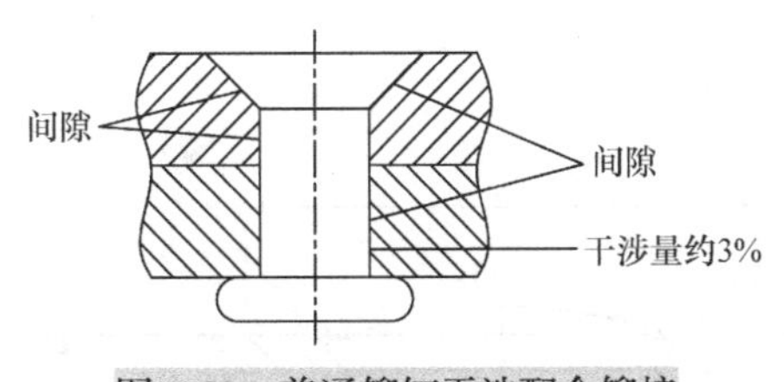

图 5-33　普通铆钉干涉配合铆接

2)冠头铆钉干涉配合铆接

冠头铆钉是由普通沉头铆钉发展而来的，其在沉头铆钉头部平面上有一冠头突起。在施铆时，冠头部分的金属几乎全部被压入沉头窝和孔中，引起铆钉两面变形，在钉头和镦头区形成干涉，因此疲劳寿命有较大的提高。根据冠头形状参数的不同，冠头铆钉又分为半冠铆钉、全冠铆钉和凹冠铆钉。俄罗斯的冠头铆钉称为带补偿头铆钉，其头部改为锥形突起。所有冠头铆钉凸起的形状和参数均有差别(图 5-34)，其中全冠铆钉比半冠铆钉形成的干涉量大，凹冠铆钉因为头部有一个平顶面，铆接时不会打偏，所以这种铆钉的工艺性较好。冠头铆钉适用于叠层厚度较小的气密舱壁板和组件。施铆时采用反铆法，锪窝直径是确保沉头窝部位干涉量最重要的参数，可通过专用的锪窝量规加以控制，施铆后无须进行钉头铣平工序。

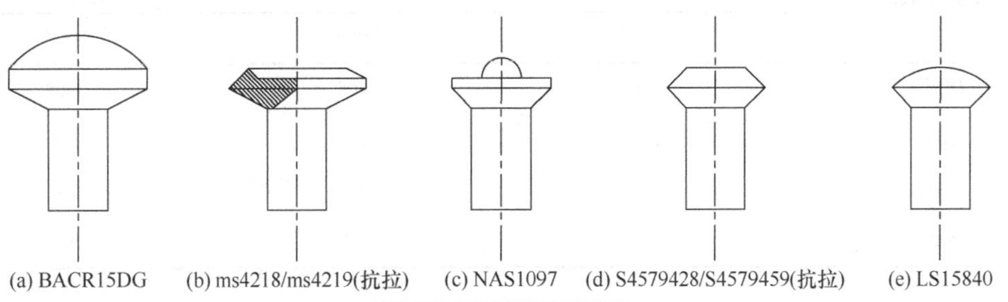

图 5-34　各种冠头铆钉

冠头铆钉相对于普通铆钉可以改善铆接结构的性能，主要原因如下：

(1) 铆枪的铆卡与冠头铆钉钉头面的接触和钉杆端面与顶把之间的接触，基本上为等面积接触，铆接时铆枪的作用力与顶把的反作用力呈直线，且作用力和反作用力近似相等。这有利于冠头部分多余材料向窝内流动，促使沉头窝部分膨胀，并改善钉杆在孔和沉头窝交接处的充满程度，形成较大的干涉量。

(2) 铆钉冠头部分高出零件沉头窝表面，使得铆卡和零件表面分离，铆接时铆卡不会冲击到零件表面，因此可明显改善铆接后结构的平整度。

(3) 冠头铆钉铆后无须铣平，从而排除了铣平造成蒙皮损伤的可能性。

3) 无头铆钉干涉配合铆接

无头铆钉干涉配合铆接(简称无头铆钉铆接)是将没有铆钉头的实心圆杆作为铆钉，铆钉在压铆过程中镦粗，同时在两端形成钉头和镦头。对于埋头铆钉，需要再将凸出外表面的部分铣平，如图 5-35(a) 所示，有的无头铆钉铆成凸头，如图 5-35(b) 所示。

无头铆钉的埋头窝制成 82°和 30°两个锥度，锥度比 90°埋头窝要小，如图 5-36 所示，其尺寸大小如表 5-7 所示。图中，H 为板件在埋头窝一侧的材料厚度，其最小值为 $0.6D$，大于埋头窝深度 $h=0.4D$。

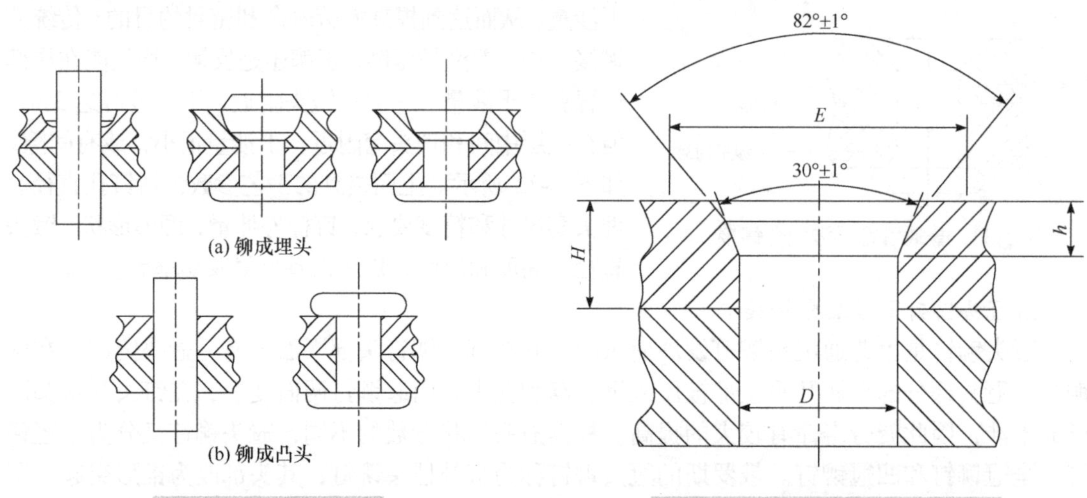

图 5-35　无头铆钉铆接

图 5-36　双锥度埋头窝(82°和 30°)

表 5-7　无头铆钉埋头窝尺寸　(单位：mm)

埋头窝尺寸	铆钉直径/mm		
	$4.0^{+0.05}$	$5.0^{+0.05}$	$6.0^{+0.05}$
$D^{+0.078}$	4.08	5.08	6.08
E±0.1	5.6	7.0	8.4
h±0.1	1.6	2.0	2.4
R±0.1	1.0	1.3	1.3

埋头窝采用这种形状有两个原因：①保证铆钉具有一定的连接强度，埋头窝的锥度要尽量小，这样易于填满埋头窝，保证密封性能和干涉配合均匀；②可以减小压铆力，若压铆力过大，则会导致铆钉容易出现裂纹，且易引起工件变形。

120°和 60°的双锥度埋头窝如图 5-37 所示，其也是用于无头铆钉铆接。由图可以看出，在埋头窝中填充的金属重量较大，比压铆力要大。

采用无头铆钉铆接的优点是铆接后沿顶杆全长可形成均匀的干涉配合，并能够可靠地保证铆钉自身的密封性。

无头铆钉铆接后所获得干涉量的大小和均匀程度，与以下工艺参数有关。

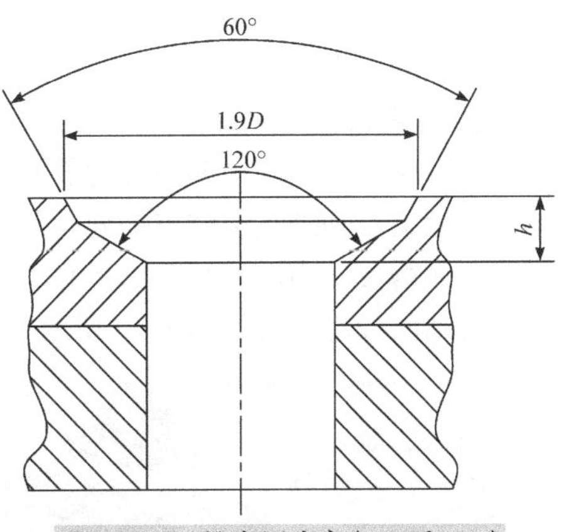

图 5-37　双锥度埋头窝(120°和 60°)

(1) 铆接前钉与孔的间隙和埋头窝深度。二者都会影响压铆时填充金属的重量，从而影响干涉量的大小。钉和孔的间隙范围取决于无头铆钉和钉孔的公差，要求比普通铆接严格，规定孔径公差为 $4^{+0.15}_{+0.08}$mm，铆钉直径为正公差+0.05mm，因此钉杆与孔的间隙为 0.03～0.15mm。试验证明，当间隙超过 0.25mm 时，就不易形成干涉配合，若间隙过小，则铆接时安装铆钉困难。

虽然埋头窝的形状是由钻锪刀具决定的，但是埋头窝深度 h 与钻锪头行程有关。若埋头深度增大，在同样钉杆长度的前提下，干涉量就减小。

(2) 铆接前铆钉的外伸量。外伸量取决于铆钉的长度，对形成的干涉量影响较大。理想的外伸量将其折合成体积，应略大于图 5-38 所示的凸头部分 1、埋头窝 2、间隙 3 以及镦头 4 体积的总和，若铆接前钉头上凸量 H_1 和铆接前钉头下凸量 H_2 太小，则不足以形成所要求的钉头和镦头，同时也得不到预期的干涉量，增大外伸量会使干涉量变大。

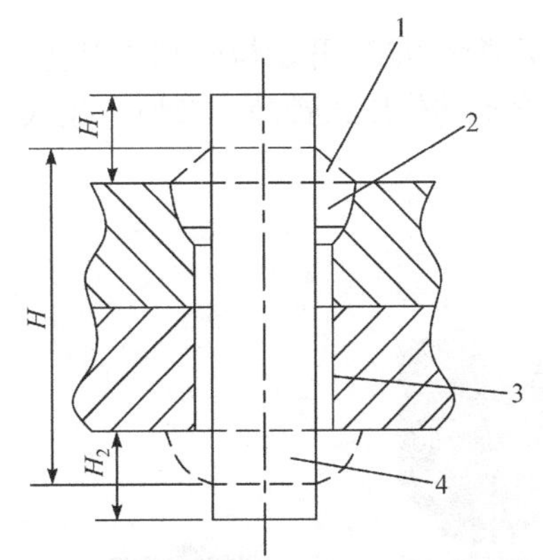

图 5-38　无头铆钉铆接时的外伸量

1. 凸头部分；2. 埋头窝；3. 间隙；4. 镦头

(3) 铆模形状。干涉配合的铆接，不宜用平铆模。用凹铆模可以限制钉杆材料横向流动。凹铆模边上的法向分力强迫钉杆材料向钉孔内流动，有利于形成较均匀的干涉配合。铆模底部直径越接近铆钉直径，效果越明显。

影响干涉量的还有压铆力、压铆时铆模的闭合高度(铆接后铆钉上表面和镦头下表面之间形成的高度 H)。调整 H，可以得到不同的干涉量。

另外，无头铆钉铆接要求钉孔表面粗糙度小于普通铆接，规定 Ra 为 3.20mm，孔壁容许的划伤深度为 0.04mm，在接近零件表面处不允许有划伤，这些划伤虽然不影响干涉量，但裂痕会降低疲劳寿命和气密性能。

5.3.6　特种铆接

为适应机体结构比较封闭的特点，当铆接部位只有一面开敞可达时，就采用各种单面铆接的铆钉。在承受很大剪力的构件上，采用高抗剪铆钉和环槽铆钉替代抗剪螺栓和钢铆钉。这些单面铆钉、高抗剪铆钉、环槽铆钉以及钛合金铆钉的铆接，统称为特种铆接。本节介绍特种铆接的特点。

1. 单面铆接

为适应飞机结构内部连接的需要，通常使用能单面施铆的单面铆钉，如在机翼(图 5-39)、尾翼前缘蒙皮和进气道蒙皮等处以及复合材料的连接。

单面铆接噪声小，可一人操作，用于排除故障或返修，可以简化施工，提高质量。拉丝型抽钉单面抽芯铆钉如图 5-40 所示。

图 5-39　尾翼的单面铆接

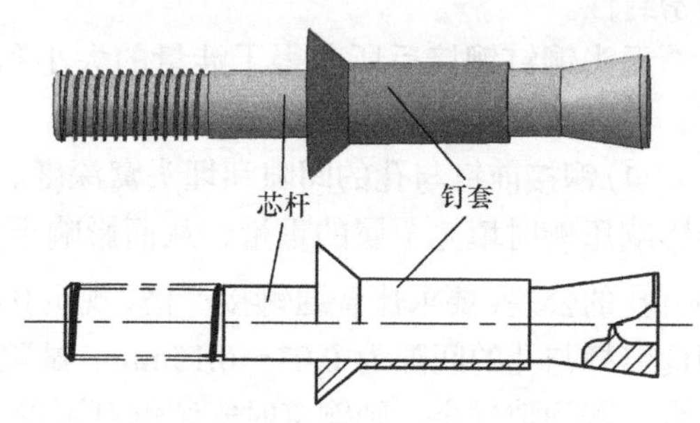

图 5-40　拉丝型抽钉单面抽芯铆钉

拉丝型抽芯铆钉铆接工艺过程如图 5-41 所示，主要包括以下几步：

(1) 铆接前，将抽钉放入孔内，此时结构夹层间有间隙。

(2) 用拉枪将芯杆拉入钉套内(一动)，形成镦头并夹紧夹层消除间隙，开始拉丝和填充孔。

(3) 完成拉丝和填充孔，待断槽与钉套平顶处齐平，拉枪自动转位压入锁环(二动)，压入锁环完成。

(4) 拉枪继续拉，芯杆从断槽处拉断。

(5) 用风动铣切器(对埋头钉)铣去凸起处。

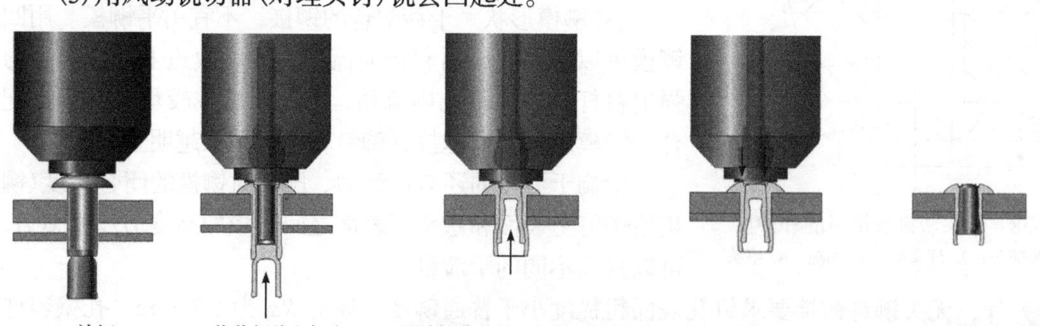

图 5-41　拉丝型抽芯铆钉铆接工艺过程

由上述铆接过程可以看出，拉丝成形，孔填充满，镦头附近有干涉量，具有自动夹紧铆接夹层消除间隙功能，芯杆是机械锁紧的，耐振动和耐疲劳，拉枪动作复杂，需要“双动”才能完成拉铆。

另一种鼓包型抽芯铆钉铆接工艺过程如图 5-42 所示，主要包括以下几步：

(1)将铆钉塞入拉铆枪的拉头内，拉头端面应与钉套的端面相贴合，拉头内的卡爪将铆钉夹住(注意此时的铆钉不可从拉头内退出，若要退出，则必须分解拉头)。将铆钉放入孔内，使拉铆枪垂直于结构件表面。

(2)将芯杆拉入钉套，扣动扳机，拉头顶住钉套，继续向上抽拉芯杆，钉套尾端失稳，形成鼓包镦头。

(3)铆枪继续抽拉，直至芯杆拉断，被拉断的残尾杆从铆枪中自动弹出，铆接完成。

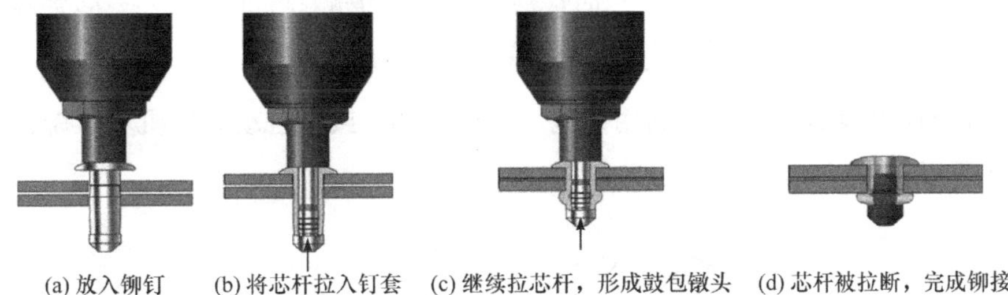

(a) 放入铆钉　(b) 将芯杆拉入钉套　(c) 继续拉芯杆，形成鼓包镦头　(d) 芯杆被拉断，完成铆接

图 5-42　鼓包型抽芯铆钉铆接工艺过程

2. 环槽铆接

环槽铆钉，又称虎克(HUCK)钉，由带环槽的钉杆与钉套两部分组成，铆成后的环槽铆钉如图 5-43 所示。在铆接环槽钉时，不是镦粗钉杆，而是用拉枪将钉套的一部分材料挤到钉杆的环槽内，形成紧固件，起到螺母的作用，可以一人安装，但它不属于单面铆接。

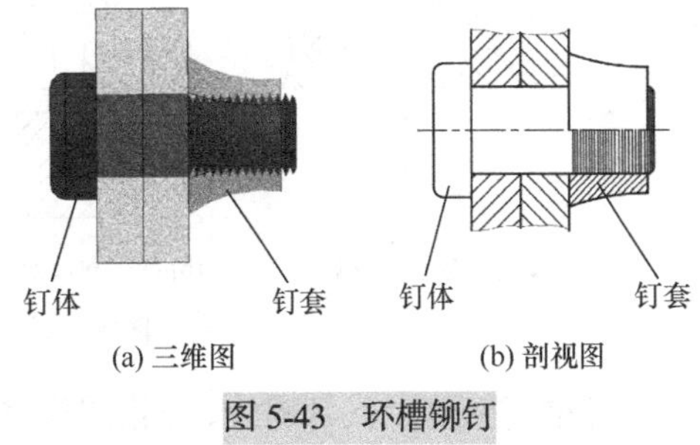

(a) 三维图　(b) 剖视图

图 5-43　环槽铆钉

环槽铆钉分为抗拉型环槽铆钉和抗剪型环槽铆钉，图 5-44(a)为抗拉型环槽铆钉，即与钉套铆接的环槽部分较长，钉头较大，可以承受较大的拉力；图 5-44(b)为抗剪型环槽铆钉，其钉头是扁平的，环槽较少。

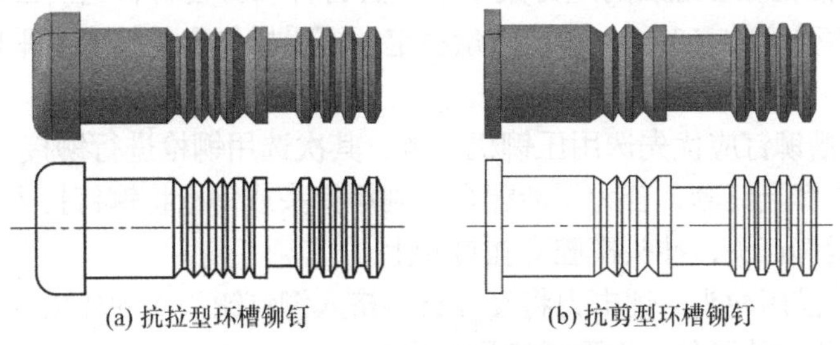

(a) 抗拉型环槽铆钉　(b) 抗剪型环槽铆钉

图 5-44　环槽铆钉类型

根据铆接成形方式不同，环槽铆钉又分为拉铆型环槽铆钉和镦铆型环槽铆钉两种。拉铆型环槽铆钉采用拉枪拉铆，使钉套在铆模作用下收缩变形，并将部分材料挤到环槽中，最后将钉杆在拉断槽处拉断，图 5-45 为拉铆型环槽铆钉铆接过程。

拉铆型环槽铆钉的拉枪与抽芯铆钉的单动拉枪结构相似。

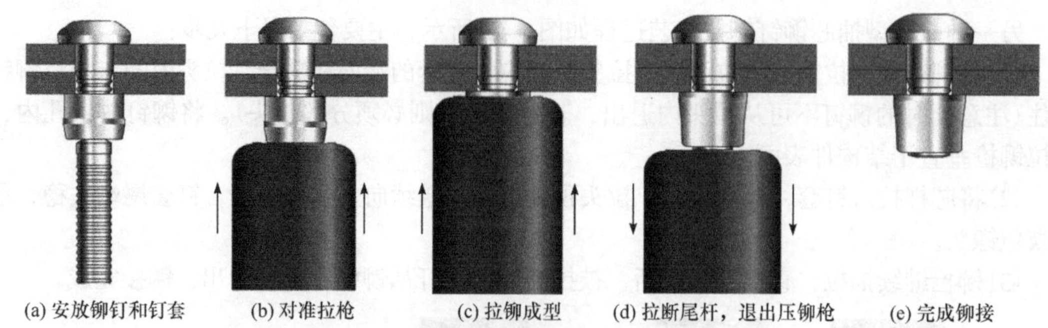
(a) 安放铆钉和钉套　(b) 对准拉枪　(c) 拉铆成型　(d) 拉断尾杆，退出压铆枪　(e) 完成铆接

图 5-45　拉铆型环槽铆钉铆接过程

镦铆型环槽铆钉没有尾杆，可利用铆枪、铆模锤铆，或在自动铆接机上压铆，其铆接过程如图 5-46 所示。

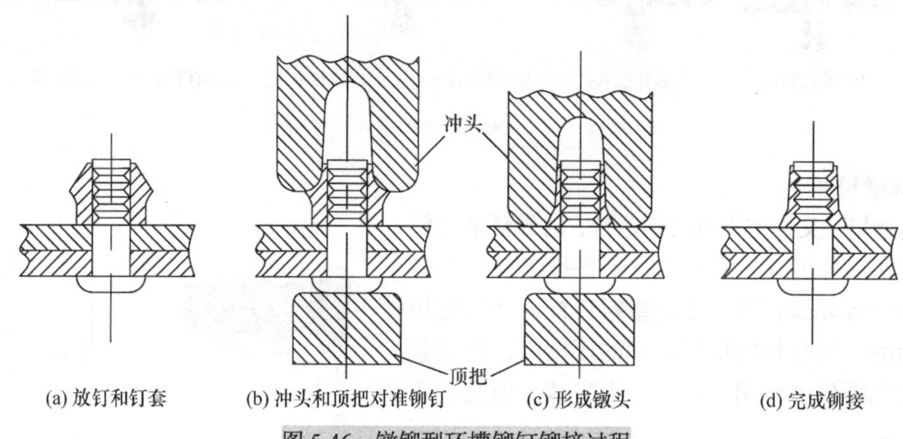

(a) 放钉和钉套　(b) 冲头和顶把对准铆钉　(c) 形成镦头　(d) 完成铆接

图 5-46　镦铆型环槽铆钉铆接过程

环槽铆钉可以代替螺栓，与相同规格的螺栓相比，其拉脱力高于螺栓。例如，直径为 5mm，材料为 30CrMnSi 的抗拉型环槽铆钉，其拉脱力为 13000N，而相同材料、相同直径的螺栓和螺母之间的拉脱力为 10400N。

环槽铆钉的环槽较螺栓螺纹的应力集中小，且钉杆和钉套材料适当匹配，夹层的夹紧力大(可达到钉杆抗剪强度的 60%)，铆接质量稳定，不受操作人员技术水平的影响，这对抗疲劳是有利的。

铆接镦铆型环槽铆钉应优先选用压铆机压铆，其次选用铆枪进行铆接，操作过程如下：

(1) 放入铆钉，套上钉套，若为干涉配合，则用榔头或铆枪将铆钉打入孔中。

(2) 用顶把顶紧铆钉头，冲头模腔套在钉套上。

(3) 启动铆枪，借用冲头的锤击力将套环材料挤入铆钉镦头端的环槽内，并靠冲头的特定窝型将套环成形为要求的形状，以形成牢固的镦头。

(4) 完成铆接，并按要求进行防腐处理。

3. 钛合金铆接

钛合金的强度比铝合金强度高 20%，并具有良好的热强度、断裂韧性和耐腐蚀性。虽然钛合金冷加工性较差，材料价格和加工费均比铝合金高得多，但在飞机结构上的应用仍有所增多，钛合金铆钉的应用也较多。由于钛合金的硬度高、塑性差，其铆接的难点为钉杆镦粗量小，不易填满钉孔和形成镦头，并且还易产生裂纹。因此，钛合金铆钉的冷铆效果差，一般不宜采用锤铆法，而要求采用加热压铆法。钛合金在一定温度范围内塑性良好。例如，TB2 钛合金在 700℃以上塑性良好，容易形成镦头。钛合金铆钉的铆接可以在点焊机(电阻焊)上进行，由电极与铆钉之间的接触电阻产生所需的热量，在压力作用下形成镦头，也可用加热锤铆法，如图 5-47 所示。

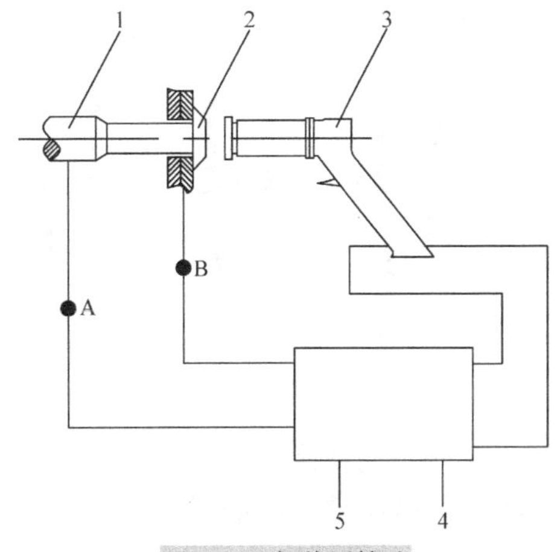

图 5-47　加热锤铆法

1. 顶铁；2. 铆钉；3. 铆枪；4. 气源；5. 电源

5.3.7　先进钻铆技术

1. 自动钻铆技术

自动钻铆：工件在铆接机上自动完成包括夹紧工件、钻孔、锪窝、送钉、压铆、铣平钉头(指无头铆钉)、松开夹紧等一系列工序，铆接完成一个铆钉后自动定位至下一个铆钉的位置。

自动钻铆技术作为现代先进的飞机装配制造工艺技术，它可以代替传统的手工安装铆接技术，减少人为误差，确保产品质量的稳定性。其特点是工作性能可靠、生产效率高、加工出的产品质量高，钻孔、锪窝、去毛刺和铆接一次完成，时间不超过 5s，重复误差在±0.127mm，并且可减轻工人的劳动强度。在增加一些附件后，自动钻铆机可以安装干涉型高锁螺栓、环槽钉等，也可对无头铆钉进行干涉配合铆接，从而提高铆接结构的疲劳性能，以及飞机整体油箱的密封铆接质量。

自动钻铆技术工艺流程主要为定位、夹紧、钻孔、锪窝(根据需要制定)、涂胶、送钉、铆接、铣平等。首先将需要用铆钉连接的紧固件运送到钻铆机的指定位置，利用专用定位工具进行定位；在定位精度达到指定要求后，利用专用夹紧工具对紧固件进行夹紧，防止在钻铆过程中连接件的位置发生变动；钻头下降，开始对紧固件进行钻孔，根据具体需要选择性进行锪窝操作，钻孔完毕后，钻头上升；送钉装置将合适的铆钉送到铆钉孔内，若有密封要求，则进行涂胶操作；顶铁顶住铆钉下端，铆模下降，挤压铆钉；铣平工作头下降，完成钉头多余材料的铣平工作(当用无头铆钉铆接成埋头钉时，钉头的多余材料要铣掉，使其与蒙皮表面齐平)。这样就完成了整个压铆工作。

随着自动铆接技术日益发展，其应用范围不断扩大，按铆钉类别进行分类，可分为三类：①无头铆钉的自动铆接，铆接后成为埋头铆钉或凸头铆钉；②有头铆钉的自动铆接；③特种铆钉自动铆接。

在自动钻铆过程中，通过预先编好的程序，由计算机控制，在一台设备上一次性连续完成夹紧、钻孔、锪窝、涂胶、送钉、铆接等工序，以上各工序的加工参数都可通过操作面板进行精确设置。由于机床带有高精度的钻削动力头，一次进给即能钻出较高精度的孔(精度为 0.005mm 以内)，同时埋头窝深度的精度也可控制在 0.025mm 以内，窝深的重复精度可达到 0.002mm 以内。机床由 PLC 系统控制各运动程序，通过操作面板的设置开关对铆钉的压铆力进行精确设置，从而可以保证铆钉镦头大小和高度保持一致，并且工作速度快，一个工作周期不超过 5s。铆钉安装过程以普通铆钉为例，其在自动钻铆机上的安装和铆接过程简化示意图如图 5-48 所示。

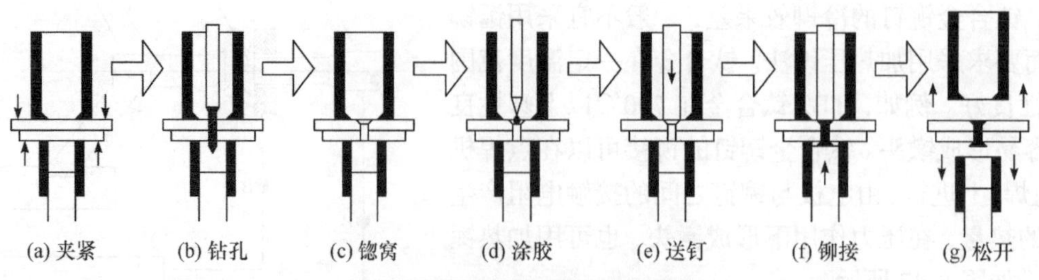

图 5-48　自动钻铆过程简化示意图

使用自动钻铆技术，在工作过程中不仅能够减少操作时间、提高工作效率，还可以提高制孔、铆接质量，具体优势如下。

(1) 自动钻铆技术可以大大减少操作时间。减少成孔次数，一次钻孔完成；可以同时进行钻孔、锪窝；自动夹紧，消除了结构件之间的毛刺，省略了分解、去毛刺和重新安装等工序；制孔后孔边缘的毛刺可以得到控制；自动涂胶、送钉、铆接。

(2) 自动钻铆机可以提高制孔质量。制孔孔径公差控制在±0.015mm；锪窝深度公差控制在±0.01mm；内孔表面粗糙度 *Ra* 最小为 3.2μm；制孔垂直度在±0.5°；制孔时结构件之间无毛刺，背部毛刺控制在 0.12mm 之内；孔壁无裂纹；孔壁无纤维断裂；在每次制孔前对钻头进行冷却润滑，无过热产生的金相改变。

(3) 与手工铆接相比，自动钻铆成本大幅度降低，通过比较人工与自动钻铆机安装相同数量的紧固件所耗费的工时可以看出，对于大量同种类紧固件的安装，自动钻铆机可以节约的工时成倍数增长。

自动钻铆设备又称为自动钻铆系统(图 5-49)或自动钻铆机，根据结构的不同，其可以分为托架式和立柱式两种。

图 5-49　自动钻铆系统

2. 电磁铆接技术

随着新技术的发展，自动钻铆系统正逐渐由传统的液压驱动型向电磁力(脉冲磁场力)驱动型改进。

电磁铆接，也称应力波铆接，是在电磁成形工艺的基础上发展起来的一种新型铆接工艺方法，这种方法在放电线圈和工件之间增加了一个线圈和应力波放大器(调制器)。在放电开关闭合的瞬间，初级线圈中流经快速变化的冲击电流，在线圈周围产生瞬间变化的强磁场，如图 5-50 所示。强磁场在次级线圈中产生感应电流，进而产生涡流磁场，两磁场相互作用产生强涡流斥力，即放大器的输入力。它在放大器中传播时经过不断反射和透射，输出一个波形和峰值均改变了的应力再传至铆钉。涡流力的频率极高，在放大器中以应力波的形式传播，最终从小端输出强度增强、波形改变了的应力波。

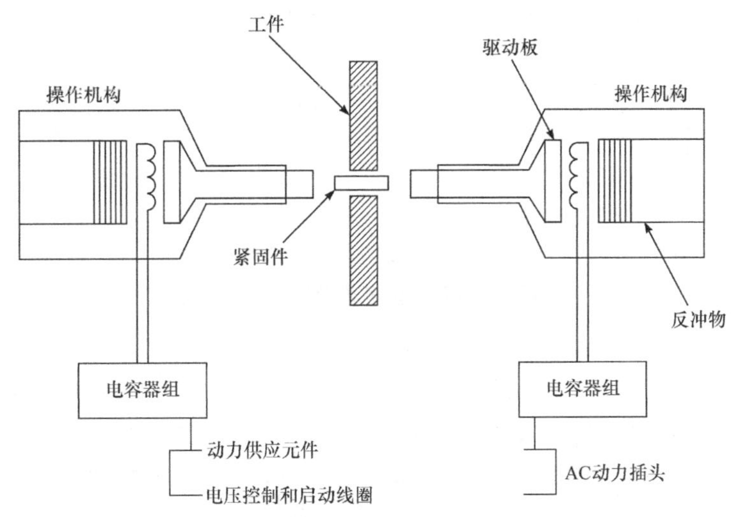

图 5-50　电磁铆接示意图

AC 表示交流

这种强幅应力波传到铆钉时，使铆钉在很短时间内完成塑性成形。电磁铆接属于冲击加载，加载速率高，应变率大，材料的变形方式与压铆等准静态加载方式完全不同。电磁铆接设备在工作时，其成形能量具有高度可控性，可以根据输出力大小的要求在铆钉成形前将各种参数进行优化设定，因此电磁铆接具有很高的精度和质量。电磁铆接的这些特点，使其具有其他方法无法取代的优势。

电磁铆接的基本原理是通过充电后的电容器组对线圈放电，将存储在电容器内的电磁能转变为机械能使铆钉成形。单次放电电容器组所存储的能量 W 由式(5-4)决定：

$$W = \frac{1}{2}CV^2 \tag{5-4}$$

式中，C 为电容器组的电容量；V 为充电电压。

图 5-51 为电磁铆接工艺操作顺序简化图，与普通钻铆技术相比，其加工质量更高，所消耗的时间更短。

电磁铆接技术基于塑性动力学——应力波理论，因此也称为应力波铆接。电磁铆接的原理是以冲击大电流瞬间释放强大的电能，经过电磁转换，产生强大的磁场力，以应力波形式加载于铆钉，使其成形。

图 5-52 为力学试验按应变率 ε 进行分类示意图，图中特征时间是指在相应的应变率 ε 下，产生 1%应变所需要的时间尺度。动力学试验结果表明，固体材料主要具有以下动力特性：

(1)屈服极限有明显的提高。动力学试验中可观察到，许多金属材料在快速加载条件下，屈服极限明显提高，而屈服的出现有明显的滞后，如图 5-53 所示。

(2)瞬时应力 σ 随应变率 ε 的提高而提高，在同一应变下，动态应力比静态应力更高。

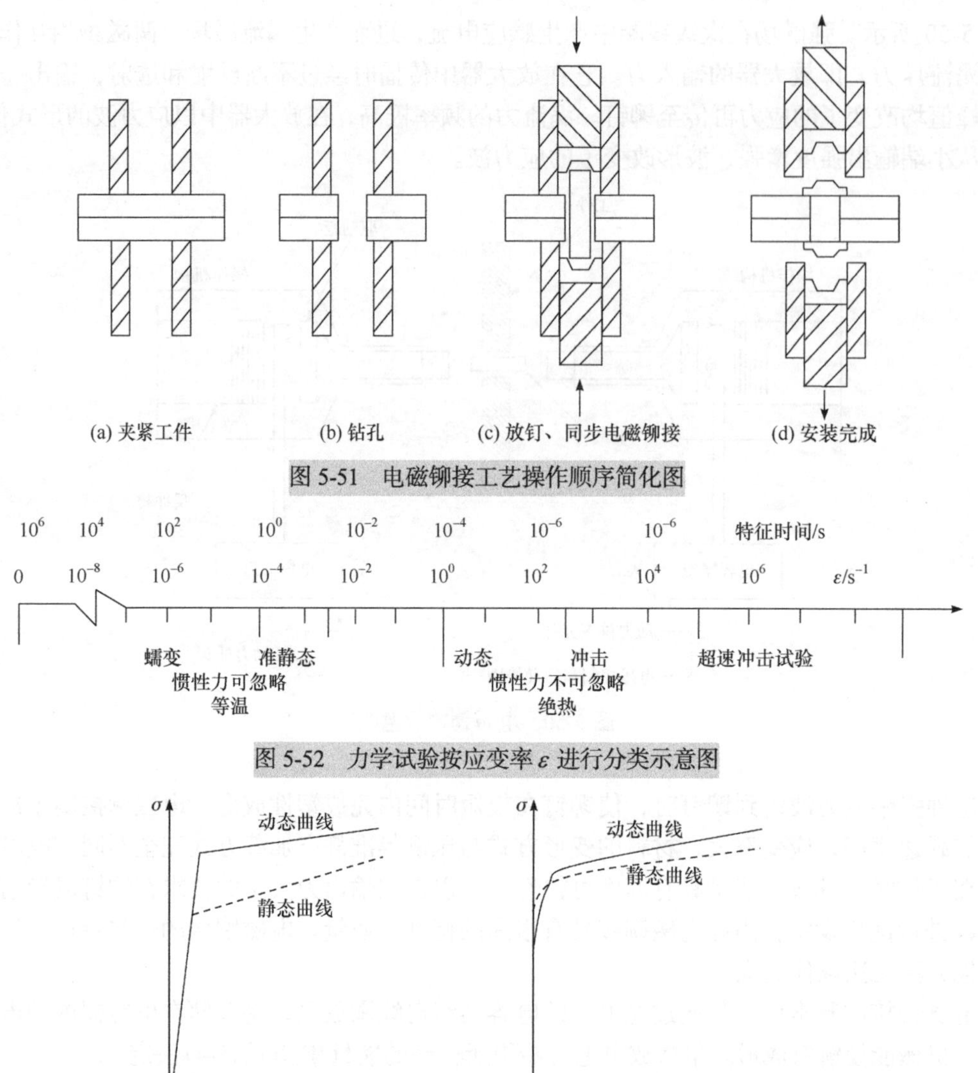

图 5-51 电磁铆接工艺操作顺序简化图

图 5-52 力学试验按应变率 ε 进行分类示意图

图 5-53 金属材料的应力-应变动态曲线和静态曲线

上述特性称为应变率效应。固体材料对应变率的敏感性与材料的种类有关。

对于普通铆接(压铆或锤铆)，应变率为 10^{-2}～$10^{-1}s^{-1}$ 量级，基本上仍属于准静态加载，惯性力可以忽略，铆钉塑性成形过程仍遵循静态力学——塑性力学理论。电磁铆接的应变率可达到 10^2～10^3s^{-1} 量级，属于冲击加载，铆钉塑性成形过程遵循塑性动力学理论，磁场力产生的应力波在铆钉体内传播、反射，钉杆材料瞬时发生塑性变形，沿铆钉轴向均匀地变粗，填满钉孔并形成镦头。

电磁铆接可以应用于各种材料铆钉的铆接成形，实现比较理想、均匀的干涉配合，形成寿命长、可靠性高的连接。电磁铆接可以有效对钛合金、不锈钢等强度高、屈强比高、对应变率敏感的难成形材料铆钉施铆，形成良好的连接。对于大直径铆钉和厚夹层结构，应用电

磁铆接也可以实现良好的干涉配合铆接。

电磁铆接除了具有对难成形材料、大直径钢钉以及厚夹层结构铆接的优越特性，还具有效率高、连续噪声低、能量利用率高等优点，这也是普通锤铆难以比拟的。

电磁铆接工作过程是利用高压脉冲电源对铆接器线圈放电，在线圈中产生冲击大电流，并形成一个强脉冲磁场，进而在次级线圈中感应产生涡流。涡流磁场与原脉冲磁场方向相反，两个磁场的相互作用产生强大的机械力，使应力波调节器的输入端获得一个强度高、历时短的应力波脉冲，此应力波最后输出给铆钉而使其成形。

电磁铆接设备原理如图 5-54 所示。首先，220V 交流电经升压变压器 F 升压，经整流器 D 整流后对电容器 C 进行充电，将电能 W_ε 存储在电容器中，此时有

$$W_\varepsilon = \frac{1}{2}CU_0^2 \tag{5-5}$$

式中，C 为电容量；U_0 为充电电压。

在铆接时，开关 K 导通，电容器对铆枪线圈 C_1 放电，电能转换为磁场能 W_m，此时有

$$W_m = \frac{1}{2}Li^2 \tag{5-6}$$

式中，L 为放电回路总电感量；i 为放电电流，$i = \dfrac{U_0}{\omega L}\mathrm{e}^{-\beta}\sin\omega t \approx U_0\sqrt{\dfrac{C}{L}}\mathrm{e}^{-\beta}\sin\omega t$，幅值为 i_0。

次级线圈 C_2 感应产生反向磁场，使应力波调节器 T 的输入端获得应力波强度为

$$\sigma(t) = \frac{\mu_0\omega Mn^2}{\sqrt{R^2+(\omega L)^2}}i_0^2\mathrm{e}^{-2\beta}\sin^2\omega t \tag{5-7}$$

式中，μ_0 为真空磁导率；ω 为回路振荡频率，$\omega = \sqrt{\dfrac{1}{LC}-\dfrac{R^2}{4L^2}} \approx \sqrt{\dfrac{1}{LC}}$；$M$ 为互感；n 为铆枪线圈匝数；R 为放电回路电阻；β 为衰减系数，$\beta = \dfrac{R}{2L}$。

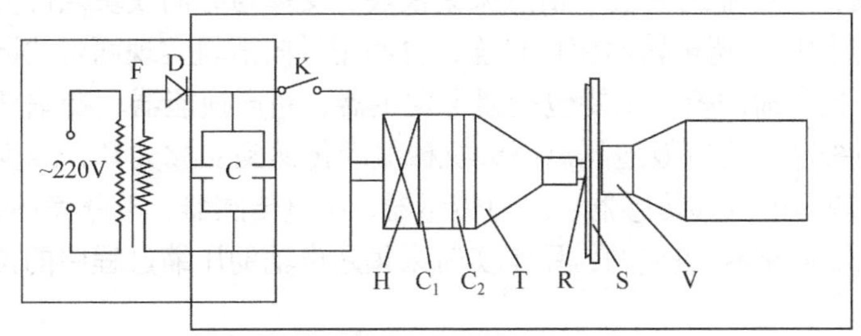

图 5-54　电磁铆接设备原理

F. 升压变压器；D. 整流器；C. 电容器；K. 开关；H. 缓冲器；C_1. 铆枪线圈；C_2. 次级线圈；T. 应力波调节器；R. 铆钉；S. 试件；V. 顶铁

由式(5-5)～式(5-7)可以看出，通过改变电容量 C 和充电电压 U_0，可以调整应力波的强度 σ。

应力波调节器 T 为一个变幅杆，大端为输入端，小端为输出端，其作用为调制应力波波形，调制后输出至铆钉，应力波的幅值被放大，持续时间被延长，以使铆钉成形。

应力波铆接的顶铁重量不必太大，理论上只需要提供一个反射面。在安装干涉螺栓时，

螺栓端头无反射面，在应力波作用下，螺栓伸长并按泊松比直径变细，可装入比螺栓直径小的孔内，形成干涉配合。用同样的方法也可拆卸干涉螺栓而不擦伤孔壁。电磁铆接常用于难成形材料、大直径、厚夹层的铆钉连接结构。

3. 超声振动辅助铆接技术

超声振动辅助铆接技术：是将超声振动辅助技术迁移到传统铆接技术中，利用超声振动的体积效应和表面效应改善铆钉塑性、降低铆接力、提高铆接质量的一种新型辅助铆接技术。

超声振动辅助模块工作原理如图 5-55 所示。在超声发生器接通电源后，通过旋钮调节输入功率，输入功率越大，振幅越大。超声振动辅助模块工作过程为：低频电能经超声发生器后转出成高频电能；在高频电信号传输至超声换能器后，利用压电陶瓷片的电压效应将电信号转换为小振幅的高频机械振动；再经过超声变大器将机械振动的振幅进行放大并传输至铆接工具头；在压力作用下，铆接工具头与铆钉接触后，使得铆钉发生高频机械振动，从而通过超声能场提高钛合金铆钉的塑性，进而提高铆钉杆变形的均匀性；直至压力达到设定值上限完成铆接，液压缸带动超声振动模块返回到初始位置。

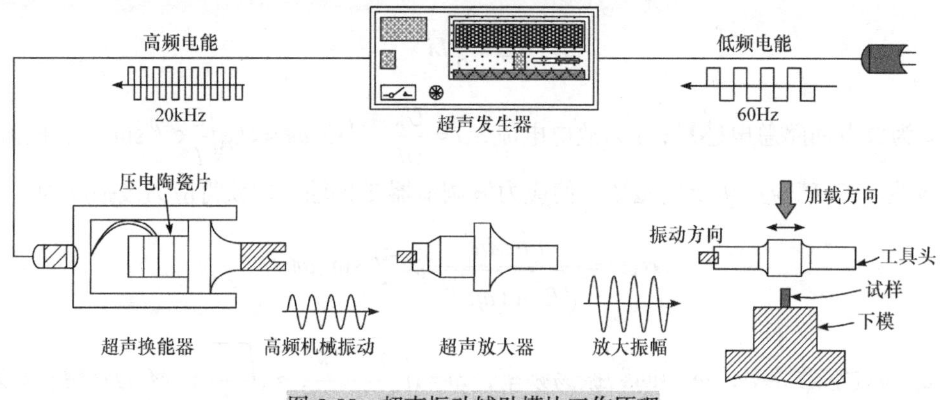

图 5-55　超声振动辅助模块工作原理

图 5-56 为超声振动辅助压缩成形试验装置及其结构示意图。横向超声振动辅助铆接平台是由动力执行模块、超声辅助模块、信息采集模块、支撑与导向模块四部分组成的。动力执行模块通过 U 形结构件与超声辅助模块相连，再利用导向滑轨实现两者协同运动并将高频振动施加到试样上。超声辅助模块主要包括超声发生器、超声换能器、变幅杆、铆接工具头以及缓冲环等，其中缓冲环可有效地隔离高频机械振动传递到支撑夹具，减少超声振动能量的耗散。信息采集模块是由位移传感器、压力传感器、压电传感器、千分表(Syntek-JR3)以及红外测温仪(FLRI A300-series)组成的，用于实时采集超声辅助压缩过程中的位移、压力、振幅以及温度等数据。

超声振动辅助铆接技术的优势如下：

(1)具有技术成熟、易迁移、成本低等特点；

(2)可以改善金属塑性，降低变形抗力；

(3)可以提高铆接干涉量的均匀程度；

(4)可以提高铆接结构的疲劳性能；

(5)可以提高铆接结构的疲劳剩余强度；

(6)可以降低模具磨损，提高工件成形质量与表面光洁度。

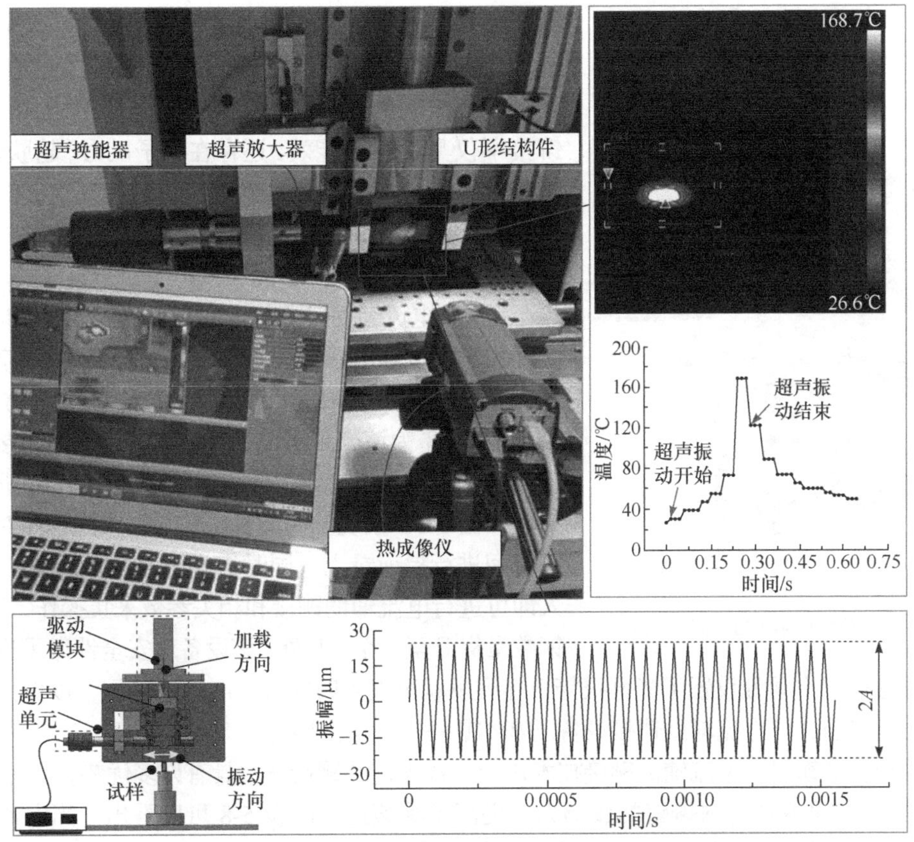

图 5-56　超声振动辅助压缩成形试验装置及其结构示意图

4. 电流辅助铆接技术

电流辅助铆接技术是在铆接前或者铆接过程中施加电流作用，以提高难成形金属铆钉塑性和铆接质量的一种先进铆接技术。图 5-57 为电流辅助铆接示意图。电流辅助铆接技术的基

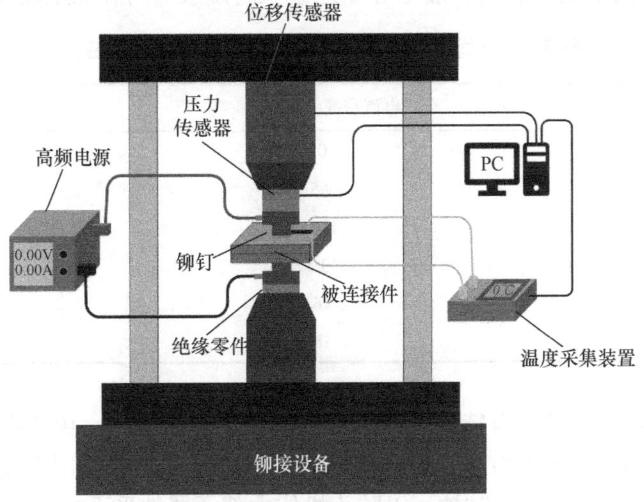

图 5-57　电流辅助铆接示意图

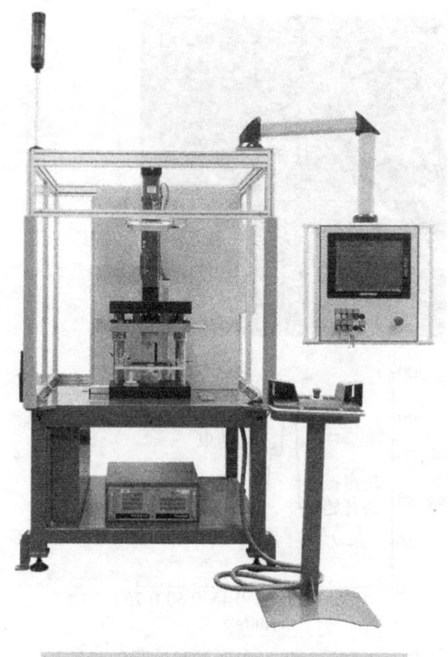
图 5-58　多功能电流辅助铆接设备

本原理是金属铆钉由于自身电阻的存在，经受大电流激励之后会产生显著的热效应，铆钉受热软化并提高塑性和对孔内空间的填充能力。区别于传统热铆，电流辅助铆接不仅具备热场能效，还存在电子风力、趋肤效应等，这些效应通过作用于金属微观组织的物理组成对其性能造成影响，金属材料因组织内部阻碍位错的钉扎松动而在宏观上表现出塑性提升。

目前，电流辅助铆接技术的发展仍处于起步阶段，国内外关于电流辅助铆接技术的研究相对较少。南京航空航天大学团队在该领域进行了深入的研究并取得了一些成果，图 5-58 为该团队研发的多功能电流辅助铆接设备。该设备通过继电器将高频开关电源集成于压铆机控制系统中，由 PLC 系统统一调度，并开发相关程序对电流通断时间进行提前录入，同时集成压力-位移采集功能，单人即可进行电流辅助铆接和相关参数采集操作，每分钟压铆数量提升至 5 个。此外，该设备对安全性做了进一步考虑，在开敞操作空间处设置了光幕报警，在突发状况发生时能够及时断电停压，以保证操作人员的安全。目前，该电流辅助铆接设备已基本具备工业生产能力。

相较于普通铆接，电流辅助铆接技术作为一种先进的铆接技术具有许多优势，具体如下：

(1) 降低了难变形材料铆钉的成形力，提高了其塑性。由表 5-8 可以看出，当电流作用于铆钉时，钛合金铆钉的屈服应力明显降低，但其塑性提高。

(2) 提高了连接域干涉量的均匀性。在电流作用下，铆钉的流动应力增大，塑性提升，铆接接头的干涉量均匀性得到提升。

(3) 温升快，处理时间短。电流作用响应快速的特点适用于铆接变形空间小、变形快的情况。

(4) 可消除金属内部因为轧制、加工等工艺累积的残余应力和加工硬化。

表 5-8　不同电流密度下钛合金铆钉铆接的屈服应力

试验编号	电流密度/(A/mm²)	屈服应力/MPa
1	0	640
2	9.5	600
3	11.5	568
4	13.5	526
5	16	517
6	18	493

电流辅助铆接技术因其具有特殊性，也存在一些局限。例如，由于电流辅助铆接设备需要通电，目前仅适用于金属铆钉和绝缘连接板间的紧固，同时在使用电流辅助铆接工艺时还需要对铆接机床进行相应的绝缘防护，以防止机体内部元器件受干扰。

5.3.8　铆接缺陷

常见的铆接缺陷种类、产生原因及其排除方法如表 5-9 所示。

表 5-9　常见的铆接缺陷种类、产生原因及其排除方法

序号	图形	缺陷种类	产生原因	排除方法
1	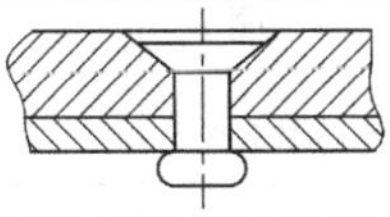	沉头铆钉头凹进零件表面	(1)锪窝太深； (2)铆钉头高度太小	更换铆钉或加大铆钉
2	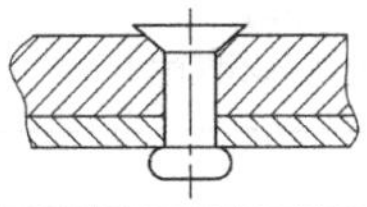	沉头铆钉头凸出零件表面过多	(1)锪窝太浅； (2)铆钉头高度太大	更换铆钉重新锪窝
3	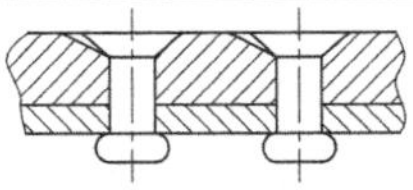	铆钉头与钉窝之间有间隙	(1)钉头与钉窝的角度不一致； (2)钉窝偏斜	用大一号铆钉重新锪窝铆接
4	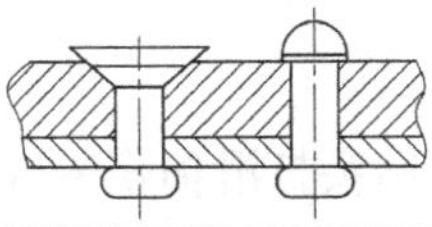	钉杆在钉头下镦粗；铆钉头与零件有间隙	(1)铆接时冲头压力不够； (2)顶把压紧力过大	更换铆钉或补铆
5	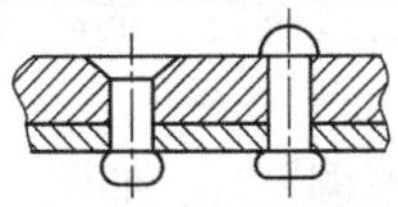	铆钉镦头直径过小	(1)铆钉长度不够； (2)孔径过大； (3)铆接力不够大	更换铆钉或加补铆
6	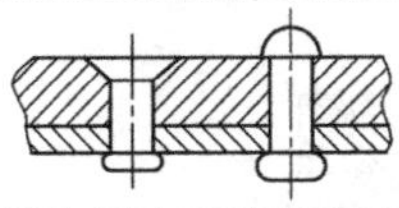	铆钉镦头高度过小	(1)铆钉长度不够； (2)铆接力过大	更换铆钉
7	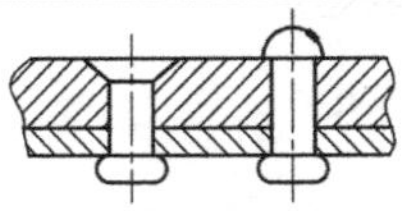	铆钉头或镦头被打伤、有切痕、有裂纹	(1)顶把所顶位置不正确； (2)铆钉材料塑性不够	更换铆钉
8		镦头呈喇叭形	(1)铆枪功率过小； (2)气压不够； (3)顶把太轻	更换铆钉
9	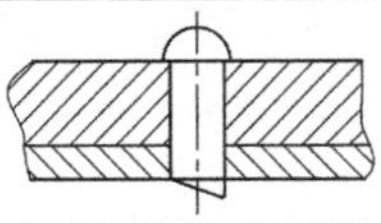	镦头偏移过大	(1)铆钉过长； (2)顶把所顶位置不正确； (3)钉孔偏斜	更换铆钉
10	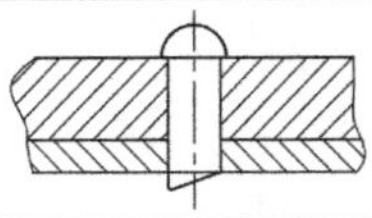	镦头偏斜	(1)顶把面与零件不平行； (2)压铆模工作面外斜	更换铆钉
11	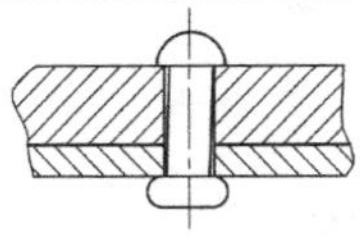	钉杆在孔内弯曲	钉孔直径过大	用大一号铆钉铆接
12	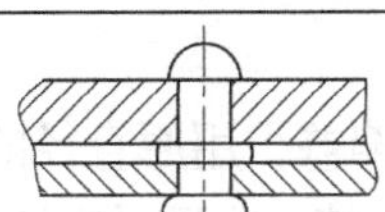	钉杆在零件间被镦粗	(1)铆接时零件未贴合好； (2)零件未被夹紧	钻掉铆钉排除夹层间隙，再铆

续表

序号	图形	缺陷种类	产生原因	排除方法
13		在铆钉头处零件被打伤	(1)冲头上的窝过深； (2)铆枪冲头安放不垂直	严重时要更换零件
14		铆钉头周围蒙皮下凹	(1)蒙皮与骨架之间有间隙； (2)操作者配合不协调； (3)顶把重量与铆枪功率不匹配	校正敲修
15		蒙皮沿铆缝局部下陷或整个下陷	(1)操作者配合不协调； (2)顶把重量与铆枪功率不匹配	轻则敲修，重则分解铆钉加垫排除

5.3.9 铆钉的分解、更换和加大

1. 铆钉的分解

分解铆钉示意图如图 5-59 所示，分解时应注意以下几点：

(1)在分解半圆头铆钉时，在铆钉头中心处打冲点，以避免钻头打滑损伤零件；

(2)用与铆钉孔直径相同的钻头钻掉铆钉头，钻孔深度不应超过铆钉头的高度，如图 5-59(a)和(b)所示；

(3)利用顶把将铆接件顶住，用与铆钉直径相同的铆钉冲冲掉铆钉杆，如图 5-59(d)所示。

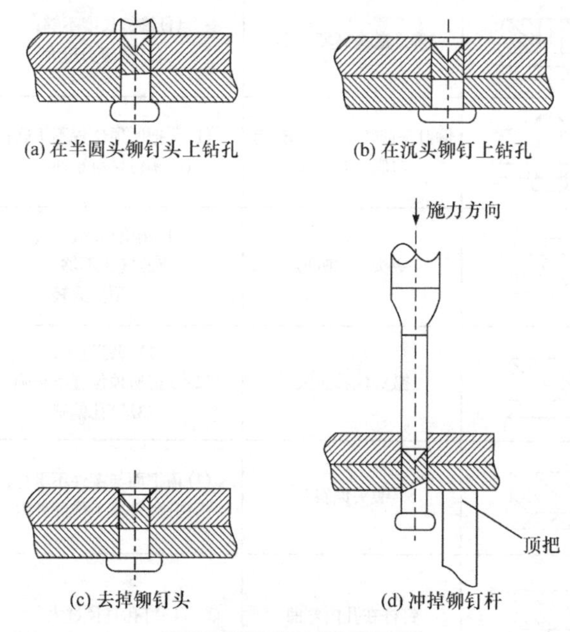

(a) 在半圆头铆钉头上钻孔　(b) 在沉头铆钉上钻孔

(c) 去掉铆钉头　(d) 冲掉铆钉杆

图 5-59　分解铆钉示意图

2. 铆钉的更换和加大

在铆钉分解后，铆钉孔实际偏差符合更换同号铆钉的孔极限偏差，用原直径的铆钉铆接。若分解或其他原因使铆钉孔超差，则应该选用直径大一号的铆钉铆接，选择时应注意以下几点：

(1)加大铆钉的孔应符合规定；

(2)用直径大一号的沉头铆钉时，压窝的蒙皮可不加大沉头窝的深度，而锪窝的蒙皮应相应加大沉头窝的深度；

(3)加大的铆钉数量不得超过铆钉排总钉数量的 10%，且不得连续分布。

5.4　螺 栓 连 接

螺栓连接是飞机结构的主要连接形式之一，这种连接方式具有强度高、可靠性高、安装方便、易于拆卸等特点，因此螺栓连接技术发展迅速，应用范围更加广泛。螺栓连接主要应用于飞机主要承力结构部位的连接。在飞机大部件对接时，如机翼与机身对接，多采用高强度的重要螺栓。采用超高强度合金钢和钛合金制作的螺栓可以减轻结构的重量，采用干涉配合，以提高连接结构的疲劳强度。

5.4.1　螺栓连接的种类

1. 普通螺栓

普通螺栓用于连接两个较薄的零件。在被连接件上开有通孔，插入螺栓后在螺栓的另一端拧上螺母，如图 5-60 所示。采用普通螺栓的钉杆与孔之间有间隙，通孔的加工要求较低，其结构简单、装拆方便，应用广泛。普通螺栓连接是飞机机体上广泛采用的一种可卸连接方式。

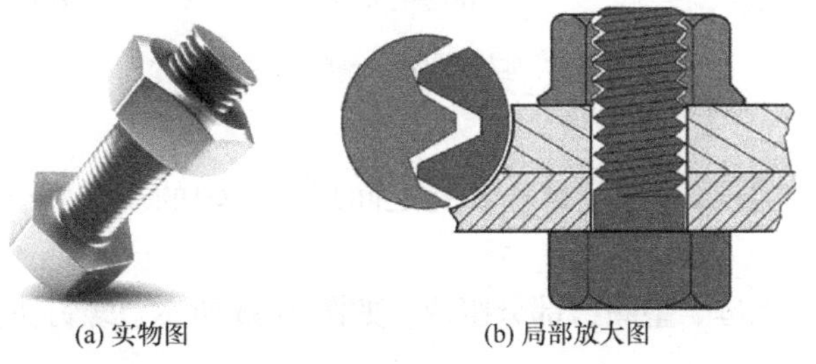

(a) 实物图　　(b) 局部放大图

图 5-60　普通螺栓

2. 高锁螺栓

高锁螺栓：是具有自锁能力的抗剪连接件，由螺栓和特种双螺母组成。双螺母上部为工艺螺母，拧紧时自行断掉，用以控制拧紧力矩，而无须用定力扳手。

高锁螺栓利用其过盈量与孔造成的干涉配合和较高的预紧力的组合作用来提高接头的疲劳强度。

高锁螺栓是一种快速安装的螺栓，它具有强度高、重量轻(与普通螺栓相比，重量减小 39%)、安装方便等优点，可控制夹紧力，提高疲劳寿命，不同类型的高锁螺栓示意图如图 5-61 所示。图中所示的三种螺栓是我国建立的三种高锁螺栓标准形式，其中图 5-61(a)为普通形式；图 5-61(b)为带有密封环的形式，该结构可保证密封；图 5-61(c)为带挤压头的形式，高锁螺栓的钉杆有微量的凸起部分，使孔表面压光强化，以产生预应力。

高锁螺栓、螺母的安装过程如图 5-62 所示。

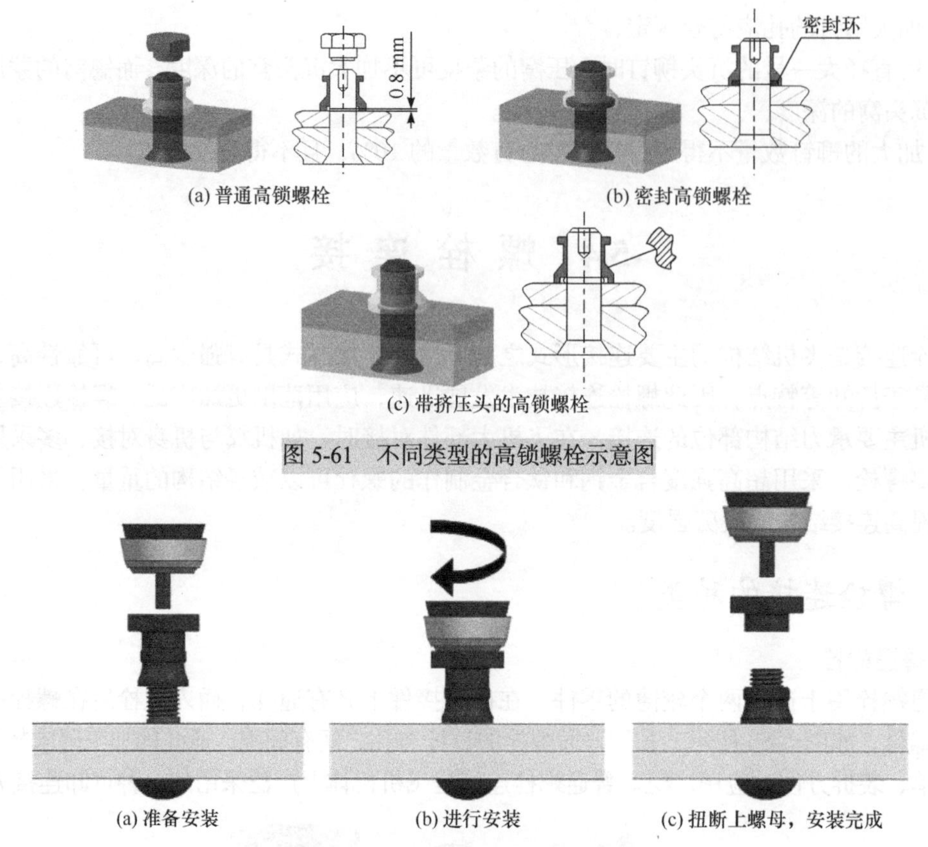

图 5-61 不同类型的高锁螺栓示意图

图 5-62 高锁螺栓、螺母的安装过程

3. 锥形螺栓

采用锥形螺栓的主要目的是使螺栓和孔之间形成均匀的干涉配合，以提高结构的疲劳寿命。

锥形螺栓由螺栓、螺母、垫圈三部分组成，如图 5-63 所示。螺钉头分为埋头和凸头两种。螺栓的锥度为 1/48。

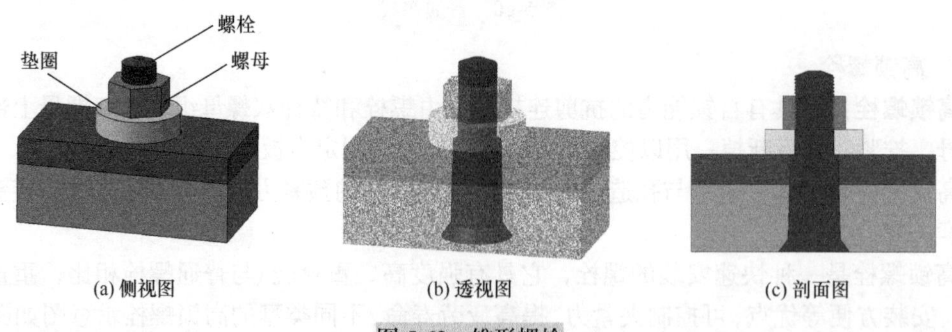

图 5-63 锥形螺栓

按规定，孔和钉杆有 0.08mm 的过盈量，沿钉杆全长具有均匀的干涉量。与其他干涉配合的连接件相比，锥形螺栓所形成的干涉量最均匀，因此疲劳寿命最高。

虽然锥形螺栓在每架飞机上的使用数量不多，但均用于重要的受力部位，缺点是成本高。

5.4.2　螺栓连接的预紧

1. 预紧力产生原理

螺栓紧固件的螺纹结构如图5-64(a)所示，螺旋角为θ的螺纹紧固件的拧紧过程相当于在图5-64(b)所示的倾斜角为θ的斜面上推动重物，其中斜楔代表螺母，梯形小块代表螺栓。

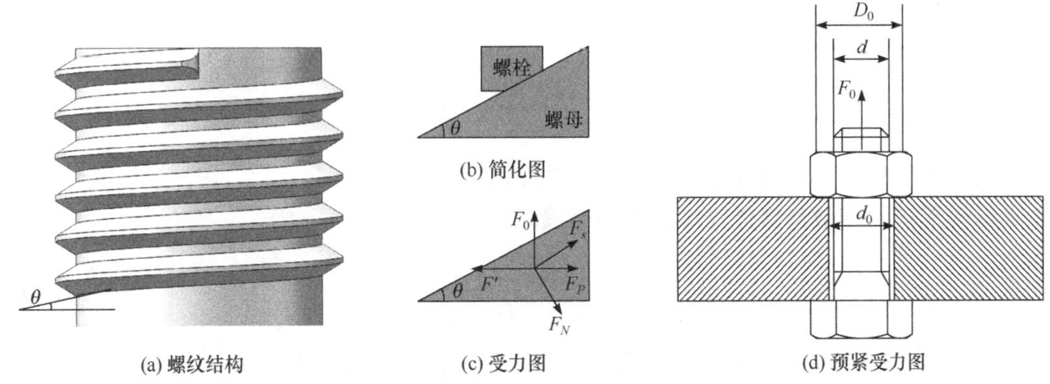

图5-64　螺栓预紧力形成原理

螺母所受拧紧力F'表达式为

$$F' = F_s \cos\theta + F_N \sin\theta + F_P \tag{5-8}$$

$$F_0 + F_s \sin\theta = F_N \cos\theta \tag{5-9}$$

式中，F_P为螺栓端面摩擦力；F_s为螺栓螺纹与螺母螺纹之间的摩擦力；F_N为螺母与螺栓螺纹之间的支承力；F_0为螺母所受被连接件的支承力，即预紧力。

2. 预紧力控制

对于主要受力螺栓，预紧力的控制有严格要求。预紧力控制的方法有很多，通常采用扭矩扳手，图5-65所示，利用控制拧紧力矩的方法来控制预紧力的大小。扭矩扳手也称为扭力扳手或力矩扳手，力矩就是力和距离的乘积，在紧固螺栓、螺母等螺纹紧固件时需要控制施加力矩的大小，以保证螺纹紧固且不至于因力矩过大而破坏螺纹，因此利用扭矩扳手来操作。在操作时，首先设定一个需要的扭矩上限，当施加的扭矩达到设定值时，扳手会发出“卡塔”的声响或者扳手连接处折弯一点角度，这就代表已经紧固无须再加力。

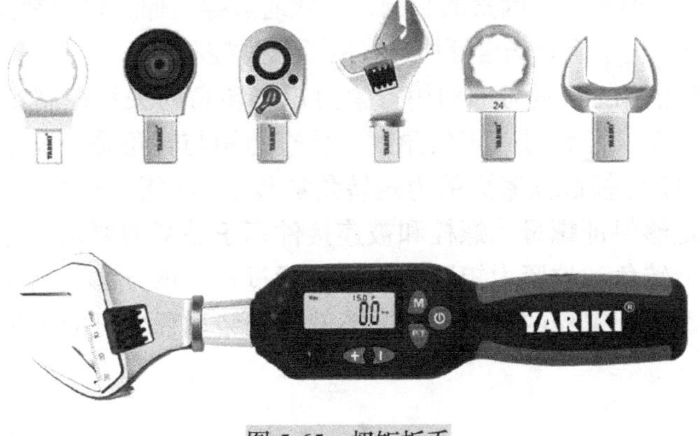

图5-65　扭矩扳手

装配时预紧力的大小是通过拧紧力矩来控制的。因此，应从理论上找出预紧力和拧紧力矩的关系。

拧紧力矩$T(T = FL)$的作用使螺栓和被连接件之间产生预紧力F_0。拧紧力矩T等于螺旋副间的摩擦阻力矩T_1和螺母环形端面与被连接件(或垫圈)支撑面间的摩擦阻力矩T_2之和，即

$$T = T_1 + T_2 \tag{5-10}$$

螺旋副间的摩擦阻力矩T_1为

$$T_1 = F_0 \frac{d_2}{2} \tan(\varphi + \phi_v) \tag{5-11}$$

式中，d_2为螺栓中径；φ为螺纹升角；ϕ_v为当量摩擦角。

螺母环形端面与被连接件支撑面间的摩擦阻力矩T_2为

$$T_2 = \frac{1}{3} f_c F_0 \frac{D_0^3 - d_0^3}{D_0^2 - d_0^2} \tag{5-12}$$

式中，f_c为螺母与端面的摩擦系数；D_0为螺母环形支撑面外径；d_0为螺栓孔直径。

将式(5-11)和式(5-12)代入式(5-10)，得

$$T = \frac{1}{2} F_0 \left[d_2 \tan(\varphi + \phi_v) + \frac{2}{3} f_c \frac{D_0^3 - d_0^3}{D_0^2 - d_0^2} \right] \tag{5-13}$$

通常预紧力控制方法有以下几种。

(1)通过拧紧力矩控制预紧力。拧紧力矩与螺栓预紧力呈线性关系，只要可以控制拧紧力矩的大小，就可以通过试验或理论计算方法得到预紧力。但在实际中，受摩擦系数和几何参数偏差的影响，在一定的拧紧力矩下，预紧力变化较大，因此通过拧紧力矩来控制螺栓预紧力的精度不高，其误差为±25%，最大可达±40%。一般来说，测力矩扳手和限力扳手是控制拧紧力矩比较精准的工具。

(2)通过螺母转角控制预紧力。根据需要的预紧力计算出螺母转角，拧紧时量出螺母转角就可以达到控制预紧力的目的。测量螺母转角最简单的方法是刻一条零线，按螺母转过几方的数量来测量螺母转角，螺母转角的测量精度可控制在10°～15°。

(3)通过螺栓伸长量控制预紧力。螺栓的伸长量仅与螺栓的应力有关，可以排除摩擦系数、接触变形、被连接件变形等可变因素的影响，因此通过螺栓伸长量控制预紧力可以获得很高的精度，该方法广泛应用于重要场合螺栓连接的预紧力控制。

(4)通过力矩转角控制预紧力。利用拧紧力矩与转角的关系控制预紧力就是给螺栓施以一定的力矩，然后使螺母转过一定的角度，检查力矩与转角是否满足应有的关系，以避免预紧不足或预紧过度。控制预紧力的力矩转角法步骤为：①利用拧紧力矩控制拧紧过程，直至拧紧力矩达到足够保证螺母、螺栓和被连接件真正贴紧的要求，这时方能开始测量螺母转角；②利用螺母转角和拧紧力矩同时控制拧紧过程。该方法是利用拧紧力矩和螺母转角给出的信息，精确控制螺栓的预紧力，并能发现安装过程中可能出现的拧紧不足或拧紧过度的现象。

5.4.3　螺栓连接的防松

1. 螺栓防松原理

螺纹连接件一般采用单线普通螺纹，螺纹升角小于螺旋副的当量摩擦角。因此，连接螺纹都能满足自锁条件($\varphi<\phi_v$)。此外，拧紧后螺母和螺栓头部等支承面上的摩擦力也有防松作用，因此在静载荷和工作温度变化不大时，螺纹连接不会自动松脱。但在冲击、振动和变载荷的作用下，螺旋副间的摩擦力可能减小或瞬间消失。这种现象在多次重复后，就会使连接松脱。在高温或温度变化较大的情况下，螺纹连接件和被连接件的材料发生蠕变和应力松弛，也会使连接中的预紧力和摩擦力逐渐减小，最终导致连接失效。基于上述原因，发动机中的螺纹连接需要采取更有效的防松措施。螺栓防松的根本问题在于防止螺旋副相对转动。螺栓防松的方法按其工作原理可分为摩擦防松、机械防松以及破坏螺纹副防松等。

2. 螺栓防松方法

螺栓常用的防松方法如表 5-10 所示。

表 5-10　螺栓常用的防松方法

防松方法		结构示意图/实物图	特点与应用
摩擦防松	对顶螺母		对顶螺母防松时产生两个摩擦力面，一个摩擦力面是螺母与被紧固件之间的面，另一个摩擦力面是螺母与螺母之间的面。螺母松退必须克服第一摩擦力和第二摩擦力，第一摩擦力减小的同时第二摩擦力增大，这样防松效果就会比较好。 结构简单，适用于平稳、低速、重载的固定装置
	弹簧垫圈	弹簧垫圈	弹簧垫圈的防松原理是依靠压缩弹簧垫圈产生的弹力和弹簧垫圈缺口的刃边卡到连接面上起到防松效果。其结构简单、使用方便。 在冲击、振动环境下，防松效果较差，适用于不重要的连接
	自锁螺母		自锁螺母一般是依靠摩擦力，其原理是通过压花齿压入钣金的预置孔中，一般预置孔的孔径略小于压铆螺母。螺母与锁紧机构相连，当拧紧螺母时，锁紧机构锁住螺栓螺纹。 适用于剧烈振动、温度剧烈变化、环境异常恶劣的场合

续表

防松方法		结构示意图/实物图	特点与应用
机械防松	止动垫圈		螺母在拧紧后，将单耳和双耳止动垫圈分别向螺母和连接件的侧面折弯贴紧，即可将螺母锁住。若两个螺栓需要双联锁紧，则可采用双联制动垫圈，使两个螺母相互制动。 适用于冲击较大、振动较大、高速的场合
	串联钢丝	正确	弹簧垫圈的防松原理是在将弹簧垫圈压平后，弹簧垫圈会产生一个弹力，使螺母与螺栓的螺纹连接副保持一个摩擦力，进而产生阻力矩，防止螺母松动。 适用于螺栓组连接防松
	开口销		螺母在拧紧后，将开口销插入螺母槽与螺栓尾部孔内，并将开口销尾部扳开，防止螺母与螺栓相对转动。 适用于冲击较大、振动较大的高速机械中运动部件的连接
	开槽螺母		开槽螺母与螺杆带孔螺栓和开口销配合使用，以防止螺栓与螺母相对转动。 适用于冲击较大、振动较大的高速机械中运动部件的连接
破坏螺旋副防松	焊接、冲点、黏接	涂黏结剂 (a) 焊接防松　(b) 冲点防松　(c) 黏接防松	铆冲防松在拧紧后采用冲点、焊接、黏接等方法，使螺纹副失去运动副特性而成为不可拆连接。这种方式的缺点是螺栓螺母只能使用1次，且拆卸十分困难，必须破坏螺栓副才可拆卸。 适用于装配后不再拆卸的场合

5.5 机械连接的力学性能

5.5.1 机械连接力学性能的内涵

1. 机械连接力学性能的基本概念

机械连接力学性能：是指连接结构在不同环境下，承受各种外加载荷(拉伸、压缩、弯曲、扭转、冲击、交变应力等)时所表现出的力学特征。力学性能一般分为脆性、强度、塑性、硬度、韧性等，对机械连接结构而言，结构强度是最受关注也是最重要的力学性能。

机械连接强度通常是指连接结构在外加载荷下抵抗破坏和保持安全工作的能力，可分为静强度、疲劳强度等。结构的强度与载荷形式、工作环境以及它的几何尺寸、所用材料的性能、工艺质量和破坏形式有关。

载荷是指连接结构工作时所承受的各种外力和其他负载。根据载荷变化的速率，一般将载荷分为静载荷、疲劳载荷等。其中，疲劳载荷是多次重复作用在连接结构上引起结构累积损伤和开裂的载荷统称。

静强度：是指连接结构在室温条件下承受最大静载荷的能力。最大静载荷是指机械连接结构在服役过程中能产生的最大的组合载荷；极限载荷是最大静载荷与安全系数的乘积，根据极限载荷设计的连接结构，在使用中结构破坏的风险可以降低到可接受的水平；破坏载荷是指在给定的载荷分布下，连接结构发生总体破坏时的载荷。

疲劳性能：是指连接结构抵抗重复载荷引起的结构累积损伤和开裂的能力，可分为疲劳强度和疲劳寿命。其中，疲劳强度是指连接结构在无限多次交变载荷作用下不会产生破坏的最大应力；疲劳寿命是指在一定疲劳载荷水平下连接结构发生疲劳失效前所经历的应力循环数。

2. 机械连接的主要失效模式

机械连接的主要失效模式如图 5-66 所示，主要分为被连接件失效破坏和紧固件失效破坏两类。机械连接的主要失效模式总结如下：

(1) 被连接层压板的剪切破坏、劈裂破坏、拉脱破坏、挤压破坏以及上述破坏模式的组合破坏；

(2) 紧固件的剪断、拉伸破坏、弯曲失效以及上述破坏模式的组合破坏。

剪切破坏与劈裂破坏是低强度破坏形式，在结构设计中应杜绝发生。挤压破坏是可接受的破坏形式，属于局部破坏，一般不会引起整体结构灾难性破坏，是设计者希望的一种良性破坏形式。

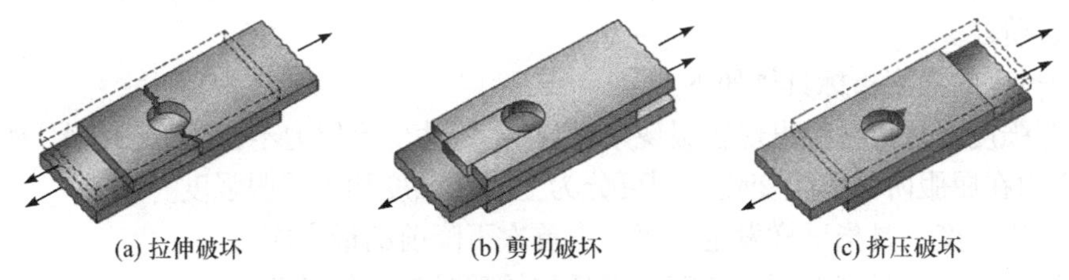
(a) 拉伸破坏　(b) 剪切破坏　(c) 挤压破坏

图 5-66　机械连接的主要失效模式

5.5.2　机械连接静强度

1. 机械连接静拉伸失效的一般过程

在工程应用中，拉伸性能是结构静强度设计的主要依据之一，也是提供预测连接件的其他力学性能的参量，如预测疲劳性能等。

静载荷：包括不随时间变化的恒载和加载变化缓慢以至可以略去惯性力作用的准静载。静载荷的特点是加载缓慢和变形速率低。力学性能测试使用的静载荷有拉伸、扭转、弯曲、压缩等，其中单向静拉伸是最简单的，也是最有代表性的。

静拉伸过程中五个阶段的变形特征如图 5-67 所示。

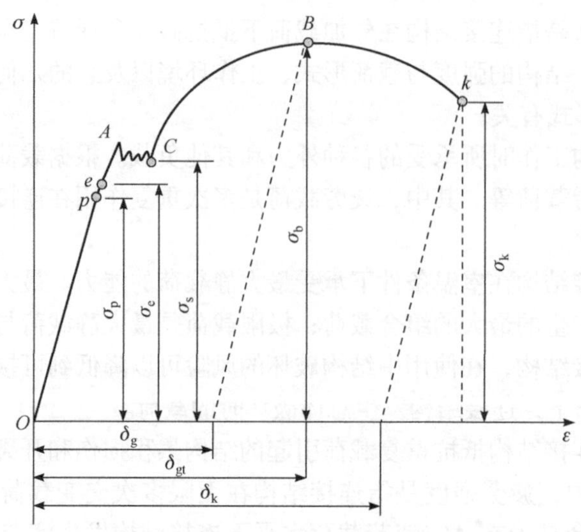

图 5-67 典型静拉伸过程的应力-应变曲线

σ为拉伸应力；ε为拉伸应变；σ_p 为比例极限；σ_e 为弹性极限；σ_s 为屈服强度；σ_b 为拉伸极限强度；σ_k 为断裂时的应力；δ_g 为最大力时的塑性应变；δ_{gt} 为最大力时的总应变；δ_k 为断裂时的塑性应变

五个阶段具体描述如下。

(1)弹性阶段(OA)：此阶段试件变形完全是弹性的。

(2)屈服阶段(AC)：此阶段应变显著增加，但应力基本不变(屈服现象)，产生的变形主要是塑性的，抛光的试件表面上可见与轴线大约成45°的滑移线。

(3)均匀变形阶段(CB)：此阶段材料抵抗变形的能力有所增强，若要增加应变，则必须增大应力，出现加工硬化现象。

(4)局部变形阶段(Bk)：试件上出现局部横截面急剧收缩现象，直至试件断裂。

(5)断裂阶段。

静拉伸过程的强度指标具体如下。

(1)屈服强度：是指材料出现屈服现象时(产生塑性变形但力不会增加的状况)所对应的应力点，若应力在屈服阶段发生变化，则可分为上屈服强度和下屈服强度。

(2)上屈服强度：是指试样发生屈服，力首次下降前的最高应力。

(3)下屈服强度：是指在屈服期间，不计初始瞬时效应的最低应力。

(4)抗拉强度：是指试验过程中对应最大力的应力，它表示材料在拉伸条件下所能承载的最大负荷的应力。

(5)断裂强度：是指拉断试样时的真实应力，它表征材料对断裂的抗力。

(6)断后伸长率：是指断后标距的残余伸长量与原始标距之比的百分率。

(7)断面收缩率：是指断裂后试样横截面积的最大缩减量与原始横截面积之比的百分率。

2. 机械连接静强度试验

静强度试验是用拉伸力将试样拉伸，产生弹性变形、弹塑性变形并拉至断裂以测定试样受力后各阶段力学性能的试验过程。

拉伸试验机也称为材料拉伸试验机或万能拉伸强度试验机，是集计算机控制、自动测量、数据采集、屏幕显示、试验结果处理为一体的新一代力学检测设备，如图 5-68 所示。其主要适用于金属及非金属材料的测试，如橡胶、塑料、铸件、钢板、钢带、有色金属金属线材的拉伸、压缩、弯曲、剪切、剥离、撕裂、两点延伸(需要另配引伸计)等多种试验。

单钉双剪拉伸试验方法：

(1)在靠近试件端部的中线位置制出孔，在孔位置加载载荷，试件外形如图 5-69 所示。载荷通常通过一个紧配合、稍微拧紧的紧固件，采用如图 5-70 所示的夹具以双剪形式施加。在试验机上通过对装配件的拉伸施加载荷。

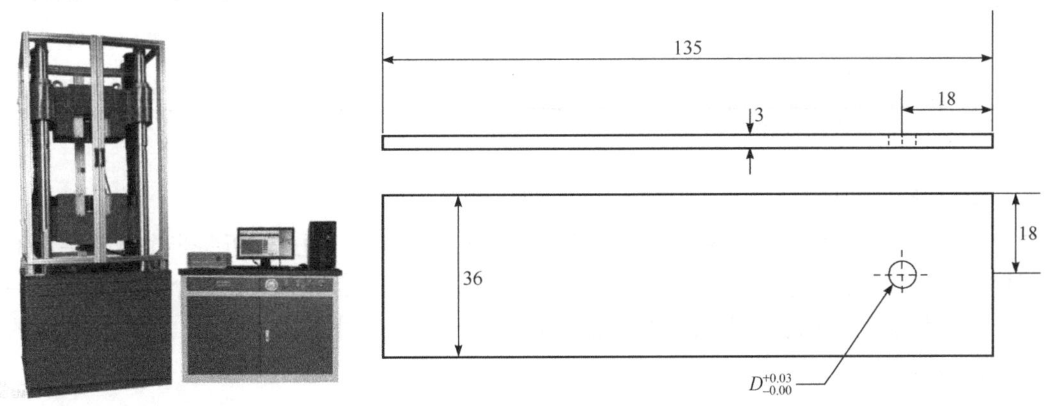

图 5-68　拉伸试验机

图 5-69　单钉双剪拉伸试件外形(单位：mm)

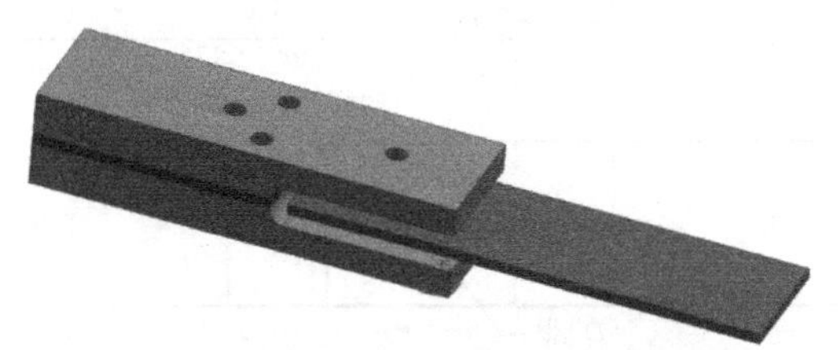

图 5-70　单钉双剪拉伸试验夹具

(2)监测施加的载荷及其伴随的孔变形。孔变形量除以孔直径可以得到有效应变，另外，施加的载荷除以孔的投影面积可以得到有效应力。为了确定更有代表性的失效模式，试件加载到载荷达到最大值时停止试验，以防止大范围的孔变形掩盖真实的失效模式。绘制出整个加载范围内的应力-应变曲线，并记录失效模式。由试验结束前承受的最大载荷确定材料的极限静强度。

单钉双剪拉伸试验的主要参数如表 5-11 所示。

表 5-11　单钉双剪拉伸试验的主要参数

试验参数	ASTM 标准的要求	可调整性
载荷条件	双剪	不可调整
匹配材料	钢夹具	不可调整
孔的数量	1	不可调整
沉头孔	非沉头孔	不可调整

续表

试验参数	ASTM 标准的要求	可调整性
配合	紧配合	可根据试验需求任意调整
紧固件拧紧力矩/(N · m)	2.2～3.4	可根据试验需求任意调整
层压板	准各向同性	可根据试验需求任意调整
紧固件直径/mm	6	可根据试验需求任意调整
边距比	3	可根据试验需求任意调整
W/*D* 比	6	可根据试验需求任意调整
D/*h* 比	1.2～2	可根据试验需求任意调整

注：*W* 为端距；*D* 为孔径；*h* 为试件厚度。

单钉单剪拉伸试验方法：

(1)平直等截面矩形试件由两个相似的二等分部分组成，通过靠近每半个试件端部的一个或两个孔，用紧固件将两部分组合，如图 5-71 所示。此外，在试件每一个夹持端粘贴一块垫板，可以使载荷作用线沿着试件两部分之间的界面，并通过孔的中心线，从而将载荷的偏心度降到最小。

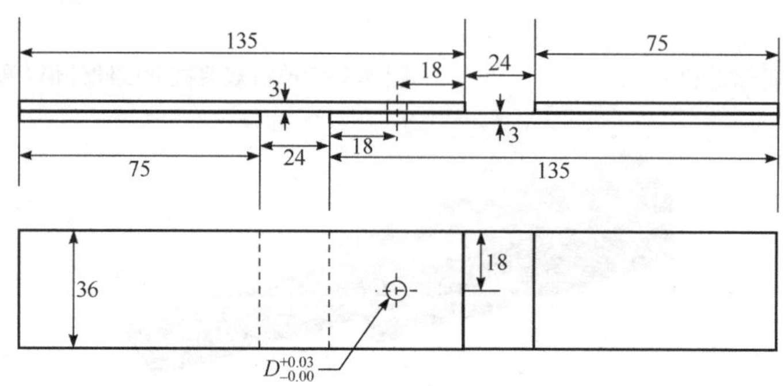

图 5-71 单钉单剪拉伸试件外形(单位：mm)

(2)在无支持夹具时，将试件的两端直接夹持在试验机的夹头中，并施加拉伸载荷。在使用支持夹具时，试件先安装于通过紧固件组合的支持夹具中，对试件表面进行支持，再以剪切的形式传递到试件上，支持夹具外形如图 5-72 所示。虽然试件/夹具装配件既可受拉伸也可受压，但支持构型主要用于压缩加载。

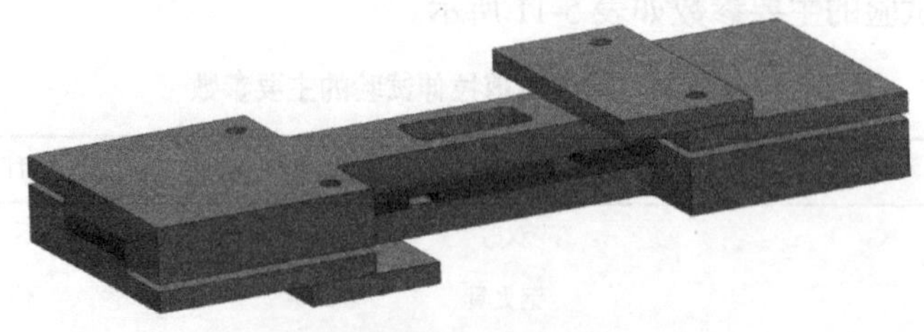

图 5-72 单钉单剪拉伸试验夹具

(3) 监测施加的载荷及其伴随的孔变形。孔变形量除以孔直径(对两个二等分部分的孔变形量进行修正的系数为 2)可以得到有效应变。另外，施加的载荷除以孔的投影面积可以得到有效应力。为了确定更有代表性的失效模式，试件加载到载荷达到最大值时停止试验，以防止大范围的孔变形掩盖真实的失效模式。绘制出整个加载范围内的应力-应变曲线，并记录失效模式。由试验结束前承受的最大载荷确定材料的极限静强度。

单钉单剪拉伸试验的主要试验参数如表 5-12 所示。

表 5-12　单钉单剪拉伸试验的主要参数

试验参数	ASTM 标准的要求	可调整性
载荷条件	单剪	不可调整
支持夹具	无	如有需要，可使用夹具
孔的数量	1	1 或 2
沉头孔	非沉头孔	可根据试验需求任意调整
垫圈	无	可根据试验需求任意调整
匹配材料	同样的层压板	可根据试验需求任意调整
配合	紧	可根据试验需求任意调整
紧固件力矩/(N · m)	2.3～3.4	可根据试验需求任意调整
层压板	准各向同性	可根据试验需求任意调整
紧固件直径/mm	6	可根据试验需求任意调整
端距比	3	可根据试验需求任意调整
W/D 比	6	可根据试验需求任意调整
D/h 比	1.2～2	可根据试验需求任意调整

5.5.3　机械连接疲劳性能

1. 机械连接疲劳失效过程及特征

合理设计机械连接应考虑三条疲劳失效准则：

(1) 钉孔拉伸、剪切和挤压破坏；

(2) 钉孔永久伸长变形超过允许值；

(3) 连接剩余强度低于设计要求值。

只要达到任何一条疲劳失效准则，连接的寿命就终结。一般情况下，钉孔永久伸长变形最先达到限值，因此其成为很重要的失效准则。

疲劳失效过程包括裂纹形成阶段和裂纹扩展阶段。机械连接结构在重复载荷的作用下，材料和结构的微小缺陷和滑移带的扩展形成疲劳裂纹源和微裂纹，进而扩展到工程中可检裂纹尺寸，称为裂纹形成阶段；随着使用时间的不断增加，裂纹的稳定拓展使承载能力(剩余强度)逐步下降，直至进入快速不稳定的裂纹扩展达到临界裂纹时发生断裂破坏，称为裂纹扩展阶段。

通常将裂纹达到可检尺寸之前的寿命称为裂纹形成寿命，裂纹从可检尺寸开始到断裂的寿命称为裂纹拓展寿命。

疲劳失效与静力失效有本质的区别，主要表现为以下几个方面：

(1)静力失效大多是一次最大载荷作用下产生的破坏；疲劳失效是多次反复载荷作用下产生的破坏，它不是在短期内发生的，而是要经历一定的时间，甚至很长的时间才发生。

(2)当构件中静应力小于强度极限时，不会发生静力失效。但是，构件在疲劳载荷作用下，疲劳载荷在远小于强度极限的情况下可能发生疲劳失效。

(3)无论是脆性材料还是塑性材料，疲劳失效在宏观上均表现为无明显塑性变形的突然断裂，因此疲劳失效常表现为低应力脆性断裂，这一特征使疲劳失效具有更大的危险性。

(4)静力失效的抗力主要取决于材料本身；疲劳失效对于材料特性、构件的形状和尺寸、表面状态、使用条件、外界环境等都十分敏感。

(5)疲劳失效常具有局部性质，并不涉及整个结构的所有构件。局部改变细节设计或工艺措施，即可较明显地增加疲劳寿命。在飞机结构维修中，由于疲劳失效具有局部性，当发现疲劳裂纹时，一般不需要更换全部结构，只需要修整构件损伤处，加强构件损伤处，或更换损伤构件。

(6)疲劳失效是一个累积损伤的过程，其断口在宏观上和微观上均有其特征。

SN 曲线：是以材料标准试件疲劳强度为纵坐标，以疲劳寿命的对数 lg N 为横坐标，表示一定循环特征下标准试件的疲劳强度与疲劳寿命关系的曲线，也称为应力-寿命曲线，如图 5-73 所示。

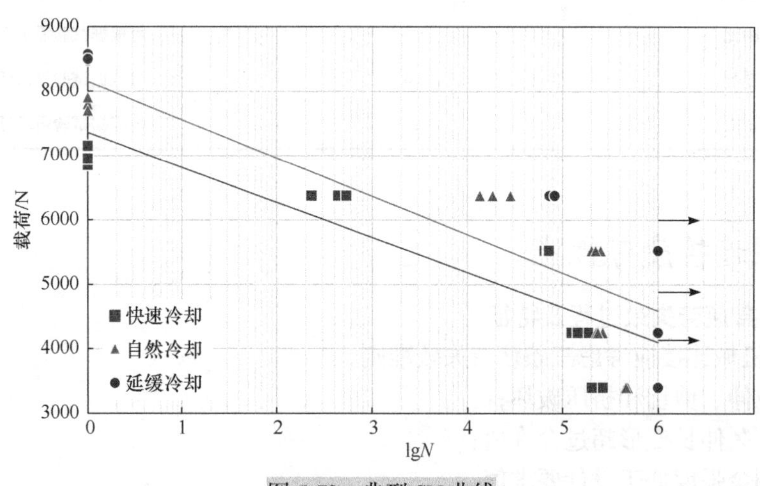

图 5-73　典型 SN 曲线

2. 影响疲劳性能的因素

1)应力集中

当构件受力时，在截面突变处应力会局部增大，这种应力局部增大的现象称为应力集中。应力集中对疲劳性能有重大影响，它会使疲劳强度和疲劳寿命大大降低。大量的试验研究表明，疲劳源总是出现在应力集中的地方。在影响疲劳性能的诸多因素中，应力集中是一个起主要作用的因素。实践表明，为了避免或减缓应力集中对疲劳性能的影响，必须严格要求受力构件的细节设计和施工。

2) 尺寸效应

构件的尺寸对疲劳性能有较大影响。一般来说，构件的疲劳性能随其尺寸的增大而降低，这种现象称为尺寸效应。材料的疲劳性能往往是利用小试件通过试验得到的，其疲劳强度和疲劳寿命实测值比实际使用中的大构件偏高。因此，利用小试件的疲劳性能进行大构件的疲劳设计时，必须考虑尺寸效应。

产生尺寸效应的因素主要有：①尺寸不同，在相同的承力形式下，零件的应力梯度不同，大尺寸零件的高应力区域大，产生疲劳裂纹概率大；②大尺寸零件中包含更多可能产生疲劳裂纹的不利因素，如材料不均匀性、内部缺陷、各向异性等；③在加工零件时，表面会有一些硬化，大多数情况下，硬化可提高疲劳性能，对小试件影响更显著。

3) 表面加工质量

在交变载荷作用下，疲劳裂纹常发生在构件的表面。这是因为在弯曲和扭转载荷下，表面层的应力最高，但在表面层的缺陷也最多。因此，表面加工质量对疲劳性能有很大的影响。大量的试验研究结果表明，试件的表面光洁度对疲劳性能有一定的影响。一般来说，表面光洁度对疲劳性能的影响是随着表面光洁度的提高，疲劳性能也提高。反之，表面加工越粗糙，疲劳性能降低越严重。

4) 温度

温度是影响疲劳性能的一个重要因素。当材料在低于蠕变温度的高温下工作时，温度对长寿命疲劳的影响是降低其疲劳性能，并使材料的 SN 曲线不再存在水平的直线段，即不再存在疲劳极限。这时，要评价构件的疲劳性能，就需要采用高温条件下的疲劳曲线。

在飞机结构中，由于飞机高速飞行时的气动加热及发动机开车、停车等，结构或构件内存在温度梯度。飞机结构是一个高度静不定结构，会限制构件的自由膨胀和收缩。另外，即使在一个零构件上，由于受温度梯度的影响，一部分材料也会约束另一部分材料的变形。这样，在交变温度作用下，就会引起交变的热应力，从而使构件产生疲劳失效，称为热疲劳。在高温下发生的疲劳失效大部分是由这种热疲劳引起的。发动机不断启动和停车，使涡轮叶片、尾喷管等经常发生由热疲劳引起的裂纹。

通常，飞机遇到的低温只有负几十摄氏度，一般材料在这种温度下的疲劳性能较室温下好，因此飞机结构在低温下的疲劳性能不是一个严重的问题。

5) 其他影响因素

冷作硬化和残余应力对疲劳性能有相当大的影响。一般来说，零构件的表面有一层均匀的残余压应力，这对疲劳性能是有利的。若零构件表面的残余应力是拉应力，则会降低疲劳性能。

金属材料的热处理方法及工艺过程对材料的静强度及其他机械性能有明显的影响，同样对材料的疲劳性能也有明显的影响。

飞机结构在生产装配过程中，很多工艺因素会影响结构的疲劳性能，如过度的强迫装配等。干涉铆接等特殊的装配工艺有利于提高结构的疲劳性能。

3. 机械连接疲劳试验

影响疲劳性能的因素有很多，在飞机结构设计中，很难全面考虑影响疲劳性能的因素。在这种情况下，疲劳试验就显得十分重要。当前，世界各国对疲劳问题的研究主要是依靠疲劳试验。

疲劳试验是指使用一定方法，使试样在一定环境下经受交变载荷循环作用，以此来测定其疲劳性能并研究其断裂过程的试验。

关于疲劳试验，存在下列几种分类方法：

(1)按试样破断时应力(应变)循环周次高低，可分为低周疲劳试验和高周疲劳试验。

(2)按试验环境，可分为室温疲劳试验、低温疲劳试验、高温疲劳试验、热疲劳试验、腐蚀疲劳试验、接触疲劳试验、微动磨损疲劳试验等。

(3)按试样的加载方式，可分为拉-压疲劳试验、弯曲疲劳试验、扭转疲劳试验、复合应力疲劳试验等。弯曲疲劳试验又可分为旋转弯曲疲劳试验、圆弯曲疲劳试验、平面弯曲疲劳试验等。

(4)按应力循环的类型，可分为等幅疲劳试验、变频疲劳试验、程序疲劳试验、随机疲劳试验等。

(5)按应力比，可分为对称疲劳试验和非对称疲劳试验。非对称疲劳试验又可分为单向加载疲劳试验和双向加载疲劳试验。单向加载疲劳试验又可分为脉动疲劳试验和波动疲劳试验。

(6)按试验目的，可分为性能测试疲劳试验、影响系数疲劳试验、对比疲劳试验、筛选疲劳试验、验证疲劳试验等。

(7)按试样有无预制裂纹，可分为常规疲劳试验、疲劳裂纹扩展试验等。

疲劳试验机是一种主要用于测定金属及其合金材料在室温状态下的拉伸、压缩、拉压交变负荷的疲劳性能试验的机器，如图 5-74 所示。

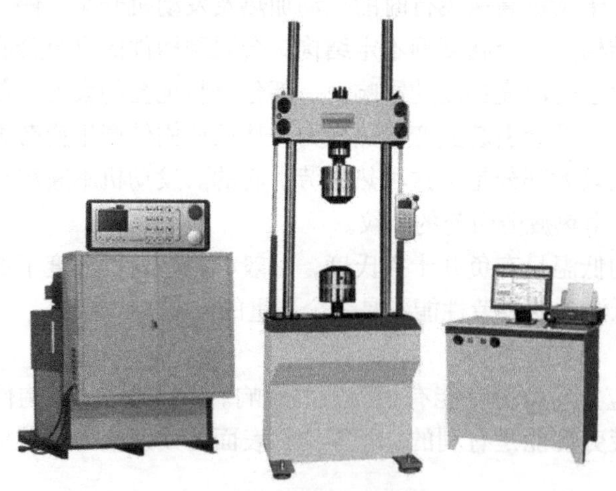

图 5-74 疲劳试验机

疲劳试验机根据试验频率可分为低频疲劳试验机、中频疲劳试验机、高频疲劳试验机、超高频疲劳试验机。频率低于 30Hz 的疲劳试验机称为低频疲劳试验机，频率为 30～100Hz 的疲劳试验机称为中频疲劳试验机，频率为 100～300Hz 的疲劳试验机称为高频疲劳试验机，频率在 300Hz 以上的疲劳试验机称为超高频疲劳试验机。机械与液压式一般为低频，电机驱动式一般为中频和低频，电磁谐振式为高频，气动式和声学式为超高频。

高频疲劳试验机根据电磁谐振的原理工作，依靠电磁铁的震荡施加载荷，是载荷较大

(20～300kN)、测试时间短(频率 80～250Hz)工况下的首选，但调频操作比较麻烦，频率选择的灵活性较差，使用时一般会将频率固定为几个挡位供用户选择。低频疲劳试验机根据电液伺服的原理工作，依靠液压作动缸的往复运动施加载荷，是大载荷(5～1000kN)、低频率(0～10Hz)工况下的首选，一般建议频率为 10Hz 左右时使用，更高的频率对液压伺服阀、密封圈等部件的摩擦损伤太大，后面的维护成本太高，因此不建议使用更高频率。

疲劳试验所涉及的基本参数定义如下。

(1)应力比：是指对试件循环加载时的最小载荷与最大载荷之比(或试件最小应力与最大应力之比)。

(2)最大应力：在应力循环中，应力的最大代数值。

(3)平均应力：最大应力和最小应力代数和的 1/2。

(4)应力级差：当以逐级变化加载方法进行试验时，相邻应力水平的差值。

(5)加载频率：疲劳试验中，单位时间内应力或应变变化的循环次数。

(6)滞回曲线：一个循环中试样的闭合应力应变相应曲线。不同循环次数下的滞回曲线示意图如图 5-75 所示。

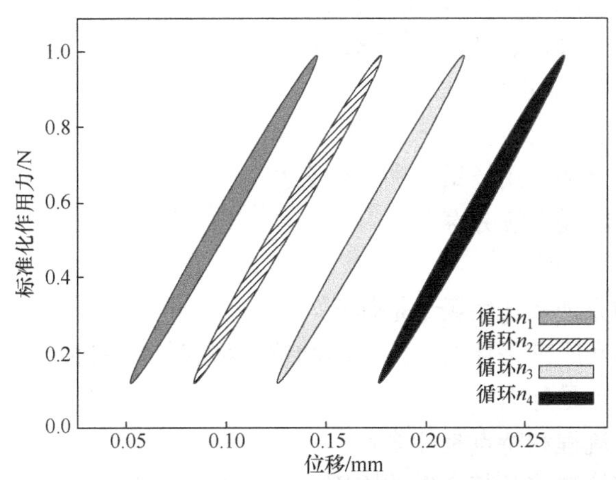

图 5-75　不同循环次数下的滞回曲线示意图

疲劳试验的基本流程：

(1)确定试验参数。根据实际情况确定试样取样方法、试样类型、几何形状、试验的最小和最大试验力(应力)、试验的力(应力)比、试验频率、疲劳载荷的波形、孔伸长量的测量方法、应停止疲劳载荷的孔伸长水平。一般来说，机械连接疲劳试验在孔伸长水平达到初始孔径的 10%～25%后停止。

(2)根据试验类型设计支撑夹具，将试样安装到支撑夹具上。

(3)以不影响试样疲劳响应的方式连接温度记录装置。对试样的温度进行监测，频率应保持在足够低的水平，以避免显著的温度变化，除非这是试验中要研究的因素。

(4)将试样安装在试验机上。试验过程中需要监控试样是否发生夹具的滑动或挤压，若发生滑动或挤压而导致试样过早失效，则该数据不应报告为有效数据。

(5)将引伸计连接至试样边缘。

(6)疲劳加载。加载方式有振幅加载和直接加载两种，两种加载方式的区别是载荷从零过渡至循环载荷的方式不同。在振幅加载时，载荷先从零增加至设定的平均力(应力)，然后缓慢增加力(应力)幅度，直至获得所需的峰值和峰谷；在直接加载时，力(应力)直接增加至最大或最小力(应力)，然后在最大和最小力之间开始循环。

(7)试验结束后，依次拆下引伸计和试样。记录试样失效形式、达到指定孔伸长量时的加载循环次数。

习　题

5-1　机械连接的内涵是什么？其优点是什么？

5-2　铆钉和螺栓的受力形式一般是什么样的？

5-3　制孔、钻孔、扩孔、铰孔、锪窝等概念的内涵是什么？

5-4　手工制孔工艺和自动制孔工艺分别是什么？

5-5　制孔刀具有哪些？刀具材料常用的有哪些？

5-6　制孔工具有哪些？分别适合什么场合？

5-7　螺旋铣孔是什么？其特点和优势是什么？

5-8　铆钉连接的定义和优缺点是什么？

5-9　正铆和反铆的定义是什么？

5-10　压铆和锤铆的特点和应用场景分别是什么？

5-11　干涉配合为什么能提高疲劳寿命？

5-12　干涉量如何计算和测量？

5-13　单面抽芯铆钉的原理和适用场景是什么？

5-14　环槽铆钉的结构和原理是什么？抗拉型和抗剪型有什么区别？

5-15　钛合金铆钉的特点是什么？

5-16　自动钻铆的工艺流程和特点是什么？

5-17　列举三种常见铆接缺陷及其产生的原因。

5-18　高锁螺栓的工作原理和特点是什么？

5-19　螺栓预紧力是如何产生的？列举两种预紧力控制方法。

5-20　螺栓防松的方法有哪些？

5-21　机械连接的主要失效形式有什么？

5-22　机械连接的力学性能包括哪些？

5-23　单剪试验和双剪试验分别是什么样的？

5-24　疲劳试验所涉及的基本参数有哪些？

第 6 章　装配工艺装备

飞机产品的结构及其工作环境不同于一般机械产品，因此在传统的飞机制造过程中，除了采用各种通用机床、常用工具和试验设备，还需要针对不同机型的零件、组件、部件制造专用工艺装备，如型架、夹具、模具、标准样件、量规等。

在飞机研制，特别在成批生产中，飞机零件数量很大、结构复杂、要求高、相互间有协调关系，因此在飞机制造中不得不采用大量的工艺装备。苏-27 战斗机全机采用工艺装备总数达 61881 项，其中标准工艺装备约 687 项，生产用工装约 61194 项。在生产用工装中，零件工装约 59689 项，装配工装约 870 项，试验设备(含地面设备)约 635 项。因此，在设计制造工艺装备时要占用大量人力，历经很长周期(一般约占飞机研制周期的 1/3)，要耗费大量的资金，且当生产机型改变时，很多工艺装备基本上不能重复利用。工艺装备的选用和制造成为飞机制造中一个十分重要的任务。在行业内有一种说法，即造飞机就是造工装，生动反映了工装制造的工作量和重要程度。

飞机工艺装备分为两大类：①生产工艺装备，直接用于零件的成形和飞机装配过程中，如模具用于成形零件、型架用于将零件装配成部件等；②标准工艺装备，作为生产工艺装备的制造依据和统一的标准，如用于安装型架的标准样件、取制成形模具的标准模型(表面标准样件)等。生产工艺装备大体包括毛坯工艺装备、零件工艺装备、装配工艺装备、检验工艺装备、精加工型架和辅助工艺装备等。

从宏观意义上来看，所有工艺装备，包括生产工艺装备和标准工艺装备等均与飞机装配过程存在影响关系。例如，零件工艺装备影响零件的加工准确度和变形，进一步影响装配时的容差分配；标准工艺装备是互换协调传递体系中非常重要的一环；检验工艺装备对于保证装配件和装配工艺装备的准确度有重要作用；精加工型架为装配后准确度提供工艺补偿，以保证互换协调性能；吊挂、工作台等辅助工艺装备直接参与装备过程，对提高劳动生产率有重要作用。但这些联系相对间接或者较弱，且内容繁多，本节不再详细介绍。有兴趣的读者可以参阅《航空制造工程手册：飞机工艺装备》。

装配工艺装备属于生产工艺装备中非常重要的一类，直接应用于装配过程，由于装配件的结构相对复杂，装配工艺装备的结构也相对复杂，基准和定位方法技术含量高，设计和安装均有严格的要求。装配工艺装备的研制周期较长，属于装配生产准备中最重要的一环，直接影响整个装配过程的进度。本章对装配工艺装备展开详细介绍。

6.1　装配工艺装备的内涵

飞机产品在装配过程中，不可能依靠自身零件的形状和尺寸装配出合格的部件和产品，因此引入了大量的专用装备，在飞机装配过程中用到的专用装备即为装配工艺装备。

6.1.1　装配工艺装备的概念和分类

装配工艺装备：简称装配工装，飞机装配过程中用到的专用生产装备，在完成飞机产品从零件到部件的装配以及总装配过程中，用于控制相关零部件的形状、位置、几何参数，具有定位和夹紧功能，是实现飞机设计制造要求的重要技术物质装备。

工厂常将装配工艺装备通称为装配夹具，在实际生产中又按不同的工艺方法命名装配夹具，如铆接装配夹具、焊接装配夹具和胶接装配夹具等。在铆接装配夹具中又将一些尺寸较大、结构较复杂的装配夹具称为装配型架。

装配型架在装配工艺装备中占据重要地位，是装配工艺人员接触最多的工装。6.2 节以装配型架为对象，详细介绍其功能、结构、设计、安装等，以使读者深刻理解装配工艺装备。

装配型架使用非常多，导致装配过程中的"工装"大多数指的是装配型架，有明显的概念缩小，应注意区分。除了装配型架，装配工装还有很多类型，如表 6-1 所示。

表 6-1　飞机装配工装类型

序号	名称	说明
1	装配型架 夹具	装配型架、夹具在装配过程中都具有独立的定位夹紧系统，通常不用依靠另外的工装或产品来完成相关装配阶段的定位、夹紧及装配操作。此类工装在装配过程中应用最广，能涵盖组件、部件、总装过程。通常情况下，型架代指体积较大的装配工装，夹具代指体积较小的装配工装
2	安装夹具	通常用于安装交点接头，安装夹具和安装量规可以为同一工装。一般根据零部件上已有的孔或接头，先将其定位在产品上，然后依据安装夹具或安装量规将待装配件安装在零部件上
3	安装量规	
4	钻模	通常用于制备精度较高的孔，保证孔的协调性或垂直度，通常情况下钻模都是和其他工装配合使用的
5	钻孔样板	一般用于铆钉或工艺螺栓孔的制备
6	补铆夹具	通常情况下补铆夹具的定位件都很少，只控制装配产品的几何形状，提供对装配型架、夹具无法进行的装配工作的夹持

6.1.2　装配工艺装备的作用

装配工艺装备是飞机装配中必备的设备或工具，用于保证飞机产品的质量、提高劳动生产率、减轻劳动强度以及降低产品成本，从而提高产品的竞争能力，具体体现在以下几个方面。

1. 保证飞机产品的质量

1) 产品的几何参数准确度

产品的几何参数准确度由飞机产品的特点所决定，大多数飞机零件形状复杂，几何参数多，不能单靠零件自身的尺寸准确度来保证最后产品的形状和尺寸的准确度。因此，在飞机制造过程中，应利用多种相互协调的工艺装备来保证产品的几何参数准确度。

在加工过程中还应该注意，工件的几何形状和相对位置有时不一定符合要求。这是因为零件在成形时可能有变形回弹，在装配时可能产生较大的焊接或铆接变形。这就需要进行检查、测量、分析，找出原因，以高速工艺方法修正工艺装备的尺寸，使得工件在装配后的形状尺寸能符合设计技术要求。

保证产品的几何参数准确度不仅限于工艺装备形状、尺寸的正确性，而且对于飞机零件中尺寸大、壁薄、刚性差的零件，工艺装备还有提高其工艺刚度的效果。对于低刚性零件的定位，可以采用多于理论上所需的六个自由度的约束，即增加定位器、夹紧器的数量和接触面积以提高工艺刚度，从而减少工件的工艺变形。

工艺装备之间的移形，传统的方法是几何参数的模拟量传递，用于保证工艺装备几何参数的准确和协调，即采用串行方式的相互联系的协调制造方法。

产品数字化建模后，采用数控加工的数字量传递方法保证工艺装备制造准确度，即采用并行方式的相互独立制造方法。目前，波音、空中客车等公司均已广泛采用这一方法，国内新机型上已全部应用，老机型局部应用。

2) 物理参数准确度

近代飞机采用了多种多样的新结构、新工艺，如胶接、钎焊、电子束焊、电加工、超塑成形、扩散连接、复合材料结构连接、激光切割等。这些工艺过程要求控制各种物理参数，如温度、压力、电流、时间、光照度等。对这些参数的控制，一部分由机床设备完成，另一部分由工艺装备完成。因此，工艺装备在保证质量方面的第二项作用是产生、测量和控制物理参数。例如，导弹弹翼的胶接夹具，除了需要确定弹翼剖面的几何形状，还需要控制胶接过程所需的温度和压力。热量由电热毯产生，夹具应设有供电装置、电流控制装置、温度测量和控制装置。胶接压力由空气压力袋产生，夹具应有供气管路阀门、压力测量与控制装置。

由此可见，随着工艺技术的发展，工艺装备正由单纯的机械装置向着包括机、电、液、气、光、计算机的综合装置发展，不断提出新的任务和研究课题。

2. 提高劳动生产率、减轻劳动强度

工艺装备上的定位器、夹紧器应定位可靠，操作方便、迅速，若采用气动、液压夹紧，机电控制，则工作效率会更高。型架卡板的升举采用气动液压装置和机械平衡装置，都可以减轻工人的劳动强度，方便工作。对于笨重的工件，可以在型架上设有下架装置来吊挂、运送部件。工人的劳动工作姿态对提高劳动生产率、减轻劳动强度有明显的影响。夹具可以是转动的，在铆接和焊接时夹具设计的尺寸、高度也应适合工人的操作姿态要求和工具的可达性。现代的人机工程学研究人与机器(工艺装备)之间的关系，求得其间最佳的适应。在人体测量学的基础上研究工艺装备的尺寸和功能，以充分发挥人的因素，提高效率，确保安全。

此外，机械手的应用、自动化的研究等都是提高劳动生产率、减轻劳动强度的有效途径。

飞机的结构特点和批量特点导致飞机装配自动化过程与一般机械产品有显著的不同，存在很多困难需要克服。提高劳动生产率、降低工人负担，一直是飞机装配的难点和重点，可以有效缩短飞机的生产周期。随着人工成本的不断提高，劳动工时的减少也日益成为飞机生产成本降低的主要因素。

3. 降低产品成本

除了减少人力消耗、提高工作效率，还有一种设计合理的工艺装备可以降低原材料消耗，即装配型架。装配型架的合理设计可以大幅度减小型架原材料用量和加工成本，工艺装备供电、供气系统等正确合理设计可以降低能源消耗、减少能量散失等。这些物力消耗的减少也降低了飞机产品的成本。

6.1.3 选择装配工艺装备的考虑因素

飞机工艺装备对保证飞机产品质量和批量生产起着重要作用，应合理地选用品种和数量，工装数量过多会耗用大量资金，占用很长的生产准备时间，造成浪费。工装数量过少又不能保证产品的质量和批量生产要求。在西方国家歼击机机体的研制过程中，工艺装备的费用占总研制经费(近十亿美元)的 16.5%～19.5%。20 世纪 60 年代，我国某型歼击机的制造采用标准样件工作法，其工装总数为 20700 项，其中标准工艺装备 640 项，装配工装 660 项，零件工装 17750 项，拼装夹具 1650 项，总造价为 4000 万元。工艺装备的设计、制造周期约为 1.5 年或更长。在新机型试制时，选择工艺装备是一项非常重要的工作。通常，先制订试制工艺总方案，规定工艺原则，如产品工艺分离面的划分、互换协调方案、工艺装备选择系数等，并且在协调图表中表示标准工艺装备和各类生产工艺装备之间的协调关系。

在选择工艺装备的品种和数量时，应以满足产品的总产量、最高年产量的需要和保证产品质量为前提，具体应考虑以下主要因素。

1) 产品结构的特点

产品的结构形式、工艺分离面的划分、连接形式和技术要求等是确定选择工艺装备品种及数量的重要因素。例如，若采用整体框、肋，则零件工艺装备少；再如，若工艺分离面划分得少，则装配工艺装备品种和标准工艺装备也少。当技术要求高、对接接头形式复杂时，对工艺装备的技术要求也就较高且数量多。在对飞机结构进行工艺性审查时，要同时考虑工艺方案、工艺装备选择的问题。

对于歼击机，其机体较小，外形准确度要求高，采用的标准样件种类和数量也就较多。相对而言，对于大型飞机的大部件，则不采用安装标准样件，而其他标准工艺装备也用得较少。

2) 生产性质和产量

新机型的研制、试制、小批量生产、正常批量生产以及改型等都有不同的周期要求和投资条件。

新机型研制要求尽快造出试验机，尽量少用标准工艺装备。当试制并要转入不同产量的批量生产时，工艺装备品种的数量要适合，既要求较快地研制出新机型，又要求为转入批量生产、增加工艺装备做出准备。当产量大时，工艺装备就要多一些。

3) 互换协调的要求

对于互换协调性要求高、协调关系复杂的工件，其标准工艺装备、检验工艺装备以及生产工艺装备都可能较多，以保证协调要求。而对于互换性部件，若没有结构的设计补偿，则常采用精加工设备以达到对接互换的要求。

4) 工厂的技术条件和发展水平

工厂的技术水平高低，传统性特点，尤其是工艺装备协调的传统经验以及研究、发展水平的现实可能，都是应该考虑的因素。

在飞机工艺装备选定后，由工艺人员拟定、发出工装设计任务书，提出对该工艺装备的技术要求，再由工艺装备设计人员进行设计、出图。

6.2 装配型架的功能和结构

6.2.1 装配型架的功能

与一般机床夹具相比，装配型架除了具有定位与夹紧零件的作用，还具有保证产品准确度的作用，具体表现在以下四方面。

(1)要保持零件的准确形状和工艺刚度。

飞机钣金零件尺寸大而刚度小，因此型架定位件的数量要根据零件或装配件的刚度适当增加，要有一定的“过定位”，这样才能保证工件在装配过程中既具有准确形状，又具有必需的工艺刚度。

(2)要限制工件在装配载荷作用下的变形。

无论是铆接，还是胶接和焊接，在连接时都会产生不同程度的变形，装配型架或夹具要能限制工件的这种变形。

(3)要保证零件和零件、零件和工艺装备之间的协调。

一般机械制造中，保证产品互换性主要是通过公差及配合制度和通用量具。而在飞机制造中，则是采用了一套特殊的保证互换协调的方法，其中包括相互协调成套的装配型架。在飞机生产中常采用分散装配的原则，一个部件的装配工作，往往不只采用一个装配型架，而是采用一套装配型架，在产量相当大时，甚至要采用几套相同的型架。因此，装配型架的品种多且数量大。这就要求它们彼此之间以及与零件的工艺装备之间都要相互协调。因此，装配型架的另一特点就是它的成套性和协调性。

(4)要考虑改善劳动条件，提高装配工作生产率，降低成本。

由于飞机形状复杂，刚度又小，在飞机装配工作中采用装配型架，更能发挥装配夹具定位夹紧迅速可靠的效果。通过装配型架将工件安放在适当的工作位置，操作方便，工作效率高。

6.2.2 装配型架的结构

装配型架在部装和总装中都有广泛的应用，如图 6-1 所示。

(a) 部装型架

(b) 总装型架

图 6-1 装配型架

装配型架一般由骨架、定位件和辅助设备等几部分组成。

1)骨架

骨架是型架的基体，以固定和支撑定位件、夹紧件等其他元件，保持各元件空间位置的准确度及其稳定性。骨架应具有足够的刚度。

2)定位件

定位件是型架的主要工作元件，以保证工件在装配过程中具有准确的位置。定位件应准确可靠、使用方便，不致损伤工件表面。夹紧件一般与定位件配合使用，称为定位夹紧件。

3)辅助设备

辅助设备包括工作踏板、工作梯、托架、工作台、起重吊挂、地面运输车以及照明、压缩空气管路等。辅助设备也是使工作更方便、保证安全、减轻劳动强度、提高生产率所必不可少的型架组成部分。

6.2.3 装配型架的刚度

装配型架的刚度是保证装配型架长期稳定性、飞机装配准确度和协调互换性的重要条件。装配型架刚度差，定位基准的位置和姿态就会发生变化，导致难以保证产品的装配准确度和协调互换性要求。影响装配型架刚度的主要因素有以下三个方面：

(1)型架的总体结构形式选用不当；

(2)结构布局不合理；

(3)一些安装重要的接头定位器的部位局部刚度不足。

因此，在选定型架骨架结构后，必须对装配型架的刚度进行校核验算。

6.3 装配型架的总体设计

6.3.1 装配型架的设计原则

装配工艺装备的设计质量，与其他生产用工艺装备相同，是以产品质量、工作效率、操作安全和成本作为衡量标准，并以此作为设计工作所遵循的基本准则。因此，装配型架的装配工艺装备设计的基本原则及其技术要求应包括以下几个方面。

1)使用性

在使用性方面应满足以下要求：

(1)满足装配工艺要求；

(2)定位件及压紧件的操作简单，定位合理，压紧可靠，活动构件应便于开启和工作位置的恢复；

(3)工作开敞，操作条件好，产品的上架和出架方式合理。

2)协调性

在协调性方面应满足以下要求：

(1)定位系统的设计应保证工艺装备之间的协调性，并合理确定其制造协调方法；

(2)应从结构设计角度考虑在工艺装备的制造上(指工艺性)能更好地达到工艺装备之间的协调性；

⑶ 对于加入尺寸控制环节(数字传递环节)的定位件，必须确定其合理的定位和转换基准，以减少其安装误差。

3) 稳定性

在稳定性方面应满足以下要求：

⑴ 刚度合理，重要构件应消除应力；

⑵ 根据产品的尺寸大小和精度要求情况，在工装结构设计上应有消除或减少温度因素对协调影响的相应措施；

⑶ 工艺装备在地坪上的安放，应优先采用“三点”支承或“多点可调”支承，以消除地基下沉对型架准确度的影响或便于恢复装配型架的总体精度。

4) 经济性

在经济性方面应满足以下要求：

⑴ 在满足使用要求的前提下，工艺装备的结构造价应较低，并具有良好的制造工艺性；

⑵ 在工艺装备结构上，应适当考虑产品改型对其提出的改造可行性；

⑶ 工艺装备的选择及其结构设计，必须处理好新机研制、试制和转批生产三者之间的关系；

⑷ 便于工装的故障检修；

⑸ 类似产品(如框、肋等)的工艺装备结构，必须尽量同一化(指结构相似和零件相似或相同)，以利于工艺装备的制造；

⑹ 合理利用原材料，尽量采用标准件，优先采用储备的标准件。

5) 安全性

在安全性方面应满足以下要求：

⑴ 在产品的定位和压紧过程中，应有必要的保护措施，以防止划伤产品；型架同产品之间必须有足够空间和必要的保护措施，以保证产品在出架时不会因摆动而被碰伤。

⑵ 大型活动构件应有配重或省力装置，在操作者的活动区域内，工艺装备零件不得有锐角和锐边，以保证安全。

⑶ 较重的可卸构件，应设置起吊装置和存放支承；承力较大的构件，必须经过强度校核。

6) 先进性

在先进性方面，应注意采用先进结构和先进工艺方法，以提高工艺装备的使用性和降低工艺装备的制造费用。

6.3.2　装配型架设计的原始资料

在飞机部件的设计阶段，在其工艺性审查过程中，结合对部件装配方案的考虑，对各装配型架的基本方案就有初步的设想。在新机型的试制过程中，在拟定部件指令性工艺规程时，基本上确定所有装配型架的品种、数量及其基本方案。一般来说，在型架设计人员着手设计时，其设计要求及技术条件已经基本确定，以文件形式予以说明。

装配型架设计必需的原始资料包括以下内容。

1) 型架设计任务单

型架设计任务单(或工艺装备申请单)是设计人员接受任务、安排工作的依据。在型架设计任务单中应指出所要设计型架的工件图号、名称、功能、数量以及同其他型架的关系。

2) 装配件的结构图纸与技术条件

通过熟悉产品图纸及技术条件掌握装配对象的结构特点，了解与装配准确度、协调互换等有关的技术要求。同时，还应熟悉相配合的组件或部件的结构，因为它可能给所设计的型架提出补充的要求。

在新产品设计阶段，为了提前进行生产准备工作，在正式的产品结构图纸尚未完成时，即可根据理论图及必要的产品结构打样图，进行夹具或型架的草图设计。

3) 产品装配方案或指令性工艺规程和工艺装备协调图表

型架设计人员在研究上述文件之后，应掌握以下内容：

(1) 在该型架上进行装配的零件、装配件的供应状态和先后顺序；

(2) 该产品的装配工艺过程，包括在型架内定位的零件、组件及其定位方式，所使用的工具和设备(如铆接中所用的风钻、铆枪和手提压铆机等)；

(3) 该型架的协调关系及安装型架用的标准工艺装备，即制造和协调依据；

(4) 了解与该型架内的装配工艺过程有关的其他工艺规程。

4) 型架设计技术条件

型架设计技术条件是装配工艺员根据产品图纸、技术条件、指令性装配工艺规程以及工艺装备协调图表等指令性工艺文件，从工艺和使用的角度对型架提出的具体要求。型架设计技术条件以文件的形式附于型架设计任务单中。实际上，型架设计技术条件常是工艺人员与型架设计人员协商后完成的，其主要内容包括：

(1) 在型架内需要完成的工作，进入装配的零件及装配件的定位基准，特别是部件外形定位件和主要接头定位件的形式、定位尺寸(若是工序尺寸，则应注明加工余量)；

(2) 型架的制造依据和安装方法；

(3) 对型架构造的原则性意见，如装配对象在型架内的放置状态、型架骨架的结构形式等，最好画出草图；

(4) 在型架内完成装配后，工件的出架方式和方向，出架用的设备；

(5) 对辅助设备的要求，如对冷气管路、照明布置及其他特殊要求。

设计的夹具或型架，应该技术先进，经济合理，使用方便，这在很大程度上取决于技术条件是否合理。

5) 型架元件及结构的标准化资料

标准化资料主要是指航空工业部门颁布的标准，特别是工厂现有库存的标准件成品在制品清册、停止使用的型架清册。生产准备车间的加工设备情况、工厂的生产条件以及传统技术经验、其他单位的先进经验等也都应了解与掌握。

6.3.3 装配型架设计的内容和步骤

在熟悉原始资料之后，主要根据型架设计的技术条件，开始着手型架的设计。为使设计工作顺利进行，一般可将设计工作分为三个阶段：

(1) 草图设计或型架设计方案的拟定；

(2) 绘制工作总图；

(3)绘制零件图。

实际工作中，通常是先绘制一部分工作总图(基准线、轮廓线以及位置尺寸)，再绘出零件图，最后完成工作总图。

草图设计或拟定型架设计方案应确定的主要内容如下：

(1)型架设计基准的选择；

(2)装配对象在型架中的放置状态；

(3)选择工件的定位基准，确定主要定位件的形式及其布置，尺寸公差的选择；

(4)工件的出架方式；

(5)型架的安装方法；

(6)型架结构形式的确定；

(7)骨架刚度验算，型架支承与地基估算；

(8)考虑温度对型架准确度的影响。

6.3.4　装配型架设计基准的选择

型架设计与其他机械设计相同，必须首先正确地选择设计基准，根据设计基准确定型架上各个零件和装配件的相对位置。若设计基准选择不当，则在设计时或在确定工作尺寸和检验这些尺寸时都会遇到困难，还会降低型架准确度和延长安装周期。

一般情况下，应以飞机部件的设计基准作为成套的装配型架和成套的标准工艺装备的设计基准，这样可以避免基准转换时繁杂的计算，也可消除制造时由基准转换引起的误差累积。在具体选择时应注意：

(1)对于相邻部件的装配型架，如中翼-外翼-副翼-襟翼装配型架，或者同一部件中不同组件的装配型架，如机翼中的前缘-梁-板件装配型架，都应选择统一的设计基准轴线。

(2)型架设计基准的选择，还应力求简化尺寸的计算，以便制造及检验。

(3)型架设计基准的选择，应与安装方法相适应。例如，在用型架装配机安装型架时，要求有三根相互垂直的坐标轴线作为基准。用划线钻孔台安装卡板端头或塑造卡板工作面时，要求基准线垂直于各框或肋的平面，各安装尺寸都应是 50mm 的倍数。

6.3.5　装配对象在型架中的放置状态

工件在型架中的放置状态应使工人在最有利的工作姿态下进行工作，即应使大部分操作是在站立姿态下，在高度为 1.1～1.4m 工作。此外，还应考虑节省车间面积。

工件在型架上的放置状态样式很多，可根据上述原则，结合工件结构特点和装配工作内容予以确定。对于一般尺寸的梁、隔框、翼肋等平面型组件，可在非转动式夹具内平放或竖放，但最好采用转动式夹具。对于大尺寸框类或圆形结构件，如大型机身隔板、机头罩等，可设计成转动式夹具。对于板件，一般都采用立放。机身类的段件、部件的放置状态大多与飞机的飞行状态一致，这样放置可使隔框处于垂直位置，定位件布置方便，特别是型架卡板布置合理，同时大型飞机机身装配时往往以座舱地板作为定位基准，座舱地板处于水平位置，对装配工作有利。对于翼面类部件，习惯于垂直放置即前缘向下，这样放置适用于采用卡板定位的型架，装配工作可以从两面接近，也便于前缘内部的操作。翼面类部件的精加工型架多采用平放，这主要是因为操作在接头区，水平放置便于机翼在架内定位、加工操作和吊运工件，也便于精加工头的布置。

6.3.6　选择工件的定位基准、定位件形式及其分布方式

定位基准是指用于确定零件或装配件在型架(夹具)内位置的零件或装配件的点线面。飞机机体薄壁结构一般都是非刚体，因此不能简单地应用刚体零件的六点定位原则，而是要有适当的过定位。过定位的程度取决于工件的刚度。例如，飞机上不同部件的连接处装有整流包皮，其蒙皮薄，骨架刚度小，外形变化大，因此常用包络式夹具，整个表面都是定位面。

板件型架一般每个框或肋处都有一块内形板或一对内外卡板，采用若干个切面的线定位。梁或框等平面组合夹具，定位件间距一般为 200～500mm，采用的是若干个“点”(实际上是一小面)定位。

具有较大刚度的板件或段件在部件型架中定位，多采用 4 个工艺接头定位件，在这种情况下，过定位的程度会更小。因此，定位件的数量与形式，只能根据工件的刚度和生产经验确定。

6.3.7　出架方式

工件在型架内装配完成后的出架方式是型架结构方案中的主要问题之一，对型架结构影响较大，出架方式选择得好，不仅可以简化型架结构，保证出架安全，不致损伤工件，还可以节省厂房面积，简化搬动设备。对于较小的工件，出架较为简单，只要有关的定位夹紧件能收缩足够的尺寸就能取出工件。对于大尺寸部件，尤其是大型飞机的大部件，出架方式应该认真考虑。大尺寸部件一般有三种出架方式，即型架上方出架、纵向出架、侧向出架。

(1)型架上方出架：一般利用厂房吊车从型架上方出架，这要求厂房高度容许产品提升到型架高度之上。

(2)纵向出架：要求一端的两立柱之间有较大的空间，型架内有吊挂吊柜，这种方法要求型架的出架一端外面留有较大的多余面积。

(3)侧向出架：重量不大的产品，可用型架内专用吊车吊出，重量较大的产品可用架车从侧向下架。例如，机翼下架架车的托板伸进机翼前缘的下方，然后将机翼稍作转动，安装在架车的托板上。

6.4　装配型架骨架的构造

装配型架由骨架、定位件、夹紧件和辅助设备等部分组成。骨架的结构形式大体可分为框架式、组合式、分散式和整体底座式四类。

6.4.1　框架式

框架式骨架是由槽钢或钢管焊成的框架，如图 6-2 所示，多用于隔框、翼肋、大梁等平面

形状的组件、板件以及小型立体组件、段件(如翼尖、舱门、小尺寸的尾翼)。框架的放置方式多为竖放，平放较少。转动式框架的型架既便于操作，又可节省车间面积，但只限于尺寸不大的框架。

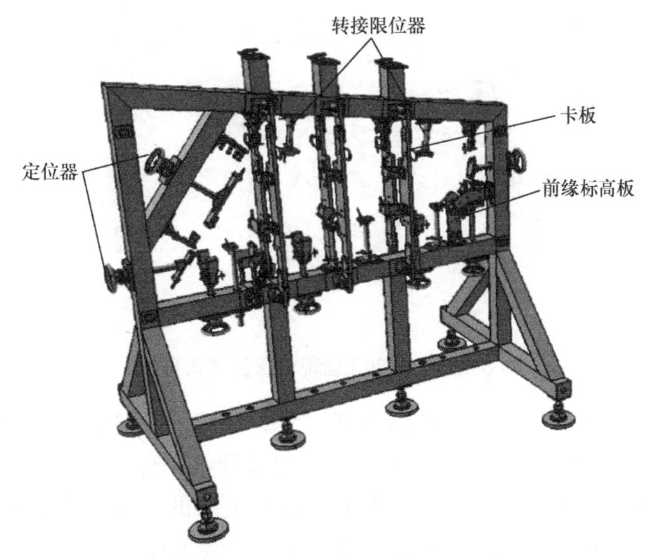

图 6-2　机翼总装框架式骨架

竖放式框架可用地脚螺栓固定在专用的基础上，也可直接安放在地坪上，用混凝土固定，还可通过三点支承或四点可调(螺旋)支承浮置于地坪上而不与地坪固定。不与地坪固定的方式搬迁方便，在地基有变形时，可随时调整。

6.4.2　组合式

组合式骨架一般是由底座、立柱、梁等标准化元件所组成的，如图 6-3 所示。

梁一般是由槽钢焊成封闭的匣形剖面，为减小焊接变形及工作量，槽钢对焊时常采用断续焊缝。梁通过螺栓固定在底座或立柱上。定位件(包括卡板)及夹紧件多数固定在梁上。立柱、底座的材料一般采用铸铁，表面加工出间距为 100mm 的孔，以便通过螺栓互相连接。

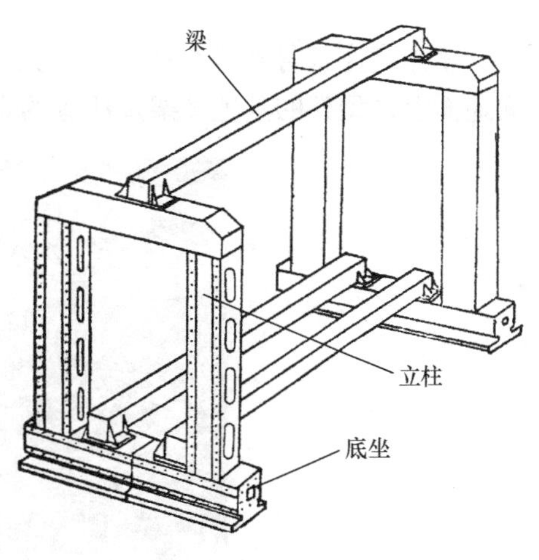

图 6-3　组合式骨架

组合式骨架的主要特点是规格化、标准化程度高，它类似于积木式结构，因此设计和制造周期都有可能缩短，当机型改变时，元件大多可重复使用。但若机型稳定生产多年，则这一优越性就不显著。

6.4.3　分散式

分散式骨架的特点是型架不设整体骨架，各个定位夹紧件固定在以车间地基为基础的分散的金属骨架上，如图 6-4 所示。这些骨架一般采用槽钢或钢管焊成。分散的骨架靠车间地基将它们连成一个整体，型架定位件的尺寸稳定性主要决定于车间地基和型架基础的稳固程度。

图 6-4　新舟 700 总装翼身分散式骨架

分散式骨架的主要优点是取消了整体骨架，大大节省了材料，与组合式骨架相比，可节省约 50%的金属材料。而且型架结构大大简化，比较开敞，有利于架内装配工作的进行。分散式骨架主要适用于大尺寸的装配型架，尤其是比较复杂的机身总装型架。有的大型机翼总装型架也采用分散式骨架，翼弦面水平放置可减少整个型架的高度。分散式骨架往往与架车、内形板配合使用，这样可更突出它的优越性结构。另外，还常将工作台与分散式骨架结合在一起，这对大型飞机来说，可大大简化型架。

采用分散式骨架，要求车间地基比较稳固，若地基有不均匀下沉，则会对型架准确度产生极大影响，这是该结构的致命弱点。

6.4.4　整体底座式

整体底座式骨架是指型架的骨架中有一个整体的底座，底座用多支点可调支承支撑在车间地面上，型架的其他骨架及所有的定位夹紧元件都固定在底座上，如图 6-5 所示。

图 6-5　整体底座式骨架

整体底座式骨架主要可降低对地基的要求，若地基有变动，则可调整各支承点以保持底座的正确位置，从而保证型架准确度的稳定性。

整体底座式骨架的优点是可通过定期检查的办法消除地基变动的影响。此外，型架是浮动的，搬移比较方便。当底座材料选取铝时，与飞机部件的胀缩一致，可自由伸缩。这种结构的缺点是耗费金属材料多，一台大型部件装配型架需要几十吨金属材料。

整体式底座原来是焊接结构，近年来波音公司采用铸造的标准块体，当型架比较大时，底座可由几块这样的标准块体直接拼接而成，如图 6-6 所示，解决了底座重复使用的问题。

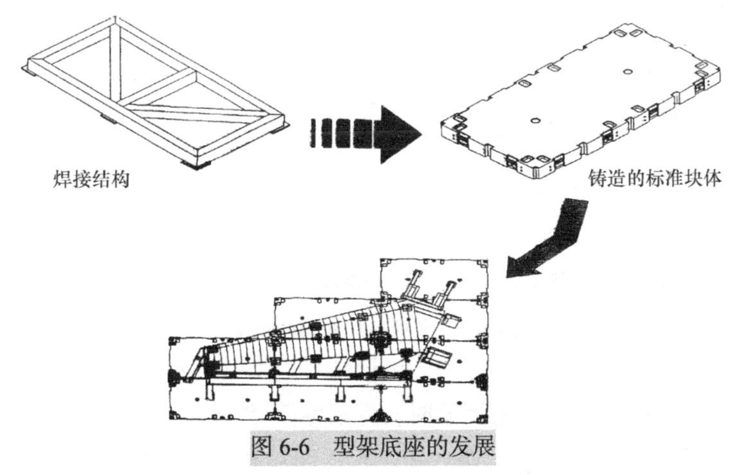

图 6-6　型架底座的发展

6.5　装配型架的定位夹紧件

使用装配型架时，首先要保证的是所定位工件处于正确、可靠的位置，将其夹紧在这个位置上，这就是定位夹紧件的任务。根据定位夹紧的工件特点，所需定位夹紧件有不同的类型。

6.5.1　型材零件的定位夹紧件

对于带弯边隔框、翼肋、梁的钣金零件及它们的型材缘条、直线和曲线形状的长桁等零件采用常用的弹簧式、螺旋式、杠杆式等定位夹紧件。

对于刚度较小、外形较复杂的零件，可采用具有连续定位的定位件(如曲线板)，反之，则可采用多个单独的定位件，仅定位与控制零件的局部外形。

6.5.2　外形的定位夹紧件

型架外形定位件用于确定飞机部件的气动外形，一般可分为三类，即卡板、内形板和包络式定位面板(或称包络板)。卡板和内形板仅能定位某些切面外形，包络板则可定位整个空间曲面外形。卡板及包络板一般位于部件外形的外侧，如图 6-7(a)所示。内形板一般用于定位蒙皮内形，如图 6-7(b)所示。有些板件型架除了使用卡板，还使用内卡板，如图 6-7(c)所示。内卡板与内形板的区别只在于后者是外形定位件，而前者对外形表面来说只是个夹紧件(但两者都能定位长桁)。因此，内卡板要与外卡板配合使用。

卡板的工作表面可以是飞机的蒙皮外形，也可以是骨架外形(蒙皮内形)。在一些以骨架为基准的装配型架上，有时要求卡板既能定位骨架外形，又能在装配蒙皮时起夹紧蒙皮的作用，从而又要求卡板带蒙皮外形。为兼顾这两方面，卡板的工作表面加工成蒙皮外形，而在卡板表面上分布一些局部的活动垫板。垫板的工作面就是骨架零件的外形。侧面还有靠板，以确定骨架零件(如隔框或翼肋)的位置。当用卡板夹紧蒙皮时，必须将靠板退出，同时把垫板置于旁边的槽内，不致与蒙皮相碰。卡板的侧平面应在骨架零件的平面上。若蒙皮与骨架不是用埋头铆钉而是用半圆头铆钉铆接的，则钉头要突出蒙皮外表面，为避免与卡板工作表面相碰，需要在卡板与铆钉头接触处局部钻孔。

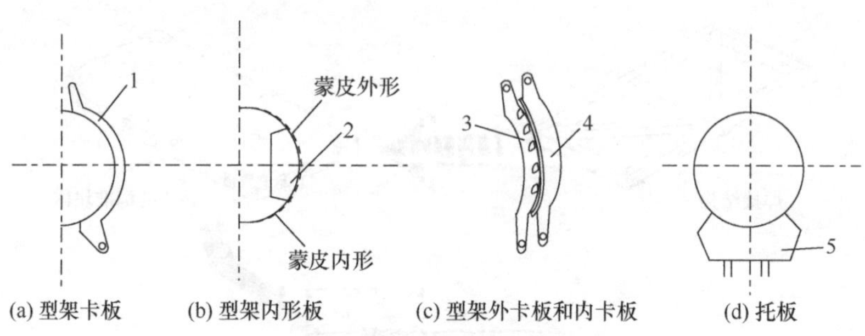

图 6-7　卡板、托板及内形板

1. 卡板；2. 内形板；3. 内卡板；4. 外卡板；5. 托板

当卡板用于以蒙皮为基准的装配型架时，骨架零件(如补偿片等)是按蒙皮内表面定位的。因此，只要求卡板能确定蒙皮的外表面，即其工作面是蒙皮外形。为了保证蒙皮能紧靠卡板工作面，蒙皮采用多种夹紧方式。

卡板的工作表面外形常采用按切面模型进行塑造或按独立制造原则直接进行数控加工而成。

6.5.3　接头定位件

为保证各部件的互换和对接接头的协调，在装配型架上要有接头定位件。用于叉耳接头的接头定位件称为叉耳式接头定位件，简称接头定位件；用于围框式接头(凸缘连接接头)的接头定位件称为型架平板；还有一种重要的接头定位件称为工艺接头。

工艺接头用于部件装配及对合过程中的补充定位和转化定位。补充定位，可能是由于产品的可定位部位不足或组件的刚度较差而进行的合理定位方式的补充；转化定位，主要为了简化型架结构，如将外形定位转化为接头定位，如图 6-8 所示，或采用某种工艺件来建立产品

图 6-8　工艺接头用于段件装配

组件之间的定位关系等。为了能起到定位的作用，能承受和支持板件，甚至整个大型部件的重量，工艺接头应具有一定的精度以及足够的刚度和强度。

6.6　装配型架的安装

飞机制造中一个很重要的特点就是在飞机装配时采用了许多尺寸大、结构复杂的装配型架。装配型架的制造包括型架元件(型架骨架元件和定位夹紧件)的加工和型架的安装。型架元件用一般的机械加工方法就可以达到技术条件的要求，但保证各定位件在大尺寸型架骨架上的安装准确度是比较困难的。

首先，能否保证飞机装配的准确度在很大程度上取决于装配型架的准确度，主要是型架安装的准确度。这一点与一般机械制造有很大的差别。在一般机械制造中，其主要零件是刚度比较大的机械加工件，机器装配的准确度主要取决于零件加工的准确度和装配时少量的补充加工或调整，不需要采用结构复杂的大型装配夹具。由于飞机结构复杂，大量采用尺寸大而刚度小的薄板、型材零件，为满足飞机的外形要求，在装配的各阶段，包括组件装配、板件装配、段件装配和部件装配，都必须采用尺寸大、结构复杂的装配型架，以保证装配的准确度。因此，型架的准确度对保证飞机装配的准确度起决定性作用。

为了保证飞机装配的准确度，必然要对型架制造的准确度提出更高的要求。例如，一台十几米长的大型装配型架，它的上面有许多卡板，各卡板安装以后，其工作面所形成的曲面外形的准确度，一般应比产品外形的准确度要求高 3～5 倍，即公差为 0.2mm 左右。此外，还要保证各接头定位件与这些外形卡板的相对位置准确度。因此，这就需要发展大尺寸空间位置精密测量技术。型架安装用的各种方法，就是为了解决这个技术问题而产生和发展起来的。

其次，每个部件在各个装配阶段都采用了不同的装配型架，在型架的安装中，还要保证这些型架之间的协调准确度。在飞机产量比较大的情况下，某些型架可能需要复制几台，不仅要保证这几台型架的一致性，还要保证装配型架和零件加工工艺装备的协调准确度，因此需要采用一套标准工艺装备，编制合理的工艺装备制造与协调路线，型架的安装技术与保证工艺装备之间的协调方法密切相关。

最后，在飞机的成批生产中，所使用的装配型架和标准工艺装备数量多、结构复杂，制造工作量很大，需要上百万工时。在飞机工厂需要设置专门的型架制造车间，完成型架的制造和日常的定期检修任务。如何提高型架安装效率，缩短生产准备周期，降低型架的制造费用，均是型架安装技术中要解决的重要问题。

基于对上面一些问题的考虑，从飞机制造发展的早期阶段至今，型架的装配技术有了很大的发展。

(1)用通用测量工具安装型架。

在飞机制造发展的早期阶段，大尺寸的型架安装采用空间拉线和吊线的方法，用通用的测量工具进行测量。用通用测量工具安装型架的方法，是一种简单、原始的方法。对于小型装配型架(或夹具)，可以使用钳工平台，在平台上划出型架的结构位置线(平面投影位置线)，利用直角尺和高度尺建立空间坐标系。对于大尺寸型架，可以用细钢丝在型架骨架上建立纵向基准线、水平基准线和横向基准线，以这些实际的线作为型架安装时测量用的基准线。对于带曲线外形的定位件，还要借助于样板在空间进行定位。这种方法虽然简单，但安装时既费时间，又不准确。

⑵用标准样件安装型架。

在第二次世界大战期间，飞机的产量迅速增长，对飞机的制造准确度和互换性也提出了更高的要求。为适应这一发展需要，出现了新的型架安装方法。对于小型战斗机，用一套与实物尺寸 1：1 的标准样件来安装各种型架，以加快型架的安装，保证型架之间的协调，并解决几个工厂同时生产一种飞机时各部件之间的互换问题。但这种方法也有缺点，一套大尺寸的标准样件制造费用很高，制造周期长，标准样件的尺寸大而又笨重，使用和运输都不方便，也容易变形和损坏。例如，我国 20 世纪 60 年代制造的歼-6 全机标准样件，在当时耗资 3000 余万元，足见其制造费用之高。

⑶用型架装配机安装型架。

在飞机制造中，为了提高型架安装的准确度，在第二次世界大战期间，美国研究出了一种新的型架安装方法，即采用大型工具坞安装型架。大型工具坞实质上是一个大型空间坐标架，由三组相互垂直的坐标尺组成，即一组纵坐标尺、一组由纵坐标尺定位的可移动的垂直坐标尺，以及一组由垂直坐标尺定位的横坐标尺。每个坐标尺都经过了精确的加工和定位安装，以保证严格的互相平行和垂直。例如，18m 长的四条纵坐标尺，其平行度沿全长应控制在 0.025mm 以内。

在每个坐标尺上都有一排用坐标镗床精密加工的等间距的孔，坐标尺的两个孔中间的尺寸可以通过小的精密孔板来确定。这样，就可以在工具坞中准确地确定空间任意点的坐标位置。

当安装型架时，将整个型架骨架放在工具坞中，按型架定位件在型架中的位置，定位好垂直坐标尺和横坐标尺，型架的定位件通过工具孔在定位板上定位，定位板则通过基准孔定位在横坐标尺上。在定位件定位以后，用浇注的方法固定在型架的骨架上。

在用工具坞安装型架方法的基础上，为了提高型架安装工作的效率，苏联曾把工具坞机床化，发展成为型架装配机。其纵坐标尺固定在可纵向移动的工作台的侧面，台面靠电机和机械传动机构拖动，垂直坐标尺则固定在机床的龙门架上不动。这样就克服了用工具坞时需要经常移动笨重的垂直坐标尺和横坐标尺的缺点。但是，因型架装配机的尺寸不宜过大，对于大型的装配型架，就不可能整个在型架装配机中安装。因此，型架必须设计成组合式的，只能将型架的梁放在型架装配机上进行安装。

⑷用光学仪器安装型架。

为了解决上述几种型架安装方法中存在的问题，在 20 世纪 50 年代初，发展了一种以光学仪器的视线为基准线的型架安装方法。以光学视线作为基准线来安装型架十分准确，并且型架的尺寸和结构形式不受限制，后来成为安装型架的主要方法。

用光学仪器建立的光学视线作为安装型架的基准线，其优点是明显的，可以克服用一般机械方法建立空间测量基准所带来的许多缺点，如大型机械设备的制造精度不高、刚度不足而产生自重挠度、因温度变化而产生变形等。此外，因光学仪器比较精巧，可直接安装在型架的骨架上，型架的安装和检修比较方便，使用比较灵活。多配备一些光学仪器可以平行安装多台型架，缩短生产准备周期。

⑸用激光准直仪安装型架。

20 世纪 60 年代，为了克服使用光学仪器时操作效率低和大距离测量精度低的缺点，在型架安装中开始用激光光束代替光学视线。将激光光束作为安装型架的基准线有许多优点，如激光是有色的可见光，便于操作者寻找目标和观测。因此，将激光光束作为安装型架的基准线，既具有拉钢丝的直观性，又具有光学视线的准确性。激光光束还具有良好的方向性，发散度较小，在型架安装用的距离范围内，光束的直径基本不变，大距离的测量比较准确。激光光束还可以为光敏目标所接收，光束和目标之间不同心度的偏差可以用电压表指示，避免人为观测误差。若将光束和目标中心的偏差电参数输送给自动控制系统，则可实现自动定位。按激光光束进行定位和安装，观测和调整可由一个人进行，可提高工作效率，节省人力。基于上述优点，激光准直仪很快在型架安装中得到了应用。

⑹用 CAT 安装型架。

在激光准直仪应用的基础上，随着计算机技术的飞速发展，将二者结合应用，就成为计算机辅助经纬仪(computer aided theodolite，CAT)测量技术，使光学仪器的定位不再依赖于工具轴和光学站，CAT 使型架的安装更加方便、直观，可省去大量的计算工作。这种光学安装系统实现了与产品数字模型相结合，产品工装可直接由传输到 CAT 系统中的数据集直接制造出来，这一数据集就是实质上的标准工艺装备，模拟量形式的标准工艺装备不再需要。该技术使工作效率和安装质量得到大幅度的提高。在我国为波音公司制造的波音 737-700 尾段中使用的型架，就是用这种方法安装的。

6.7　装配工艺装备技术的发展

长期以来，飞机结构件以钣金件为主，由于钣金件刚性小，在装配过程中需要采用大量的工艺装配来保证飞机结构的刚性。在现代的飞机结构中，大量应用整体框、肋和梁，以及整体壁板，以便于进行数控加工。例如，某型号歼击机的研制中，机翼机加结构件占总量的90%以上。由于机加结构件刚性好、精度高，与传统飞机相比，生产准备工作发生了很大的变化。一般将这两种类型的飞机分为“软壳”式和“硬壳”式，新型战斗机常是“硬壳”式的。新型“硬壳”式飞机结构给生产准备工作带来很多的变化。

6.7.1　飞机装配定位的简化

“软壳”式飞机结构以钣金件为主，铆接工作量大，工艺分离面的合理划分具有重要的技术、经济意义，大量的铆接结构又给工艺分离面的划分带来了多种可能。因此，合理的工艺分离面划分一般要经过试制、批量生产等阶段才能定型。“硬壳”式飞机结构主要以整体机加件为主，铆接结构大幅度减少，工艺分离面的划分得以简化。铆接结构的减少，使得划分工艺分离面的选择余地很小。在某型号工程的装配厂房，已看不到框、梁、壁板的装配夹具，所有的飞机装配工装只有 10 余台。

“硬壳”式飞机的装配定位主要采用孔系定位。一方面，由于机加结构件刚性好，型面加工精度高，结构性能好，便于采用孔系定位；另一方面，铆接结构整体刚性增大，不再需要在“软壳”式飞机中使用外形卡板为主的定位方式。

6.7.2 工装结构和设计的改变

1. 工装结构的改变

工装结构的改变主要体现在以下几方面：

(1) 大量采用孔定位件。在刚性好的结构件上，直接利用结构孔定位。为了能使用孔定位件，要事先在结构件上留取工艺孔。若结构件区域内无法或不允许留取工艺孔，则采取附加工艺凸台的办法，待实现装配后，再将工艺凸台铣切掉。

(2) 采用多支点可调支承。在新机研制中，所有装配工装均采用多支点可调支承，将地基的不均匀变形对工装精度的影响限制在局部范围内。这是一种“以动制动”的制约方式，型架结构也变得轻巧，焊接框架的截面尺寸普遍减少。另外，采用多支点可调支承给吊装、搬运带来很大的方便。

(3) 在民机生产中走向另一极端，装配型架及其地基十分坚固，刚性好，相应整个厂房是封闭式空调，防止温差对飞机装配的影响。例如，我国为波音公司生产的波音 737-700 尾段中，其装配型架比我国军机的型架要“庞大”和“笨重”得多。这主要是考虑到这种机型一般要生产二十余年，每月要达到二十多架份，为了保证飞机制造的质量，这是必要的技术措施。

2. 柔性装配工装

为缩短生产准备周期，向产品工装提出了“柔性”的要求，同时现代飞机制造业的系列化特点，使同类型飞机的工装基本相同或相似，为实现产品工装的“柔性”提供了可能。提高产品工装“柔性”，目前有以下三种方式：

(1) 拼装型架方式。用标准化、系列化的型架元件来拼装型架，当进行新型飞机研制时，仍可重用原来的型架元件拼出新的工装。早在 20 世纪 50～60 年代，我国就用标准化的底座、立柱、支臂等来拼装型架骨架，但这些元件均为铸铁件，结构粗笨，后来被较轻巧的焊接框架所取代。新型拼装型架很少采用铸铁件，多为高精度机加件，拼出的工装结构轻巧，拼装元件不仅可用于构造型架骨架，也可用于型架定位器在梁上的固定和转接。

(2) 可卸定位件方式。型架骨架基本不变，而分布于骨架上的定位器全部做成可拆卸的。这样，当生产任务发生变化时，只需要更换新的定位器来达到工装制造的快速反应能力。型架定位器的全部可拆卸在我国飞机生产中还不多见，从近几年与国外进行的转包生产中可以看出，英、美等国采用这种做法较多，如 MD-80、MD-90 的大部分工装都采用这种形式，如图 6-9 所示。若二次换装的定位器需要在骨架结构上新增骨架元件来满足定位器固定的要求，则新增的骨架元件也要做成可拆卸的。

(3) 多点阵主动调节式。可以采用立柱式或者框架式，为定位点提供多自由度的主动调节功能，定位点的夹持多采用真空吸盘形式，吸盘在程序的控制下可进行三维移动定位，生成与壁板组件曲面完全符合且分布均匀的吸附点阵，从而精确可靠地定位和夹持壁板。当产品外形发生变化时，测量数据反馈给控制系统，驱动吸附点阵布局进行调整，可以适应不同的

图 6-9　翼面柔性装配工装

装配组件外形。该类型工装有测量系统、控制系统、驱动系统等，已具备设备的特征，是先进装配技术中工装设备化的一个典型代表。

3. 建立工装的三维数字模型

随着 CAD/CAM 技术的普遍应用，以及结构件采用整体机加工件为主的“硬壳”式飞机的发展，飞机装配工装的设计将采用与飞机产品相同的设计方法和设计环境，首先建立工装的三维数字实体模型，进行飞机的装配过程模拟，在满足飞机装配工艺要求后，再绘制生产用图纸，如图 6-10 所示。图中展示了波音 787 总装配型架的三维数字实体模型，还有其他模型图显示零组件的装配定位实际状况，模拟了实际装配过程。

图 6-10　波音 787 总装配型架数字实体模型

6.7.3　工装制造的改进

在波音 777、737-700 等新型客机以及我国的型号工程中采用以数字定义为主的协调手段。在工装元件上，与外形有关的型面均采用数控加工，与相对位置(站位)有关的尺寸由工装元件上的坐标孔确定，坐标孔由数控加工获得，使用光学仪器安装型架，并在部分型架安装中采用以电子经纬仪为代表的新一代 CAT 光学工具系统(称为第三代安装技术)。出于对技术经济因素方面的考虑，仍采用一定数量的标准工艺装备和样件来保证工装之间的协调。型号工程中以机身为例，前机身、中机身分四段对合型架，没有完整的机身安装样件；用中机身、后机身对接平板，机翼、机身对接平板，主起落架量规等来协调安装型架上有对接关系的交点定位件。波音 737-700 的尾段中，情况是类似的，机身尾段与中段机身之间用安装平板进行协调，垂直尾翼、水平尾翼与机身尾段之间用标准量规进行协调。

由此可知，在现代飞机制造中，逐渐摆脱以实物模拟量传递的相互联系的串行制造方式，取而代之的是以三维数字量传递的并行独立制造方式。

习 题

6-1 装配工艺装备的概念是什么？可以分为哪些类型？

6-2 装配工艺装备的作用是什么？

6-3 选择装配工艺装备应考虑因素有哪些？

6-4 装配型架一般由哪几部分组成？

6-5 影响装配型架刚度的主要因素有哪些？

6-6 装配型架设计方案应确定的主要内容包括什么？

6-7 装配型架骨架的构造有哪几种类型？分别适合什么产品对象？

6-8 什么是柔性工装？有哪些实现方式？

第 7 章　数字化测量技术

数字化测量技术是现代飞机数字化装配技术的重要组成部分，是以各种数字化测量设备为实施工具，利用数字化测量系统高精度的测量、控制和分析能力，对待测对象实施快速、精确、自动化的测量，获取其准确的形状尺寸和空间位姿信息。现代飞机装配中通过应用数字化测量技术及系统，不仅可以保证飞机装配准确度，提高生产效率，还可以实现飞机产品从零件设计、制造到装配过程的全数字量传递。

测量在飞机装配过程中起至关重要的作用，测量技术也在应用中逐渐发展，各种测量方法不断涌现又被新的方法淘汰。要以变化的眼光学习本章内容，掌握飞机装配中测量的需求和各种测量方法的基本原理，才能有效选择合适的方法，甚至发明合适的方法。

本章先介绍常用的数字化测量设备，如关节臂测量机、激光跟踪仪、数字近景摄影测量仪等，然后介绍常用测量设备组合方案及测量设备组网技术，最后介绍数字化测量实际案例。

7.1　数字化测量技术的内涵

数字化测量技术：飞机数字化装配中采用的数字化测量技术是若干种高精度、高效率、具备一定实时反馈特征的数字化测量技术与系统的统称，它涵盖了数字化协调、关键零件质量控制、部件装配、总装对接、装配质量评价等多个方面的测量内容，扩展了传统模拟量测量的检测范围，实现了从对产品实物的制造检测向测量、协调、控制的“在线”检测的转变。

波音、空中客车、洛克希德·马丁、罗尔斯·罗伊斯、中航工业等飞机制造公司已经普遍采用基于数字化测量设备的产品三维检测与质量控制手段，开发并部署了相应的计算机辅助三维检测规划与数据分析系统，制定了三维检测技术规范，形成了较完整的数字化测量技术体系。同时，国内外航空制造部门也越来越多地以便捷高效的制造现场数字化检测技术为支撑，发展新型、高效率的制造流程和工艺(如通过现场检测定位减少或简化装配工装等)，并应用于飞机产品质量控制、加工现场的制造数据反馈与自适应补偿、柔性自动化装配定位等，直接推动了相关技术和工艺水平的大幅提升。

采用数字化测量技术与系统不仅可以大幅度提升现代飞机数字化装配的质量和效率，还可以适应上游的飞机数字化设计，从而打通从设计、制造到装配的数字化和一体化流程，改变传统的模拟量传递模式，形成连续的信息转化过程和良性的循环反馈，达到高效生产组织的目的。

数字化测量技术的主要作用和优势主要包括：

(1)具备测量大型工件的能力，对当今飞机尺寸不断变化的情况更具价值与适应性；

(2)与传统的测量手段相比，数字化测量系统虽然复杂、昂贵，但其应用范围广、使用周期长，因此从整个周期成本计算，反而会节约成本；

(3)能够简化工装，使其更具有通用性和柔性；

(4)能完成更加复杂的形位测量任务，数字化测量系统具备的动态实时测量能力可以完成多目标点位置数据的同时反馈和控制；

(5)能够进行离线测量标定，或者通过网络进行异地并行工作；

(6)数字化测量系统可以与机电控制系统、机械随动装置等组成一套完整的数字化装配体系，根据测量分析结论通过计算机发出运动的指令，从而容易实现对机电结构运动的控制。

提高飞机装配质量，确保飞机装配精度，利用先进的测量技术和方法进行装配过程控制，使产品最终几何特征达到设计要求是现代飞机数字化制造的重要环节。飞机几何特征的多样性、装配流程的复杂性以及装配协调与准确度的要求，使得飞机装配测量具有多种需求，但其类型主要分为两大类，即空间点位测量和复杂结构形貌测量。

7.1.1 空间点位测量

在飞机数字化装配过程中，经常需要将工装和零部件上的某些特征点作为定位基准或质量评价要素，通过测量手段获取它们的空间坐标数据来进行定位和评价。常见的应用有以下几种。

1. 装配定位与调整

飞机的装配定位就是要确定零组件之间的相互位置，若采用零件的结构特征进行定位，则要准确地确定这一特征的空间点位，以此来保证零件处于准确的空间位置。在飞机数字化装配中，为了提高装配精度、简化工装结构，可以在装配过程中测量零组件上的结构特征，进行零组件的定位或调整，也可以在组件上安装光学目标件作为组件安装定位基准，便于应用激光跟踪仪等测量设备。

通常，定位特征一般都选择主要结构件的 K 孔、交点孔、叉耳端面等，这些都是在飞机装配中需要严格控制的关键特征点。虽然这些关键特征点的测量精度要求较高，但是由于其几何要素比较简单，通常都非常易于测量。这种将测量结果直接用于零组件定位的工艺方法，使得测量设备成为飞机装配工艺过程的工具和手段。

目前，零组件装配定位一般都选择激光跟踪仪作为测量设备，如图 7-1 所示，测量精度较高，适用性和通用性好。

图 7-1 激光跟踪仪在飞机装配中的应用

2. 部件对接

飞机总装过程中，采用数字化柔性对接工装是提高对接精度和效率的有效手段。在大部件对接过程中，测量系统对各部件上已标记出的对接装配控制点进行实时测量，将测量数据传递给对接工装的分析计算系统，分析计算系统将实测值与理论值进行分析比对，然后将结果反馈给控制系统，进而驱动柔性对接工装运动实现部件的自动对接，如图 7-2 所示。

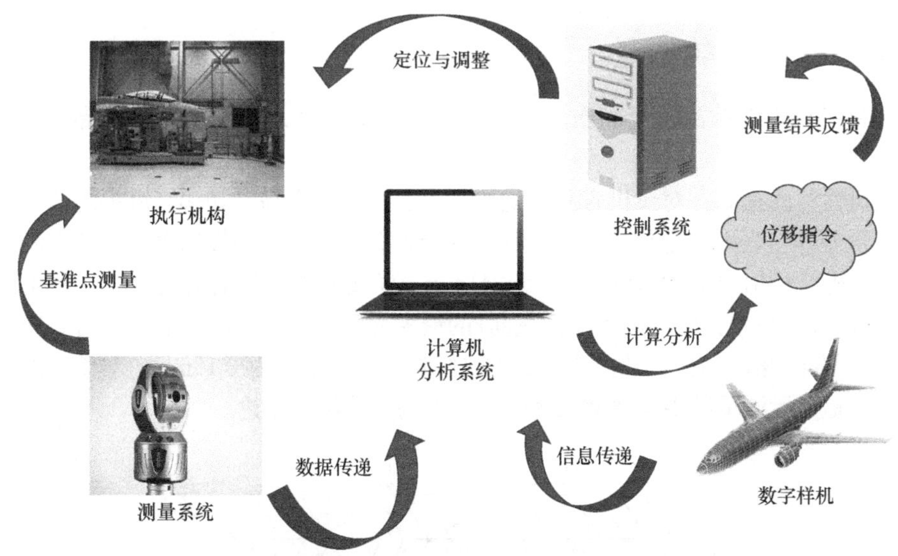

图 7-2　典型数字化测量辅助装配系统的实施流程

对接测量一般可以采用室内空间测量系统或者激光跟踪仪，也可以将两个测量系统组合应用。为提高对接效率，有效控制装配精度，对接过程中可以依靠室内空间测量系统进行实时动态引导，部件到位后再应用激光跟踪仪进行坐标精确测量和定位精度确认，可有效提高对接系统的运行效率。

3. 全机水平测量

全机水平测量是飞机制造阶段最后的综合性检验工序，反映了飞机总体装配后各个部件的相对位置及各个部件的安装质量，是确保飞机整机质量及安全性的重要环节。

传统的飞机水平测量检查方法是在对全机调平的前提下，利用水准仪与标尺等配合进行高度方向基准测量，利用铅锤和卷尺等对飞机上的水平测量点进行测量，再将各测量数据向全机坐标轴系投影并计算各部件的安装角度，通过与水平测量公差进行对比，评价飞机的装配质量。测量工具自身的精度较低，并且飞机调平精度难以保证，全部测量过程都是人工实现的，造成测量结果误差较大，并且实施过程较为复杂，工作量很大。

采用先进测量设备与技术，飞机水平测量变得更加简单、高效与准确。利用激光跟踪仪或室内空间测量系统可以直接获取水平测量点的三维坐标，无须进行飞机调平操作，进而实现自动测量，与传统方案相比，测量精度与效率均得到大幅提高。

4. 工装使用监测

装配工装是飞机装配的重要装备和手段，其质量与可靠性直接影响飞机的装配质量。目前对工装使用过程中的质量状态采取定期检查的方式进行控制，若在定期检查周期内没有采取有效的方法进行监控，可能会造成部件装配不协调，产生装配质量问题。因此，需要对关键工装的关键定位器位置进行监测，进而及时发现问题，采取纠正措施。

工装监测可以在工装的关键定位器上设置目标点，通过检测目标点位置的一致性和稳定性来评价工装质量。这种使用过程中的监控测量是一种长时间的动态测量，可采用室内空间测量系统进行自动化测量，以便在无人操作的情况下长时间工作，自动记录目标点的实测值，工作效率高。

7.1.2 复杂结构形貌测量

飞机部件结构形貌检测是产品质量评定的一项重要内容，主要针对部件结构外形和表面质量。

随着飞机性能的提高，对飞机表面质量的要求也在不断提高，如铆钉钉头的凸凹量、蒙皮对缝间隙与阶差等与表面质量相关的要素越来越受到关注，并不断提出更严格的控制要求。例如，飞机气动外缘型值要求大部分在±(0.5～4) mm；蒙皮对缝间隙的最大允许值为 1.5mm，最小值为 1.0mm，阶差(包括顺航向和垂直航向)的最大允许值为 1.2mm、最小值为 0.3mm；而不同区域中沉头螺栓(螺钉)头凸凹量(图 7-3)的极限偏差Δ最小仅为 0.15mm。对于普通的测量手段，难以精确地显示测量结果，通常采用简单定性的方式给出结论。

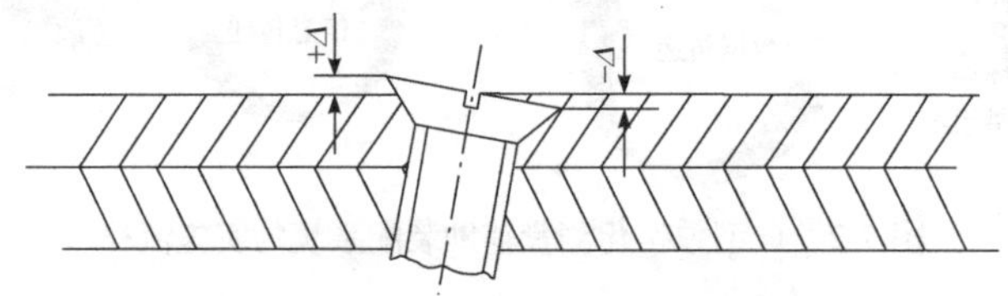

图 7-3 沉头螺栓(螺钉)头凸凹量示意图

长期以来，飞机装配的外形都依据装配型架上的外形卡板用塞尺等进行检查，蒙皮对缝间隙及阶差、紧固件钉头的凸凹量也都是用塞尺等进行检查的，测量手段落后，测量精度低，难以进行全面的质量评定。近年来，随着数字测量技术的发展，激光雷达、数字近景摄影测量系统以及光学扫描仪等开始应用于部件气动外形的检测，如摄影测量应用于大型整体特征测量、激光扫描应用于一般形貌测量、光栅投影结合立体视觉应用于局部形貌高精度测量等。数字化光学测量设备的采用，不仅在精度上满足了测量需求，同时也极大地提高了测量效率。

7.2 常用测量设备

随着飞机数字化装配的飞速发展，对配套的测量检测系统提出了多样化、全面化、更高层次的要求，单一的数字化测量技术与系统已无法满足整个飞机装配环节的需求，测量目的已从单纯解决飞机产品装配精度评定问题发展到解决全面辅助飞机装配过程、控制装配质量等一系列问题。现代飞机制造领域常见的数字化测量设备主要包括关节臂测量机、激光跟踪仪、激光扫描仪、数字近景摄影测量仪、iGPS、激光雷达、电子经纬仪、电子全站仪等。

本节对这些设备的组成及原理展开介绍，主要内容包括设备的组成、原理、适用性、精度以及单次测量结果形式(点或点云)。常用的测量设备特点和精度的归纳和比较如表 7-1 所示。

表 7-1　航空企业常用数字化测量系统对比

数字测量系统	使用条件及应用范围	测量精度	优缺点
关节臂测量机	手动操作，有多种配件选择；测量范围受机械臂长短影响，一般为 2～10m	精度高、范围广，普遍可以达到 0.02mm，最高可达 8μm	具有操作便捷的优点，可以实现现场快速测量，适用于各种复杂现场，具有多种测量解决方案；属于点测量方式，对于曲面的测量效率低，且测量时间随采样密度的增加而急剧增加
激光跟踪仪（以 GTS 为例）	可单台工作；通常开机需要预热；一次性初始校准，转站无须定标；测量范围可达 50m；水平方向 ±310°，垂直方向−145°～145°	干涉测距精度可达 ±0.5μm/m；绝对测距精度可达 ±10μm（全程）；水平仪精度可达±2.0″	适用于高精度的大尺寸测量；可以实现自动跟踪，实时测量，携带方便；但需要手持靶球，对工人技能要求较高；属于点测量方式，对于曲面的测量效率低
激光扫描仪	部分型号设备需要在被测物体表面粘贴标记点；部分型号可实现直接测量	平面精度可达 0.02mm；体积精度可达 0.015mm+0.024mm/m	属于非接触式测量，可以快速获取海量的点云数据，其具有数据采样率高、分辨率高、精度高等特点，适用于部件气动外形的检测
数字近景摄影测量仪	测量前需要对相机进行标定，在被测物表面粘贴标志点；需要多角度多次拍摄图像	在 2000 × 3000 像素条件下精度可以达到小于 0.05mm	携带方便，环境适应力强；可实现多点测量；技术要求高、价格高，对目标光源有一定要求，且准备工作较多
iGPS	需要合理布置被测目标周围空间的脉冲发射器（数量/位置）	最高精度可达 0.2mm	超大尺寸测量，无须转站；支持多用户，不受温度影响；测量精度不高
激光雷达	测量范围较广，大致范围为 0.2～50m	精度较低，最高可达 0.2mm	其具有数据密度大、抗干扰能力强、测量范围广、自动化程度高等特点；但其测量精度与激光跟踪仪相比较低
电子经纬仪	2 台或 2 台以上，需要基准尺定标，并需要操作人员瞄准	角度精度为 0.5′；测量精确度为 0.05mm（20m 内）	转站时需要重新定标；在中、短距离内具有极高的测量精度；测距通过测角计算得到
电子全站仪	可单台工作；开机后输入温度和气压，仪器自动校正距离	测程为 0.9～1800m；测量精度为 $\pm(3+2\times10^{-6})$ mm	不能完全代替水准仪；对点时稳定性和安全性更好；对于高精度测距能力不足

7.2.1　关节臂测量机

1. 关节臂测量机的组成及原理

关节臂测量机是一种多自由度便携式测量机，它仿照人体关节的结构，将一系列长度固定的杆件和一个测头通过可旋转的关节串联，具有机械结构简单、体积小、重量轻、空间可达性好、灵活便携等优点，如图 7-4 所示。

图 7-4　关节臂测量机

关节臂测量机由三根刚体臂、六个活动关节和一个接触测头组成。第一根固定臂与第二根中间臂之间、第二根中间臂与第三根末端臂之间、第三根末端臂与接触测头之间均为关节式连接，可进行空间回转，每个活动关节均装有相互垂直的回转角传感器，可测量各个臂与测头在空间的位置。

2. 关节臂测量机的特点

关节臂测量机通过模拟手臂灵活的运动方式，可实现对空间不同位置目标点的测量，并能够以最灵活的形式满足复杂空间内的测量需求。关节臂一端固定于基座上，末端测头的自由运动范围构成一个球形测量空间。关节臂测量机运动灵活、操作简单，不需要测量平台，便于携带，甚至可以安装在被测工件或机器上，非常适用于现场测量和被测工件不便移动的场合，具有很好的测量柔性和适应性。关节臂测量机研制成功后，迅速在模具设计、产品质量在线检测、设备维修、飞机装配、医疗等领域得到应用，如图 7-5 所示。

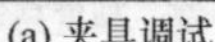

(a) 夹具调试

(b) 零件检验

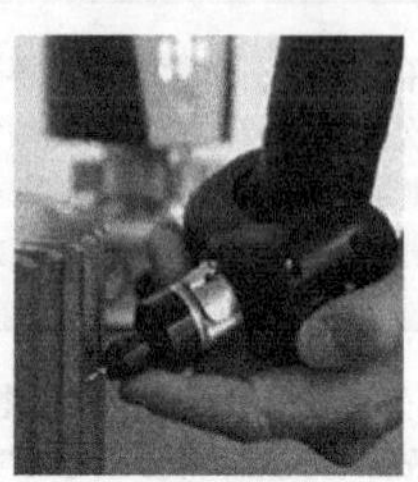

(c) 逆向工程

图 7-5 关节臂测量机实际应用

关节臂测量机采用旋转关节和长杆件的串联结构，稳定性不高，且关节臂测量机测量误差与被测点空间位置有关，距离越长，误差越大，使得测量空间范围和测量精度受到明显的限制。此外，可以在关节式坐标测量机的测头上附加小型结构的激光扫描仪来实现非接触快速三维扫描测量功能，称为激光扫描测量臂，它集接触式和非接触式测量系统于一体，在性能上具有一定的优势，可用于检测、逆向工程、快速成型、三维建模等测量场合。例如，某型关节臂测量机将接触测头和激光扫描测头结合，可以利用接触式测头测量简单点坐标，再利用激光扫描测头采集曲面上的数据，两种测量数据转换方便，通过大量的点云数据可以获取被测物的详细参数。

关节臂测量机是一种先进的测量系统，其属于点测量方式，对于曲面的测量效率低，且测量时间随采样密度的增加而急剧增加。关节臂测量机可以看成一台柔性化、手动化的便携式三坐标测量仪，其精度较低，操作方式为手动操作，有多种配件选择，可实现现场快速测量，适用于各种复杂现场，具有多种测量解决方案，并具有操作便捷的优点。

7.2.2 激光跟踪仪

激光跟踪仪测量系统指的是一套以激光为测距手段，由激光跟踪头、反射标靶、控制器、测量附件和用户计算机等功能部件组成的测量系统，它同时配有绕两个轴转动的测角机构，形成一个完整球坐标测量体系，可以用于测量静止目标，跟踪和测量移动目标或它们的组合，常见的激光跟踪仪型号如图 7-6 所示。

激光跟踪仪的实质是一台激光干涉测距和自动跟踪测角测距的组合体，它类似于全站仪，二者的区别在于激光跟踪仪没有望远镜。跟踪头的激光束、旋转镜和旋转轴构成激光跟踪仪的三轴，三轴相交的中心是测量坐标系的原点。系统的硬件主要组成部分包括传感器头、控制器、电动机和传感器电缆、带局域网(local area network，LAN)电缆的应用计算机以及反射器。下面对其各部分进行详细介绍。

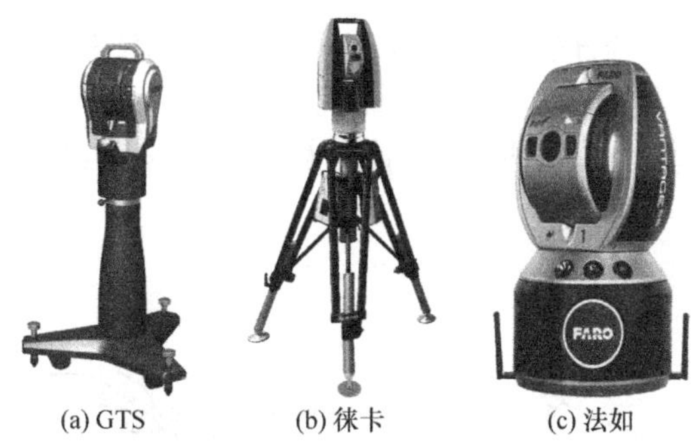

(a) GTS　(b) 徕卡　(c) 法如

图 7-6　常见的激光跟踪仪型号

1. 激光跟踪仪的组成

(1) 传感器头：用于读取角度和距离测量值。激光跟踪器头围绕着两根正交轴旋转，每根轴具有一个编码器用于角度测量和一个直接供电的直流(direct-current, DC)电动机进行遥控移动。传感器头包括一个测量距离差的单频激光干涉测距仪和一个绝对距离测量装置。激光束通过安装在倾斜轴和旋转轴交叉处的一面镜子直指反射器。激光束作为仪器的平行瞄准轴。激光干涉仪相邻的光电探测器接收部分反射光束，使跟踪器跟随反射器。

(2) 控制器：包含电源、编码器和干涉仪用计数器、电动机放大器、跟踪处理器和网卡。跟踪处理器将跟踪器内的信号转化成角度和距离观测值，通过局域网卡将数据传送到应用计算机上，同理从计算机中发出的指令也可以通过跟踪处理器进行转换再传送给跟踪器，以完成测量操作。

(3) 电缆：传感器电缆和电动机电缆分别用于完成传感器和电动机与控制器之间的连接。LAN 电缆则用于跟踪处理器和应用计算机之间的连接。

(4) 应用计算机：经过专业人员的配置后，加载工业用的专业配套软件，用于发出测量指令和接收测量数据。

(5) 反射器：采用球形结构，因此测量点到测量面的距离是固定的。本系统中采用三面正交镜的三重镜反射器。

(6) 气象站：用于记录空气压力和温度。这些数据用于计算激光反射，并通过串行接口传送给联机的计算机应用程序。

(7) 测量附件：包括三角支架、手推服务小车等。支架用于固定激光跟踪仪，调整高度，以保证各种测量模式的稳定性，且三角支架底座具有车轮，可方便地移动激光跟踪仪。手推服务小车可装载控制器等设备，运送方便快捷。

2. 激光跟踪仪的原理

激光跟踪仪跟踪头的激光束、旋转镜和旋转轴构成激光跟踪仪的三个轴，三轴相交的中心是测量坐标系的原点。激光跟踪仪可以连续地瞄准、跟踪并确定由移动或稳定的反射目标返回激光束的位置。简单来说，激光跟踪测量系统可静态或动态地跟踪一个在空中运动的点，由此形成球坐标测量系统，测得三个球坐标系中的位置参量 α、β、γ，即可确定目标在直角坐标系的位置矢量 $P=(x,y,z)$，位置矢量按式(7-1)计算：

$$\begin{cases} x = OP\sin\beta\cos\alpha \\ y = OP\sin\beta\sin\alpha \\ z = OP\cos\beta \end{cases} \tag{7-1}$$

两个角编码器根据旋转部件转动的角度自动计算靶标相对于跟踪仪的水平方位角和垂直方位角 α 和 β；靶标与激光跟踪仪之间的距离 OP 由激光干涉仪测量，干涉信号经整形、放大后输入可逆计数器计算出总脉冲数，再由计算机按预设算式计算出位移量 OP，如图 7-7 所示。

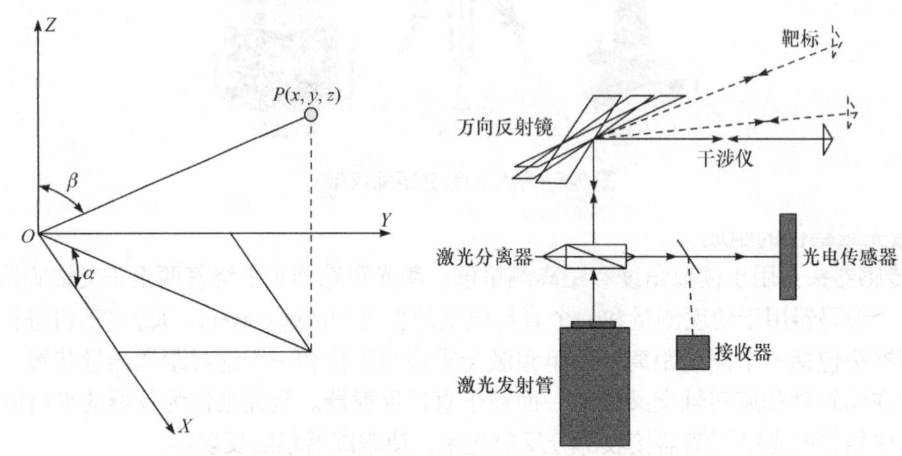

图 7-7　激光跟踪仪的角度与直线距离测量原理

干涉仪是激光跟踪仪的核心部件，从激光器发出的光束经扩束准直后由分光镜分为两路，并分别从固定反射镜和可动反射镜反射回来会合在分光镜上而产生干涉条纹。当可动反射镜移动时，干涉条纹的光强变化由接收器中的光电转换元件和电子线路等转换为电脉冲信号，经整形、放大后输入可逆计数器计算出总脉冲数，再由计算机按预设算式计算出可动反射镜的位移量。在使用单频激光干涉仪时，要求周围大气处于稳定状态，各种空气湍流都会引起直流电平变化而影响测量结果。

3. 使用激光跟踪仪时的注意事项

1) 激光跟踪仪编制的选择

在大型工装的精密装配中，选择激光跟踪仪的编制非常重要，若选择单机工作，则在工装上的隐藏点、面就很难用仪器一次站位测完，通常需要几次或数次转站才能测完，而在每次转站过程中不可避免地会有不同程度的精度损失，再加上装配周期中周围环境的变化引起的测量误差，最后累积的结果会使装配精度损失很大，从而使整个工装精度变差。因此，在这种大型高精度的工装装配中，应至少选择三台激光跟踪仪联机工作测量，这样就可以保证整个被测体系处于一个稳定的测量体系中，避免了转站误差，并使装配时间缩短，从而尽量减少环境因素带来的误差影响。

2) 测量坐标系的统一

基于激光跟踪仪坐标系，测出实际工装基础上数个工艺工具球坐标值，用“最小平方转换”使其与工装数字化设计坐标系统一，这样就建立了工装的飞机坐标系。

3) 安装工装定位器

典型工装定位器依据 3-2-1 原则，由三个分布在定位器上的控制点(工具球)控制它的六个自由度，所有工具球坐标值都可以从工装设计数据集中获得，利用激光跟踪仪软件的“建点”命令获得正确位置。与飞机坐标系有角度的定位器可利用“轴对准”做出零件坐标系调整。

在定检或检修某损坏的定位器时，只要用一台跟踪仪按工装设计数据集中此定位器的数据重新装配调整即可，其他定位器不必变动。

4. 激光跟踪仪技术总结

激光跟踪仪测量系统属于点测量方式，具有较高精度，但对于曲面的测量效率较低，且测量时间随采样密度的增加而急剧增加；其属于大尺寸测量设备，适用于大部件对接装配中的位姿检测与控制。激光跟踪仪缺点是在进行大尺寸空间机构的测量时，往往需要进行转站，增加了劳动量，建立多个坐标系导致目标的空间位姿测量精度受到较大干扰；在进行测量时需要进行引光，增加了操作难度。

7.2.3　三维视觉测量技术

三维视觉测量技术是结合计算机视觉和精密测量的先进高端技术。三维视觉测量通过模仿人眼来观察世界，并利用计算机分析处理来感知周围环境。应用计算机视觉技术可对被观察对象进行识别、定位、量化和重构。随着计算机和视觉技术的发展，三维视觉测量已形成较成熟的理论基础，相关技术已经广泛应用于物体三维形貌信息的获取和重建中。

三维视觉测量是典型的非接触式测量途径，以光学成像为基础，结合计算机视觉技术和几何测量原理，无须接触被测物体，有效避免接触式测量存在的问题，广泛应用于科学研究、逆向工程、在线检测、质量控制和高端装备制造等领域。三维视觉测量技术按照测量过程中是否投射光源，可以将获取被测物体三维形貌信息的方法分为两大类，即被动视觉测量和主动视觉测量。

1. 被动视觉测量

被动视觉测量不需要特殊的照明投射装置，利用相机拍摄被测物的图像，建立被测物与相机之间的相对位置关系，即可获取被测物表面的三维信息。但需要注意的是，被测物体表面通常缺乏明显特征，因此使用被动视觉测量时，通常需要在被测物体表面粘贴标志点、散斑等人为添加的特征。

被动视觉测量所需硬件相对简单，根据所采用相机的数目，被动视觉测量可分为单目视觉测量、双目视觉测量和多目视觉测量等。

1) 单目视觉测量

单目视觉测量通过一台高分辨率的数字相机对被测物摄影，经过图像处理后得到物体的准二值数字影像，借助控制点和被测点的图像特征信息，利用空间几何算法求解可以得到标志点精确的 X、Y、Z 坐标。

传统的单目视觉测量技术有从聚焦恢复深度(shape from focus，SFF)、从运动恢复结构(structure from motion，SFM)和地图重建(simultaneous localization and mapping，SLAM)等。SFF 通过移动物体来采集图像序列，基于图像聚焦程度进行分析，完成三维重建，多用于显微三维视觉测量领域。SFM 与 SLAM 方法原理相似，利用序列图像帧间的运动估计出相机姿态信息，然后基于图像序列采用三角测量法来恢复场景的三维信息。近年来，有学者提出了基于深度学习的单目三维重建技术，该技术运用大量样本数据训练卷积神经网络，通过网络模型实现场景深度的获取。西安交通大学研发的新拓单目视觉测量系统是国内较成熟的产品，如图 7-8 所示，其测量过程如图 7-9 所示。

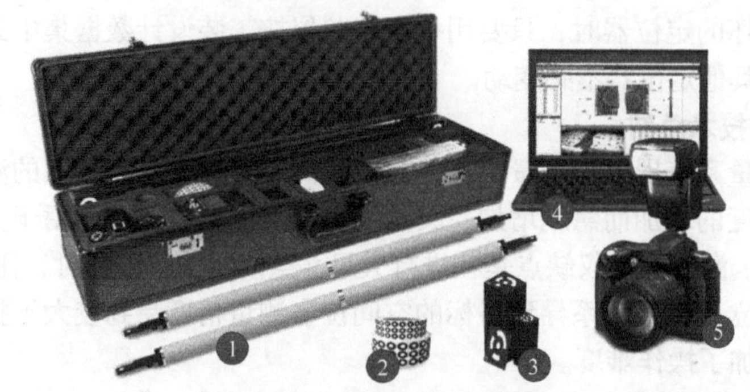

图 7-8　新拓单目视觉测量系统

1. 标尺；2. 非编码点(标志点)；3. 编码点；4. 笔记本；5. 相机

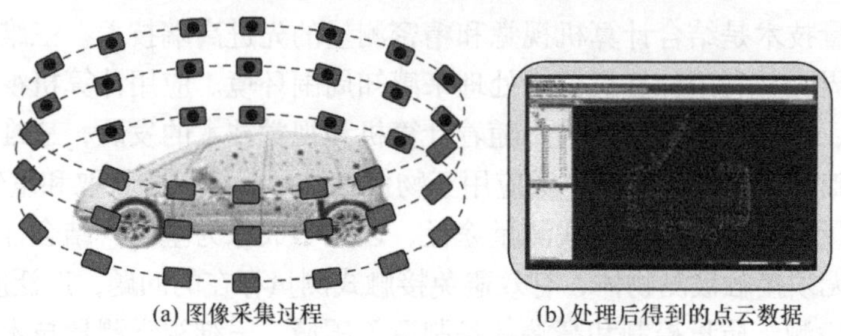

(a) 图像采集过程　(b) 处理后得到的点云数据

图 7-9　新拓单目视觉测量外形过程

2) 双目视觉测量

双目立体视觉与人眼的立体感知类似，利用两个相机从不同的角度对被测物体成像。依据两幅图像中对应点的立体视差，根据三角测量原理实现三维信息测量，如图 7-10 所示。图中，p_1 为物点 p 在左相机成像平面的对应点，p_2 为物点 p 在右相机成像平面的对应点。

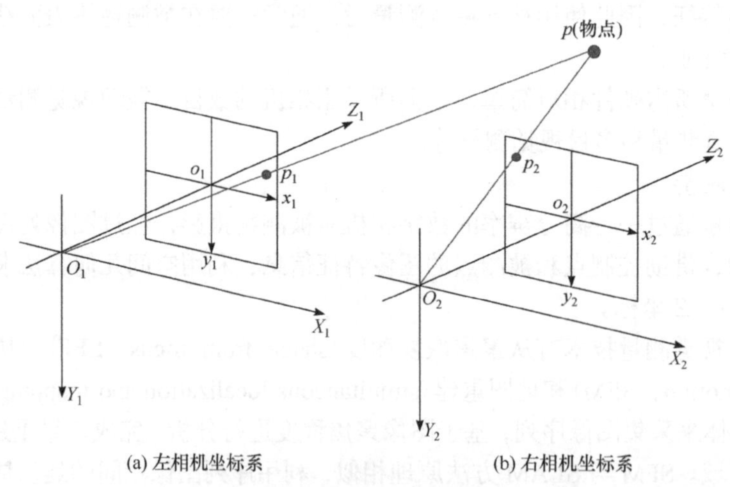

(a) 左相机坐标系　(b) 右相机坐标系

图 7-10　双目视觉测量原理

双目立体视觉测量具有效率高、系统结构简单、测量精度较高等优点，但是需要解决图像中同名像点的匹配问题。双目视觉测量系统非常适用于制造现场的在线、非接触产品检测和质量控制，在航空航天制造领域可以用于动态/静态监测零部件的变形情况，如拉伸试验、大型壁板装配应力监测等，如图 7-11 所示。

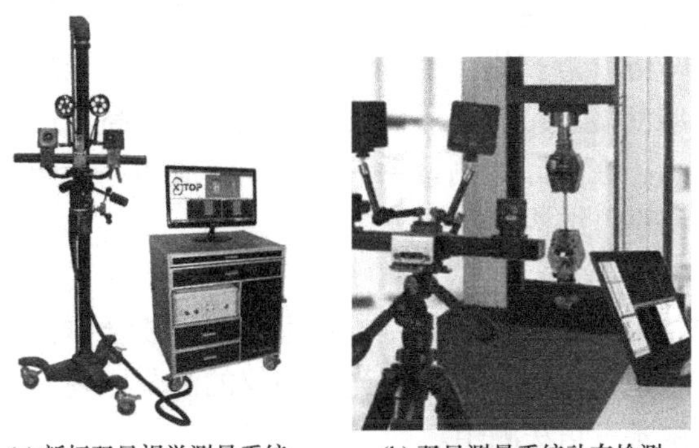

(a) 新拓双目视觉测量系统　　(b) 双目测量系统动态检测

图 7-11　双目视觉测量系统及其应用

3) 多目视觉测量

多目视觉测量技术通过在双目立体视觉测量系统的基础上，增加一台或多台辅助相机，构成多目视觉测量系统，其原理如图 7-12 所示。由于多个相机间需要满足的成像几何约束有效减少了双目立体视觉测量中同名像点匹配的多义性，减少了误匹配现象，且可以通过光束平差提高测量精度，但计算量也会相应增加，降低了测量速度和效率，同时由于硬件较多，多目视觉测量系统普遍比较昂贵。

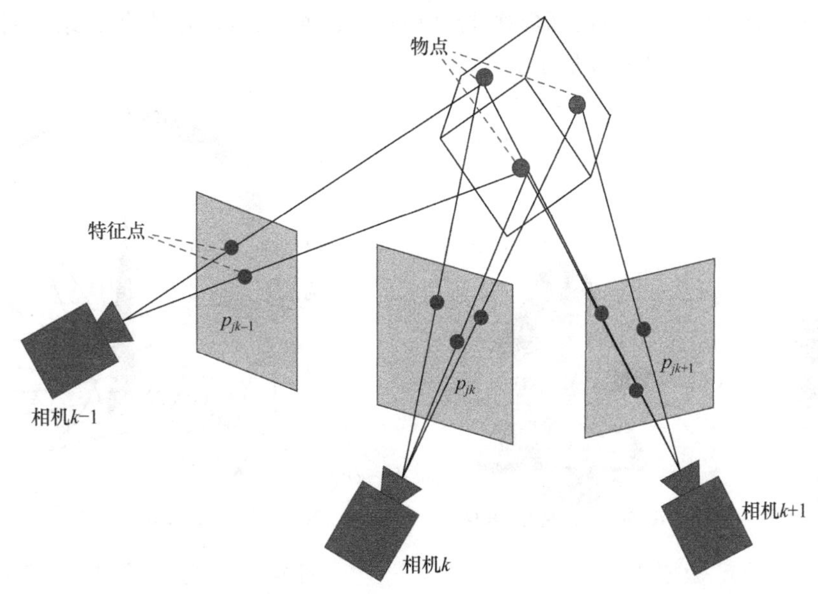

图 7-12　多目视觉测量原理

2. 主动视觉测量

主动视觉测量与被动视觉测量最大的不同在于需要向被测物体投射光源(点、条纹、图案和散斑等)，相机拍摄包含光源的反射光或透射光的被测物体表面图像，利用成像几何关系所建立的数学模型解算出被测物物体的三维结构信息。

主动视觉测量利用结构光在物体表面形成明显的特征，对于光滑、纹理缺乏、无明显灰度或形状变化的表面区域，可以避免同名点不易匹配的难题，改善三维信息的获取精度。

根据投射光源的模式，主动视觉测量可以分为点扫描式、(多)线扫描式、编码光式以及飞行时间法(脉冲测距法)等。点扫描式、(多)线扫描式、编码光式可以统称为结构光法，基于三角测量原理实现三维测量。结构光法因具有测量精度较高、抗干扰性能好、实时性强和装置比较容易实现等优点，在实际的测量系统中被广泛应用。下面主要介绍航空航天领域常用的激光扫描测量系统和双目结构光测量法。

1)激光扫描测量系统

激光扫描测量系统：采用非干涉法测距方式可以不需要合作目标实现距离的绝对测量，同时，可与二维精密扫描运动结合构成。激光扫描仪的测距原理分为三种，即脉冲法激光测距、激光相位法测距、激光三角法测距。

脉冲法激光测距的精度较低，一般为毫米级，但其测程较长，效率高。例如，徕卡公司的 HDS 型激光扫描仪(最大测程为 100m，测距精度为 4mm，曲面建模精度小于 2mm)，主要应用于大型结构整体特征测量领域，如图 7-13(a)所示。

激光相位法测距精度与调制频率有关，常规测距频率为 50～100MHz，新发展的高调制频率可达 100GHz，测量精度可达亚毫米。例如，Surphaser 激光扫描仪在 30m 距离内的测量精度可以达到 0.3mm，测量范围为 0.2～140m，如图 7-13(b)所示。

基于激光三角法测距原理的扫描测量系统又称为结构光扫描仪(structured light scanner)。以半导体激光器作为光源，光束照射被测表面，经表面散射(或反射)后，用面阵 CCD(charge-coupled device，电荷耦合器件)相机接收，通过分析图像特征，结合测量模型，解算出表面的三维形貌，如图 7-14 所示。

(a) 徕卡激光扫描仪

(b) Surphaser激光扫描仪

图 7-13 激光扫描仪

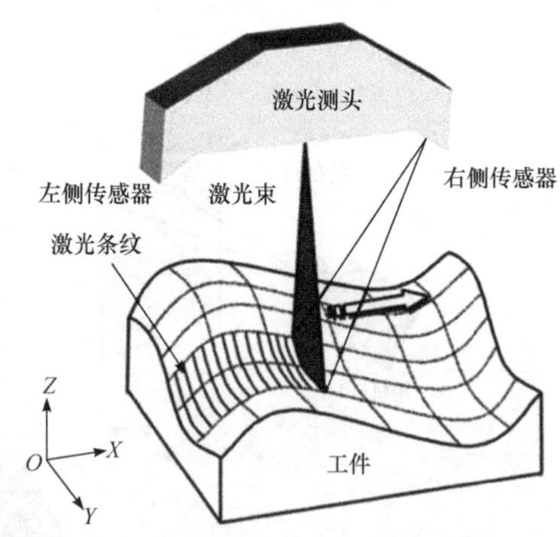

图 7-14 激光扫描仪测量原理示意图

目前，激光扫描仪向着轻量化方向发展。例如，海克斯康公司推出的 AtlaScan 型手持式激光扫描仪扫描速度可达 650000 次/s，扫描面幅为 600mm × 550mm，重量仅有 1kg，体积精度可达 0.015mm+0.024mm/m，MarvelScan 型激光扫描仪还可以在不贴标志点的情况下完成扫描，如图 7-15 所示。

激光扫描仪属于非接触式测量，通过探测自身主动发射的激光回波信号来获取目标物体数据信息，可以快速获取海量的点云数据，其具有数据采样率高、分辨率高、精度高等特点，适用于部件气动外形的检测。

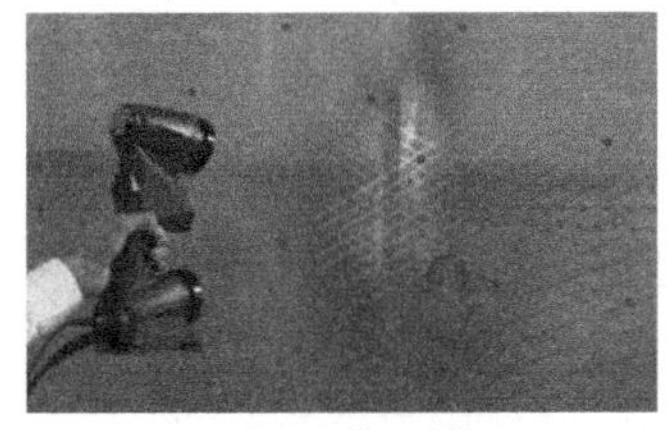

(a) AtlaScan型

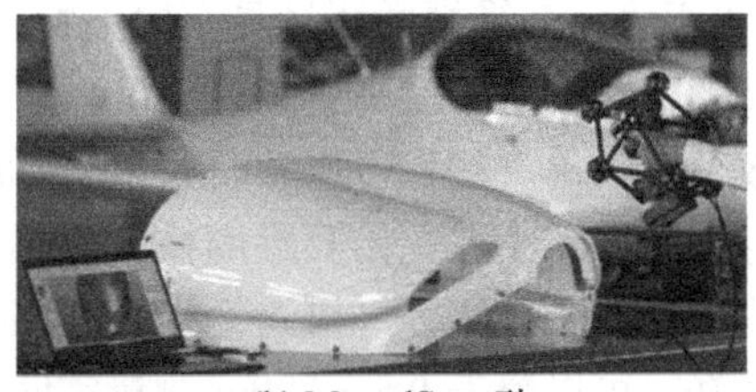
(b) MarvelScan型

图 7-15　海克斯康便携式激光扫描仪

2) 双目结构光测量法

双目结构光测量法是目前应用较为广泛的一种非接触式三维测量方法，其主要将双目视觉技术和面结构光技术相结合，即通过两个不同角度的 CCD 相机捕捉被可控结构光照射的物体照片，经过一定的数学计算得到物体的空间点云信息。其中，双目视觉技术属于图像分析法，为被动式三维测量方法，该方法基于不同视觉角度观测同一物体上的测量点，根据视差原理由已知空间几何信息计算被测位置空间坐标信息，从而恢复待测物面的三维信息。

由于单纯使用双目视觉技术，即只依靠自然光不添加任何光源时，受本身测量能力的限制，测量数据失真的情况较为严重，难以满足复杂零件的测量精度要求，引入结构光技术作为双目视觉技术的光源，提高测量的稳定性及测量精度，在航空航天制造领域多用于复杂零件的三维重构等领域，如飞机壁板外形测量(图 7-16)。

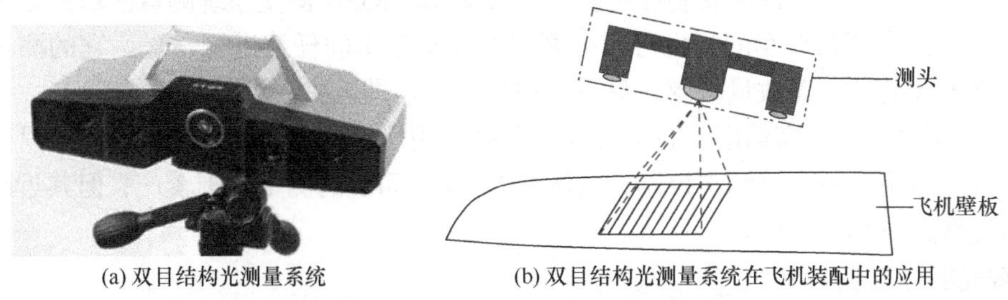

(a) 双目结构光测量系统　　(b) 双目结构光测量系统在飞机装配中的应用

图 7-16　双目结构光测量系统及其应用

3. 三维视觉测量总结

激光扫描仪、结构光测量技术、单目摄影测量技术，以及单目、双目、多目视觉测量技术异同之处具体如下：

(1) 以上技术均需要借助 CCD 相机来实现待测目标的测量；视觉测量的必要条件是待测物体具有能够让机器识别的特征，以上技术最明显的区别可以理解为添加特征的方式不同；激光扫描仪借助激光束来添加特征，结构光测量技术以投影光栅等来添加特征，而单目、双目以及多目视觉测量多以粘贴标记点/编码点的方式来添加特征。

(2) 单目摄影测量法的测量范围大，但需要在被测表面粘贴标记点，在一定程度上影响被测表面形貌，且仅能完成标记点空间坐标的检测；双目和多目视觉测量技术可实现全视场范围的高密度测量，适用于测量复杂形状，但随着测量范围的扩大，测量精度衰减明显，且部分产品难以人为添加标记。三维光学扫描仪适用于部件气动外形的检测；基于各类结构光的视觉检测设备已应用于蒙皮接缝与阶差的检测。

与其他方法相比，三维视觉测量具有以下特点：

(1)精度高，相对测量精度高达 1/200000。

(2)测量效率高，单次测量可以获得大量目标的几何信息。

(3)测量空间的需求小，只需要距离被测目标 0.5m 即可拍照、测量。

(4)自动化程度高，利用计算机自动识别、匹配目标特征，无须人工干预。

(5)适应性好，可以覆盖 0.5～100m 测量空间范围。

7.2.4 其他测量系统

以上三种测量系统都是目前应用较多的测量系统，除此之外，还有其他测量系统。它们都曾在历史一段时间内被认为是测量技术的重要发展方向，然而由于设备成本、精度、适用范围等逐渐被淡化，或作为其他测量系统的补充手段，包括 iGPS 测量系统、激光雷达测量系统、电子经纬仪测量系统和全站仪测量系统等。

1. iGPS 测量系统

iGPS：是一种超越传统测量的大尺寸空间测量技术，可以为操作人员在三维空间定位和测量难点提供一种全新的解决方案。iGPS 网络系统与全球定位系统中的卫星网络类似，支持无穷多个用户。在整个车间坐标系中，用户可以使用无限多个传感器来完成不同的测量任务，如部件的定位、指导机器人工作以及同步跟踪等。iGPS 测量系统由激光发射器、传感器以及传输系统组成，其所有硬件的安装和维护都十分简单。iGPS 测量系统测量区域的范围可小到一个工作单元或大到整个车间，也可根据客户的要求在车间任意进行布置。它的测量区域并不会受到已安装的发射器数量限制，只需要增加发射器即可扩展测量范围。

iGPS 测量系统具有高精度、高可靠性以及高效用性，主要用于解决大尺寸测量问题，适用于大部件对接中的位姿检测与控制；虽然 iGPS 测量系统的测量范围较广，但其近距离测量精度与激光跟踪仪相比较低。

2. 激光雷达测量系统

激光雷达测量系统：实质是一个非相干的连续波激光测距机，为球面坐标系测量系统，通过连续处理反射光进行工作，其发射的激光频率是 200THz。激光雷达测量系统的测角原理与激光跟踪仪基本相同，测距原理采用与无线电或微波雷达类似的测距原理，即由距离和水平角、俯仰角，通过球形坐标系和笛卡尔坐标系的转换得出被测点的 X、Y、Z 坐标。

激光雷达是传统雷达与激光技术相结合的产物，其具有数据密度大、数据精度高、抗干扰能力强、测量范围广、自动化程度高等特点，现广泛应用于调查检测、建模测绘、航空航天等领域。在飞机装配过程中，激光雷达多与激光跟踪仪、iGPS 等数字化测量技术共同应用于飞机水平测量中，以评估飞机总体装配质量、校准飞机部件以及检测飞机外部结构变形状态。

3. 电子经纬仪测量系统

电子经纬仪：基于角度测量的光学仪器，可以用于较为精确地测量水平角和竖直角，多数电子经纬仪的测角原理均基于动态测角技术。

电子经纬仪测量系统采用的测量方式为非接触式测量，在对被测目标进行测量时可以根据合理性与有效性任意调整电子经纬仪的站位，具有较强的灵活性。当大尺寸测量受到较大限制时，电子经纬仪测量系统的出现解决了相关问题。由于电子经纬仪三坐标测量系统具有实时性、非接触性、机动性以及高精度的优势，其已在航空航天器研制过程中得到广泛应用。例如，各复杂结构与安装系统之间的组装校正工作以及生产制造过程中的动态实时测量，极大地提高了产品检测的速度和精度。但电子经纬仪系统一般由两台及两台以上的电子经纬仪所组成，在进行电子经纬仪标定时还需要用到基准尺等辅助仪器。

4. 全站仪测量系统

全站仪是一种集光、机、电为一体的高技术测量仪器，也是集水平角、垂直角、距离(斜距、平距)、高差测量功能于一体的测绘仪器系统，因其安置一次就可完成该测站上全部的测量工作，所以称为全站仪。根据测角精度，全站仪可分为 0.5″、1″、2″、3″、5″等几个等级。全站仪主要包括电子测角系统、电子测距系统、数据存储系统、自动补偿设备等，还包括与测量数据相连接的外转设备以及进行计算、产生指令的微处理机。

全站仪属于点测量方式，对于曲面的测量效率较低，测量时间随采样密度的增加而急剧增加。现在其常与光笔、iGPS 相结合，用于飞机变形测量与分析等测量任务中。

7.3　测量系统构建及测量环境控制

目前，基于单一测量设备的常规测量手段日趋完善，在飞机制造过程中获得了广泛应用，并发挥着重要作用。例如，以激光跟踪仪和室内空间测量系统为代表的大尺寸测量设备适用于大部件对接装配中的位姿检测与控制；激光雷达、数字近景摄影测量仪、三维光学扫描仪适用于部件气动外形的检测；基于各类结构光的视觉检测设备已应用于蒙皮接缝与阶差的检测。

受限于测量原理，单个测量手段有其特定的空间背景，也存在一定的局限性。现代飞机的气动性和隐身性对装配质量提出了更高的要求，从而对数字化检测也提出了更大的挑战。在装配与检测过程中，除了对大部件的气动外形进行检测，还要对一个大部件的某些小尺寸特征进行精确测量，如配合面间隙、接头交点孔位置等，通常要求测量系统的量程具有较大的伸缩性，以适应不同的装配要求，同时在全量程范围内能够达到足够高的测量精度和测量效率，既要求测量范围大、精度高，又要求操作快速，简单方便。而现有基于单一测量设备的测量方法往往无法同时兼顾测量量程、精度和效率，随着量程的增大，测量精度和测量效率会迅速下降。总体而言，单一设备已无法完整地提取各类型待测特征的信息。

7.3.1　常用测量设备组合测量方案

近年来，大尺寸复杂形状测量领域已经出现了大量的基于组合机制的测量系统。例如，Metris 公司研发的 iSpace 系统可实现不同技术优势设备类型的信息互补，国内学者研究了组合激光跟踪仪和关节式三坐标测量机的测量方法，可用于解决大型复杂工业测量任务中的测量盲区问题等。在飞机制造领域，应用多种测量手段联合完成复杂测量任务体现出明显的优势，各种测量手段在测量范围、精度、速度等性能上有很大不同，组合测量可以实现多种测量方式的信息互补，扩大测量范围，优化配置，使测量结果达到最优。

1. 关节臂测量机与激光跟踪仪结合

激光跟踪仪虽然具有实时动态跟踪能力强、测量范围大以及测量精度高等优点，但其受限于需要的通视条件，在实际测量时经常会存在测量盲区。另外，激光跟踪仪仅能实现单点检测，不适用于完成复杂形状的扫描检测。比较而言，关节臂测量机柔性程度高，便于从不同位置接触被测物体，能够完成隐藏点的测量，鉴于关节臂测量机的灵活性，将其与激光跟踪仪组合使用，可以有效实现隐藏点及较为规则曲面的大尺寸测量任务。关节臂测量机与激光跟踪仪组合测量系统测量步骤如下，测量过程如图 7-17 所示。

(1) 以激光跟踪仪测量坐标系为全局测量坐标系，利用激光跟踪仪测量范围大的特性实现关节臂在全局空间内的精确定位。

(2) 将关节臂测量机移动至合适的位置，使其以合理的站位姿态接近被测部件，获取各局部位置的测量数据，各站位下的测量数据均定义于关节臂测量机自身测量坐标系下。

(3) 在关节臂测量机各站位，分别利用激光跟踪仪与关节臂测量机测量一组公共目标点，获取公共目标点在关节臂测量机当前站位测量坐标系与全局测量坐标系下的坐标，计算两坐标系的坐标变换关系(平移矩阵、旋转矩阵)，并将测量臂各站位测量数据转换至全局坐标系下。

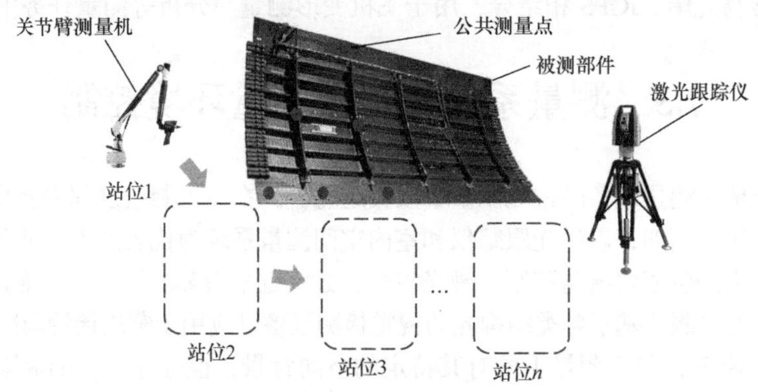

图 7-17 关节臂测量机与激光跟踪仪

通过公共点观测值求解两坐标系变换矩阵的方法有奇异值分解法及四元素法等。

需要注意的是，完成坐标系的转换需要 3 个以上不共线的公共点，公共点数目越多，分布范围越大且分布越均匀，转换矩阵求解精度越高。在实际应用中，还需要考虑两组测量数据在转换过程中取不同权值，以体现不同仪器误差特性的影响程度。

2. 摄影测量与激光扫描系统结合

近景摄影测量技术和光学三维扫描技术的组合应用技术已在飞机外形测量中获得成功应用。测量的主要步骤为：①在飞机表面粘贴标志点，用 CCD 相机围绕被测目标区域从不同方位拍摄标志点图像；②利用测量软件对所获取的图像进行分析，自动识别标志点并进行唯一性编码，同时依据数字近景测量原理计算标志点在全局空间内的三维坐标，将标志点三维定位信息传输给光学扫描系统；③利用移动光学扫描仪对飞机外形分区域进行扫描测量，在每个区域的扫描过程中同时采集该区域内的标志点坐标位置信息，通过与摄影测量系统输出的相同目标点匹配，获取局部视角测量坐标系与全局空间坐标系的变换关系，实现局部视角测量数据向全局测量坐标系的统一转换，进行数据融合与拼接，构成完整的外形点云数据。

在组合测量方案中，摄影测量系统主要负责求解每次拍摄时 CCD 相机的位置和姿态，一次性获取所有目标点在全局坐标系下的三维坐标，作为后续测量设备(如结构光面扫描测量和

手持式光笔接触测量)数据拼合的依据，能够有效解决由不同设备多视角测量造成的数据拼合困难、逐次拼合累积误差大等问题。

7.3.2　测量控制网构建技术

在飞机装配过程中，通常需要建立一个具有多台不同测量设备的大尺寸空间组合集成测量系统，以实现大空间、多特征(空间点位、曲面等)测量。组成集成测量系统的各仪器设备之间坐标系的统一和转换通过“转站”测量实现，以便将各仪器设备的局部测量数据统一转换至全局测量坐标系下，对产品进行统一的整体描述。多次的转站和坐标转换都不可避免地引入转站误差，因此需要建立全局精密测量控制网。通过高精度的全局控制点，为全空间测量提供可靠的测量基准，实现测量数据转站误差的精密控制，这对提高整体空间的测量精度至关重要。

为了建立大空间精密三维坐标控制网，需要在装配测量现场布设全局控制点，并采用精密测量设备对空间全局控制点进行三维坐标精确测量和定位，激光跟踪仪和 iGPS 是有效的建网测量设备。

1. 激光跟踪仪组网技术

激光跟踪仪具有测量范围大、精度高、速度快等优点，是构建大空间全局测量精密控制网最有效的手段，基于激光跟踪仪的测量控制网布设与标定方法如下。

1)全局测量控制网布设

在装配现场布设激光跟踪仪光学目标点，使其在空间内均匀分布并覆盖整个装配测量空间，作为测量网的全局控制点，如图 7-18 所示。

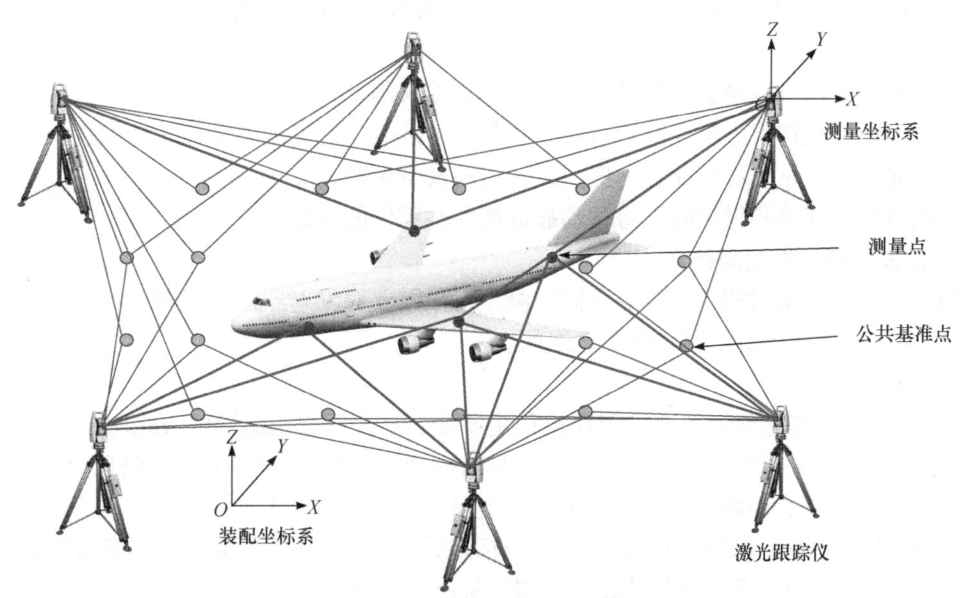

图 7-18　激光跟踪仪的测量控制网

2)测量控制网的初始标定

根据控制网几何分布设置激光跟踪仪的站位，利用激光跟踪仪的多站式测量，获取各站位局部坐标系下一定数量的全局控制点的三维坐标，直至完成所有控制点的观测。全局测量坐标系可以建立在激光跟踪仪任一站位坐标系下，实际应用中一般选择第一站位测量坐标系。全局坐标系下各控制点三维坐标的解算依赖于激光跟踪仪“转站”算法完成，即对于后续各测量站位，利用其与前一站位的公共测量点观测值来建立两站位坐标系间的关系。

可使用奇异值分解法解算两坐标系间的位姿关系（当前站位坐标系相对于全局测量坐标系的旋转矩阵和平移向量），同时将当前测量结果变换至整体测量坐标系下。为保证控制网的标定精度，相邻站位需要布设 5～15 个公共点，且网点的分布应具有良好的几何结构，以提高可靠性，减小测量误差的影响。

3）测量控制网的平差优化

在基于“转站”算法的控制网初始标定过程中，后续站位的数据转换需要依赖前一站位的转换结果，从而造成转换误差的依次传递，并产生难以避免的误差累积。针对这一问题，应采用控制网平差优化技术提高控制网的定位精度，通过对各站位冗余观测值进行整体优化处理，以全部观测值改正数的平方和最小为约束，求解最佳仪器站位及控制点的三维坐标，实现转换误差的整体优化控制。

4）平差优化模型的进一步改进

直接采用激光跟踪仪建立的测量控制网精度主要由激光跟踪仪的坐标测量误差决定。激光跟踪仪为角度传感与测距技术相结合的球坐标测量系统，其测距精度远高于测角精度，随着测量距离的增大，测角误差引入的定位误差明显增大，并成为激光跟踪仪坐标测量精度的主要影响因素。针对激光跟踪仪的误差特点，可适当提高测距观测值在平差优化模型中的权重，以充分发挥高精度观测值的作用，从而有效提高控制网的标定精度。

在实际应用中，激光跟踪仪布站需要考虑以下因素：

(1)激光跟踪仪应尽量靠近测量点，以减小跟踪仪测量误差；

(2)每台激光跟踪仪应至少能测量到 3 个公共基准点，且覆盖的公共基准点越多越好；

(3)激光跟踪仪站位不能靠近厂房门口、过道及空调等；

(4)在测量之前或测量期间不得移动靠近激光跟踪仪的重物。

2. iGPS 全局测量组网技术

在利用 iGPS 检测过程中，针对不同的测量对象需要对发射器进行组网。目前系统支持的发射器组网方式包括自由组网和参考点组网。

1）自由组网

自由组网的前提是发射器的位置保持稳定不变。在采用自由组网的方式时，用户需要使用标定工具对系统进行标定。通常的标定工具为标准杆，标准杆为一个矢量杆，杆的两端安装有 iGPS 的接收器，而两个接收器之间的长度是已知的(图 7-19)。

用户使用标准杆在 iGPS 的测量空间采集标定数据，数据采集结束后，标定算法会对采集的数据进行分析处理。通过优化计算发射器到标准杆上接收器的方位角的交叉，算法可以优化计算出在同一坐标系内每一个发射器的方位。至此，系统只剩下一个参数需要标定，即比例尺。标准杆是由两个接收器组成的矢量杆，两个接收器之间的距离是已知的，这个已知的距离为标定系统的比例尺提供计算依据。

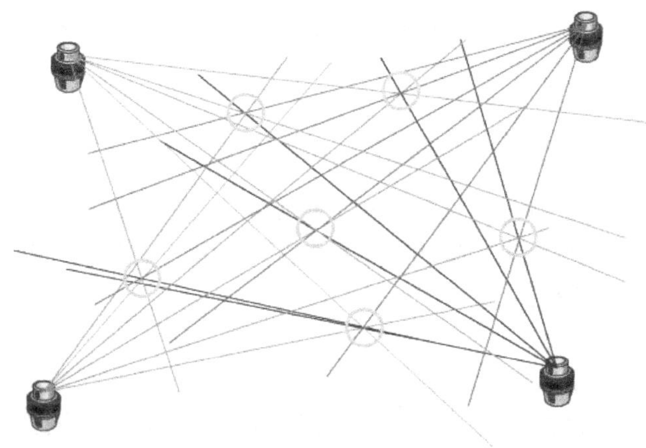

图 7-19　iGPS 自由组网

(1) 自由组网方式的优点：①便携方便；②灵活。

(2) 自由组网方式的局限性：①标定结束后，发射器必须稳定；②需要周期性的标定过程；③系统比例尺的精度取决于标准杆的长度。

2) 参考点组网

参考点组网方式中，发射器通过观察若干接收器反算自身的方位。用户需要预先在测量场内布设若干接收器，这些接收器在全局坐标系内的位置是已知的。每个发射器通过观察这些位置已知的接收器就可以计算出在这个全局坐标系内自身的方位。这些已知位置的接收器称为参考点，参考点的数量越多，分布越广，系统的稳定性越好，发射器的标定精度越高。iGPS 参考点组网如图 7-20 所示。

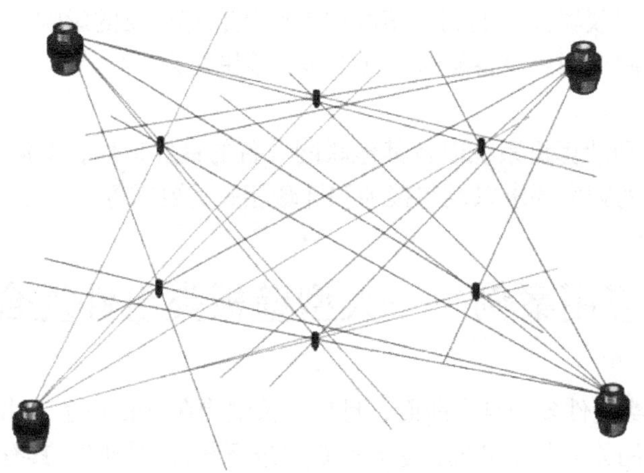

图 7-20　iGPS 参考点组网

(1) 参考点组网方式的优点：①iGPS 坐标系的比例尺是由参考点网络确定的，因此是最精确的；②参考点网络定义了 iGPS 的全局坐标系，因此可以使用参考点直接建立用户需要的目标坐标系；③使用参考点组网，发射器的位置是可以变化的，发射器位移后可以通过重新观察参考点对自身方位进行重新标定；④参考点组网的方式自身没有人工参与的标定过程，所有系统均可以实现开机即可测量。

(2)参考点组网方式的局限性：①需要预先布设参考点；②参考点位置不能发生变化；③适合永久性 iGPS 安装。

7.3.3 装配过程中测量环境控制

测量环境条件对于保证测量设备的正常工作和获取高质量的测量结果至关重要，需要保持在一定的稳定水平。影响测量结果的因素包括温度、湿度、光源、振动、电源保护等，在测量过程中应进行合理地控制。

1) 温度

温度是影响测量精度的重要因素，除了厂商特别注明，测量设备的工作空间均可处于一般的室温状态。此外，测量空间还应满足温度梯度的变化条件。温度梯度分为时间梯度和空间梯度。时间梯度是指在一定时间段内室内温度的变化，一般要求不超过 1℃/h、2℃/d。空间梯度是指在测量设备上下左右各 1m 处的温度差，一般要求不超过 1℃/m。

2) 湿度

湿度直接影响测量设备零件及电气系统的安全，对于一般的测量设备，其湿度要求是 30%～65%。当湿度过低时，设备容易受静电的影响；当湿度过高时，设备会产生漏电或电气元件锈蚀，特别容易造成钢质标准球锈蚀报废。

3) 光源

在视觉测量过程中，光源条件的质量直接影响测量结果的精度；良好的照明条件能为视觉测量中图像处理环节带来良好的对比度，使待测特征与背景具有明显的区别；测量过程中良好的照明条件具有均匀性良好、亮度合适、光谱特性适当、寿命稳定等特性。

4) 振动

装配现场的振动对仪器设备的测量精度和工作状态有重要的影响，因此制造现场的振动频率与振幅等必须控制在测量设备能够正常工作的范围之内。

5) 电源保护

为保证控制系统和计算机系统以及其他联网设备的良好运作，对测量环境中供电源的要求包括电源电压变化的频率要求以及与接地和屏蔽相关的要求等。

7.4 应用案例——大型壁板类组件复合测量

目前，大型壁板类组件多为自由曲面，且尺寸长度均在 3m 以上。由于关节臂测量机主轴允许无限次旋转，采用关节臂测量机和激光跟踪仪进行复合测量时，具有数据采集方式灵活的优点，能够良好地运用于零件外形细节信息采集工作中，大型壁板测量示意图如图 7-21 所示。

关节臂测量机和激光跟踪仪复合测量平台主要由测量设备、计算机控制平台和数据处理软件系统三大部分组成。测量设备由关节臂测量机和激光跟踪仪构成，主要用于数据采集；计算机控制平台是整个系统的控制中枢和信息处理中心；数据处理软件系统主要用于对测量设备采集到的数据进行处理。测量设备是实现大型壁板类组件数字化测量的基础保障。激光跟踪仪工控机是激光跟踪仪本体的控制中枢，用于传递数据、发出指令、供电等。激光跟踪

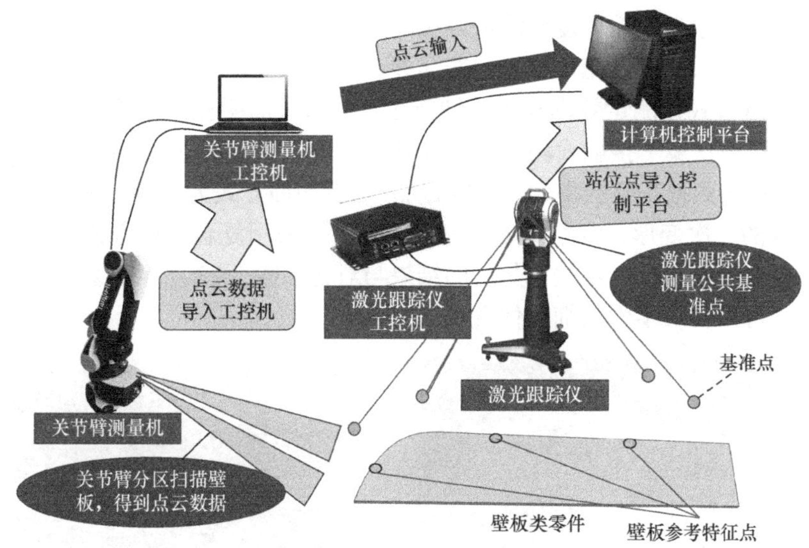

图 7-21　大型壁板测量示意图

仪工控机与激光跟踪仪本体通过两根电缆连接，其中一根电缆为激光跟踪仪本体供电，另外一根电缆为数据通信传送线路。关节臂测量机本体对壁板类组件进行扫描，同时将扫描得到的点云经 USB (universal serial bus，通用串行总线) 接口和网线传回关节臂测量机工控机。计算机控制平台与测量设备工控机之间采用点对点网线连接，控制平台从测量设备工控机获取测量数据后，对测量数据进行处理。数据处理软件安装在计算机控制平台上，用于测量数据的后续分析、处理，直至得到部件成形精度的最终分析结果。

飞机前缘壁板组件联合测量流程如下。

(1) 进行初始化操作；固定飞机组件，布置激光跟踪仪及关节臂测量机的位置；在移动测量平台上布置公共基准点，公共基准点的数量必须保证在 3 个及 3 个以上；测量前先根据零件外形将飞机前缘壁板件划分为多个扫描区域，并根据扫描区域相对位置设置移动测量平台站位。

(2) 利用激光跟踪仪测量各公共基准点的坐标，关节臂测量机分别扫描各飞机前缘壁板类组件分区及各公共基准点处的靶球。扫描结束后，得到每个区域壁板的外形点云及相应区域内的多个靶球外轮廓点云。将多个靶球外轮廓点云拟合为球特征，得到靶球球心 (简称靶心)。

(3) 将靶心与飞机前缘壁板点云封装，靶心作为点云拟合公共点与公共基准点对齐，得到整体的飞机前缘壁板组件的完整点云。点云与壁板三维数据模型进行比对后，即可得到整张飞机前缘壁板的实际成形质量，局部点云及完整点云状态如图 7-22 所示。

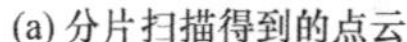
(a) 分片扫描得到的点云

(b) 拼接后的完整点云

图 7-22　前缘壁板局部点云及完整点云状态

关节臂测量机和激光跟踪仪复合测量方法的系统误差主要来自三方面，即测量仪器误差、靶球外轮廓特征拟合误差以及靶球自身制造误差。设备误差取决于仪器自身测量精度。

使用复合测量方式在测量效率和零件细节信息获取方面明显优于单独采用激光跟踪仪的测量方式。激光跟踪仪属于接触式测量，通常采点频率为 5 点/s；复合测量采集测量点用扫描的方式进行，扫描头数据采集频率为 30000 点/s。后者扫描方式为非接触测量，不会在测量过程中引起薄壁件的二次变形，测量效率明显高于前者。采用复合测量方式与单独采用激光跟踪仪对同一飞机前缘壁板进行数据采集后的结果与对比如图 7-23 所示，复合测量方式采集到的点更加密集，可以反映零件的细节信息。

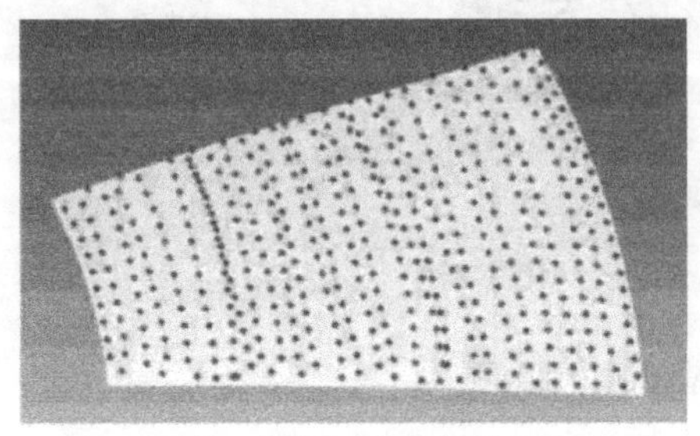

(a) 单独使用激光跟踪仪采集到的测量点

(b) 复合测量方式采集到的点云

图 7-23　单一设备与复合测量方案效果对比

习　题

7-1　数字化测量技术的定义是什么？

7-2　数字化测量技术的主要作用和优势包括什么？

7-3　飞机装配测量需求类型主要为哪两大类？其应用场景分别是什么？

7-4　关节臂测量机的原理和特点是什么？

7-5　激光跟踪仪的原理和特点是什么？

7-6　三维视觉测量分为哪些类型？

7-7　为什么需要组合测量？

第 8 章　飞机总装配

飞机总装配是部件装配过程的延续，是飞机装配工作的最后阶段。飞机总装配的任务是根据飞机图纸、技术条件及生产使用说明书的规定和要求，将部件装配车间移交的各段、部件对接成完整的飞机，将各专业厂提供的发动机、各种仪表、设备和附件等安装在飞机上，利用各种导管、电缆、拉杆等连接成系统，进行调整、试验和检验。最后将飞机送交工厂试飞车间，进行地面及空中试飞。

第 3 章～第 7 章详细介绍了服务于部装的各项技术模块，在总装配阶段，这些技术还是适用的，但还有一些特殊的内容。一方面，机体的部件对接多数是设计分离面的对接，可拆卸连接比重提升，而且部件尺寸大、重量大、刚性相对较好，这都与部装截然不同；另一方面，除了部装针对的飞机机体，总装配还涉及推进装置、飞机系统和机载设备的安装。

8.1　飞机总装配的工作内容和特点

8.1.1　飞机总装配的工作内容

飞机总装配：将已制造完成的飞机结构部件(包括部分功能系统)进行对接，在飞机上进行各种功能装置和功能系统的安装、调试、试验及检测，使飞机成为具有飞行功能和使用功能的整体。

飞机总装对接是飞机制造中的关键环节，前期的零件制造、部件装配都是为这个阶段的装配累积基础的。在总装对接技术中，对接部位的确定、对接基准的选择、测量方法的应用等都是应关注的焦点。

具体来说，飞机总装配主要包括以下各项工作。

(1)飞机机体部件对接及水平测量。

参与对接的部件包括机身各段(机头、机身中段、尾段)、机翼(中央翼、中外翼、外翼)、尾翼(水平尾翼、垂直尾翼)和发动机短舱等。采用水平测量调整和检验各部件间的相对位置。

(2)功能装置的安装、调整。

包括能保证飞机产生飞行动力的动力装置(包括辅助动力装置)的安装以及能保证飞机起降、滑行、停放的起落架装置的安装与调整。

(3)功能系统的安装。

包括能保证飞机正常飞行的各种飞行功能系统的安装，如操纵系统、液压系统、燃油系统、环境控制系统、导航系统、电源系统以及各种飞行仪表等，还包括能满足飞机各种使用功能的使用功能系统的安装，如武器系统、火控系统、救生系统、生活设施以及各种特殊用途的功能系统。

(4)各功能系统和装置的调试试验及检测。

调试和检测，就是使各功能系统和装置能完全满足各自的使用要求和质量要求。具体来说，就是对这些系统和装置进行压力、时间、行程、电阻、电流、电压等的测量，以及对收放、开关、通断、告警、搜索、瞄准和发射等飞行和使用功能进行试验。

每一个系统的结构、技术要求和工艺方法差别很大，使得在生产过程中不仅所采用的工艺过程复杂多样，还必须配置各种不同专业的技术人员和工人。总装配劳动量的大小取决于飞机类型、结构形式、工艺方案、装配方法和生产组织等。在飞机总装配阶段可完成全部安装工作，也可将航空电子、无线电、仪表等设备放在试飞车间安装，以加快资金周转，节省仓库面积。在飞机制造中，特别是在成批生产中，不能待机体各部件完全装配、对接以后才开始安装工作，也不能逐个系统顺序地安装。若存在以上两种情况，则不仅安装工作周期长，而且工作条件差，会造成无法安装或不易保证安装质量。有时先安装的系统会妨碍后面的安装工作，后面进行的安装工作又可能会损坏先前安装好的系统。因此，要根据飞机结构，妥善安排安装工作的先后顺序。

机场车间的工作是飞机总装配过程的延续，其任务是将总装配车间送来的飞机进行最后的地面试验和空中试飞检验。

8.1.2 飞机总装配的特点

1)工作开敞性差、工作集中、劳动量大

手工操作、集体作业是飞机总装配作业的基本方法。目前国内外仅部分工厂采用机器人进行机翼和机身对接工作，但自动化、智能化仍是努力的方向。

飞机驾驶舱、客舱、发动机舱、设备舱、尾舱等部位空间有限，而需要安装的设备又很多、很复杂。有些部位只能一人工作，工作姿态很受限。这些因素会影响安装质量，增加装配周期。因此，应尽量扩大地面装配工作，并将安装工作分散进行。根据飞机结构特点和系统的技术要求，将分散安装和集中安装合理结合。例如，对于电气线路，可制出相应位置的布线样板，同部位的导线根据布线样板进行布线及集束装配，将仪表板、配电盘、操纵台、继电器盒等先在地面组合装配和试验，将液压、冷气系统的部件附件和导管预先组合，固定在固定板上，进行局部的调整和试验。安装时仅将固定板装上飞机，接通管路，这样许多附件、导管就不用在飞机上一个一个地安装，简化了飞机上的安装工作。再如，可预先在发动机上安装液压泵、压气机、进气管、滑油和燃油导管以及电缆等，进行局部的系统试验，甚至可预装发动机罩等。

2)专业性强、科技含量高、多学科交叉

飞机总装配是飞机高科技、多专业属性的集中反映。飞机总装配涉及的工种多、专业性强，而且专业间接口多、交叉多、综合程度高、技术复杂，要由不同专业的人员共同完成系统的安装、调试、检测和联试工作。

3)协调关系复杂

协调关系复杂是飞机总装配的技术难点。减少技术协调问题，即利用制造金属的工程样机和功能样机或采用三维的计算机辅助设计来解决图样的空间协调问题。

飞机总装配的安装依据是图纸和技术条件，但因飞机结构应充分利用机内有限空间，管路、线路及各种附件等的布置很少，并且设计在同一个平面内，安装图纸难以表达这种空间的复杂关系，因此图纸往往是原理图或半安装图，安装工作往往还要将样机作为安装的补充依据。样机是根据设计和制造的需要而制造的 1∶1 尺寸的飞机某些部位的模型，在样机上根据实际结构完成各系统的安装，经设计部门、检验部门和使用单位审查和鉴定，这个补充依据对安装工作的顺利进行十分有利。目前，飞机设计已普遍应用 CAD/CAM 技术，其系统设计、设备和管路布置均在计算机上进行，导管的空间位置、导管与结构和设备的间隙都可以明确给出，可进一步加快试制批量生产的速度，保证飞机设计和制造的质量。

4) 工序的顺序性强

为避免安装工作的互相干扰，一般按照从里向外的顺序层层敷设。系统试验也存在顺序的安排问题。例如，首先要进行电气系统通电试验，保证机上供电，然后才能进行其他系统的试验；又如，在液压系统试验后，保证机上液压系统工作，才能进行操纵系统的调整试验。

5) 功能检查和调试工作量大

功能调试是飞机总装配的重点。系统功能调试是对系统装配工作质量的总检验，调试的某些差错或疏忽会造成重大事故。

功能调试的工作量非常大。由于飞机上安装的系统很多，检查试验要求不同，为避免互相干扰，影响工作，一般不能安排几个系统同时工作，如军械系统校靶、操纵系统调整、飞机水平测量等在工作时不允许在飞机上同时进行其他工作。

6) 完整性要求高、容错率为零

高完整性要求是飞机总装配的基本任务。容错率应为零，不能漏装或错装任何一个装配元件，也不能漏测、漏检、错检任何一个性能参数，否则就有可能危及系统的使用功能，甚至安全。

严格检验、严格操作是确保飞机高质量、高可靠性要求的重要依据。

8.1.3 飞机总装配的工作过程

鉴于上述原因，飞机总装配难以实现机械化和提高生产率，劳动量一般占飞机制造总劳动量的 8%～15%，周期所占百分比更大，可达 20%。此外，飞机总装配占用的生产面积大，要求使用高度和跨度较大的厂房，因此如何减少总装配工作量，有节奏地进行装配工作，是总装配工作中的重要问题。

在成批生产中，飞机总装配采用流水生产的组织形式，总装配过程示意图如图 8-1 所示。在总装时，机身基准部件沿流水线移动，其他部件、系统、设备、附件等在总装的不同阶段安装于飞机上，进行调整和试验，最后总装出整架飞机。

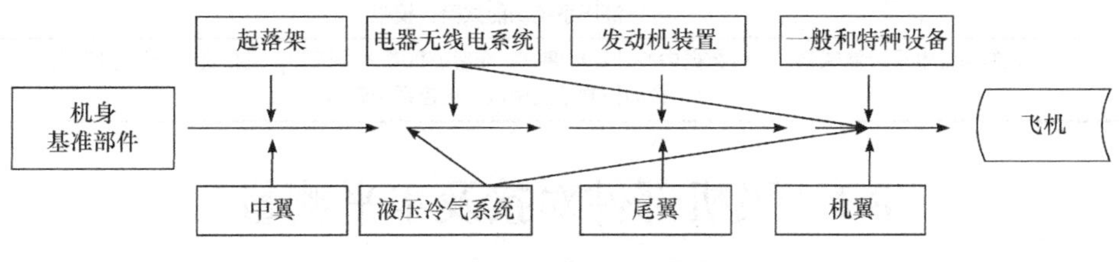

图 8-1　总装配过程示意图

为节省总装配占用的生产面积，在布置流水线时应认真考虑飞机的安排方案，歼击机总装流水线的布置方案如图 8-2 所示。

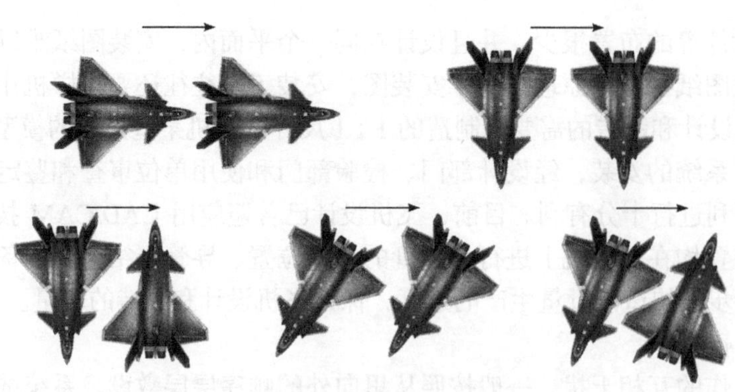

图 8-2　歼击机总装流水线的布置方案

在总装配工作中，必须在飞机上安装调试的工作称为装配站工作；不在飞机上安装调试的工作(各种准备及组合工作)称为工作台工作。流水作业的基础就是安装、调试工作的节奏化，因此组织流水生产就是将机体对接及安装、调试等工作划分为许多工序，然后根据飞机结构将必须在飞机上进行的工作的若干工序组合成一个任务，完成该任务的时间应等于或成倍于流水线生产的节奏时间，这个任务就是某装配站上的工作内容，节奏时间是指流水线上连续生产两架飞机的时间间隔。

必须指出的是，由于飞机结构的特点，飞机上每一个系统往往不是在一个装配站上完全装上去的，而是分散在流水线上在几个装配站上陆续装上的，可见组织飞机总装配的流水作业是极为复杂的技术工作。

为减少飞机总装配工作量以及缩短飞机总装配周期，应尽可能地把总装配工作安排在部件装配阶段完成，在编制总装配工作的流水作业时，应尽可能地把总装配工作安排在工作台上完成。

国外在总装 F-14 飞机时，划分为五个装配站，其工作内容如表 8-1 所示。

表 8-1　F-14 装配站及其工作内容

装配站	工作内容
1 号站	前/中机身与进气道短舱的对接；前/中机身与后机身/发动机短舱对接；连接进气道口
2 号站	安装主起落架；安装垂直安定面与方向舵；安装前起落架舱门、主起落架舱门；安装电气系统；前机身、中机身及后机身电气系统的导通试验
3 号站	安装机翼；安装水平尾翼；安装发动机；滑油系统试验与检测；液压系统试验；操纵系统的检查与试验；燃油系统充气检漏试验；安装发动机舱
4 号站	安装机翼整流罩；安装机头罩；安装弹射座椅；操纵系统的机械调整；变后掠机翼运动协调性调整；全机水平测量；液压系统功能试验；校靶
5 号站	飞行控制系统电子装置试验；飞行数据中心计算机调试；变后掠机翼电控试验；飞行自动控制系统调试；飞机综合自动控制系统调试；火控系统调试

8.2　飞机部件对接及水平测量

8.2.1　飞机部件对接类型

飞机各部件装配完成后，即送到总装配车间进行对接，如机身各段的对接、机身和机翼的对接等。飞机总装配时部件对接工作量的大小，取决于飞机的构造形式和总装与部装车间的分工。部件对接要保证对接后的部件相对位置准确、连接可靠。

机体部件对接包括机身段对接、翼身对接和尾翼对接三大类。

1. 机身段对接

目前，无论是大飞机还是小飞机，机身都是飞机操作飞行和承载目标物的核心载体，因此机身段的总装对接是保证飞机成功制造和安全使用的关键环节。

按照安装顺序，机身段对接分为带翼对接和成龙对接；按照集成规模，机身段对接分为合段预对接和各段汇集对接。

1) 带翼对接

带翼对接：是指带中央翼的飞机中段先与外翼进行对接，然后与机身前后段进行对接的方法。例如，上海飞机制造有限公司的 ARJ21-700 飞机、波音 747-8 新一代巨无霸在总装时采取的就是带翼对接，如图 8-3 所示。

图 8-3　波音 747-8 带翼对接

带翼对接的特点是：

(1) 将外翼与机身对接的工作量放在全机对接外面，有利于缩短全机对接周期；

(2) 对于中小型飞机，有利于增加机翼安装开敞性，容易克服安装空间不足给机翼螺接带来的问题；

(3) 中机身往往是全机对接的基准，翼身应提前实现对接，这对于在后面全机实现对接时的基准调整稳定性有益；

(4) 飞机研制期往往采用带翼对接，如波音 737 在研制批，或在批量不大时采用的就是此方法。

2) 成龙对接

成龙对接：又称为纵向成龙，是指机身各段先实现对接，然后与机翼对接的方法。

采用成龙对接的飞机有 A320、波音 737、Bombardier BD-100 等，如图 8-4 所示。

成龙对接的特点是：

(1) 无机翼情况下，机身外表面在对接时视野无阻碍，容易保持流线安装；

(2) 特别适合在远方供应商生产，远距离运输；

(3) 适合全机或机身部段内系统预安装，减少总装阶段的工作量；

(4) 飞机批量生产阶段往往采用此方法。

图 8-4　A320 飞机应用成龙对接

3) 合段预对接

合段预对接：是指对分别生产的机身段件在一定的规模内预先连接成大部段，再将大部段进行全机对接。

合段预对接一般为 3 段预对接，即机头加机身前端预对接、机身中部各段预对接、机身后部各段预对接，这样总装时有 2 条机身对接缝。国内外的大部分飞机均采用此方式对接。有个别机型采取 2 段预对接，即预先将机身对合成两大部段，在总装时只有一条对接缝，如 A320 在天津组装时就是采用此方式对接。

4) 各段汇集对接

各段汇集对接：是指将独立装配的飞机各段不进行预对接，而直接参与总装对接的方式。这种情况一般适用于小型飞机或歼击机的对接总装，在大中型飞机总装时很少采用。

2. 翼身对接

翼身对接形成大十字架或小十字架，是构成飞机机体核心结构的主要环节。机身与机翼对接面结构复杂，结构形式特殊，制孔开敞性差，目前一般采用手工制孔或者轻型自动化制孔设备制孔。

翼身对接分为全翼对接法和外翼对接法。

1) 全翼对接法

全翼对接法是左右外翼与中央翼预先进行横向对接(又称横向成龙对接)，再参加全机对接的方法，如 A400、波音 747 均是采用该方式，如图 8-5 所示。

图 8-5　A400 全翼对接后参与总装

全翼对接法的特点是：

⑴全翼连接方便简单，不受机身位置因素影响；

⑵机翼可以容易地进行系统安装和密封测试；

⑶上单翼飞机主要采用该方式进行全机对接。

2）外翼对接法

外翼对接法是指中央翼已经和中机身安装于一体，左右外翼分别与中央翼 1 号肋进行对接的方法。绝大部分飞机都是采用这种模式连接，如波音 787、波音 737、A320、A380 等，如图 8-6 所示。

外翼对接法的特点是：

⑴中央翼已经与中机身装配在一起，左右外翼分别单独与中央翼盒边波音缘的 1 号肋连接，形成外翼外挂状态；

⑵机翼可以最后参与对接，节约工作面积；

⑶下单翼飞机主要采用该方式进行全机对接。

3. 尾翼对接

尾翼由水平尾翼和垂直尾翼组成。

水平尾翼分为左翼和右翼，其对接方式和机翼类似，分为全水平尾翼对接法和左右水平尾翼外挂对接法。但是一般采用全水平尾翼对接法，波音 787 就是该方法的典型案例，如图 8-7 所示。

图 8-6　波音 737 外翼对接

图 8-7　波音 787 全水平尾翼预对接

全水平尾翼对接法的特点如下：

⑴左右水平安定面和中央倒梯形盒段进行预对接；

⑵一般情况下，尾椎也参与试对合。

垂直尾翼是一个单独部件，大部分情况下参与飞机全机最后对接，如波音 737，但也有预先和机身尾段进行连接，与尾段一起参与飞机全机最后对接，如 ARJ21-700。

8.2.2　飞机部件对接技术

对接技术是飞机总装的核心。采用方式的差异能够代表飞机整体制造技术水平的高低。在对接技术中，有自动对接和非自动对接，也有不同部位基准的选择，还有各种测量和信息处理的方法等。

1. 非自动对接

非自动对接是相对自动对接而言的。当传统的飞机部件对接时，对于不互换的部件，主要依靠工装和工艺补偿来保证部件之间的协调，在对接部位留出余量，采用手扶肩扛、吊车与牵引配合进行对接，最后进行精加工，将对接接头孔一起扩孔并铰孔。这种对接方法效率低、精度低，易造成强行装配。对于完全互换的部件对接，调整对接的部件到正确位置，然后用检验销棒检查对合孔的同轴度要求，用塞尺检查配合面之间应保持的间隙，用塞规检查连接孔孔径和表面质量，然后进行连接。

非自动对接采取的方式主要有两种，即型架加吊车方式对接和 POGO 柱方式手工调整对接。目前，在新机研制阶段，先进飞机依然使用这两种对接方式。另外，在批产飞机中，翼类部件不仅大量采用精加工技术，也采用这两种方法进行对接。

1) 型架加吊车方式对接

厂房天车或地面吊车吊起参与对接的飞机部件，将支撑位于机体外表面的定位接头放置在型架上的定位交点，利用型架本身的相对基准，使产品部件相互对接。A380 试验机机身对接就是采用这种方法。

还有一种方式是直接将飞机部件吊装在飞机机体上，经过精加工的相对接头直接进行部件对合，如波音 737 的垂直尾翼和水平尾翼的安装。

2) POGO 柱方式手工调整对接

20 世纪 50 年代，国外在飞机对接时采用了可用三个坐标方向手工调整的 POGO 柱取代固定式型架或通用千斤顶的支撑形式，如麦道系列飞机就采用了该技术，并沿用至今。

2. 自动对接

与手工调整对接不同，自动对接是利用计算机控制技术、激光测量技术、信息处理与反馈技术等使飞机部件实现非人工干涉的自动对接，如图 8-8 所示。20 世纪 80 年代后，随着计算机技术的发展，自动对接在飞机制造行业逐渐被大量采用。

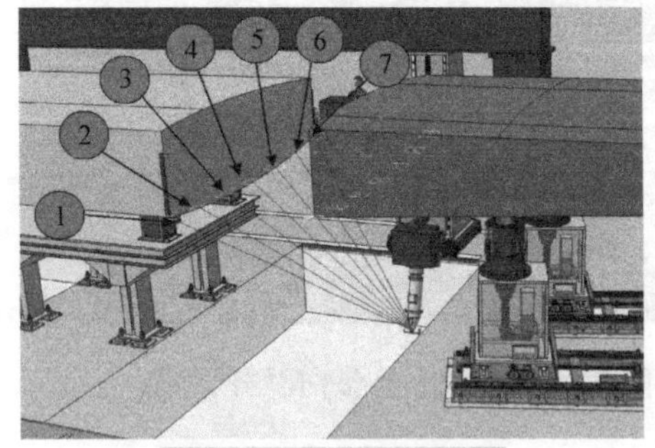

图 8-8 自动对接示意图

1～7 均为测量点

现在飞机对接一般采用模块式对接技术，即将机身和机翼作为模块放置于可调的对接车上，应用数字化手段实现装配过程中的数据采集与监测，测得部件当前位姿与理论位姿的偏差，并将测得的结果反馈给计算机，通过软件系统将其进行汇总、整理、分析、处理，发送控制指令给控制系统，带动相应的电机伺服驱动或液压驱动来实现执行机构的调整与定位，完成定位调整、固定、夹紧等活动，进而完成飞机的对接工作。

1) 支点式联调对接

支点式联调对接就是大量采用 POGO 柱，形成一个点状网络系统，与飞机部件上的支撑接头一对一连接，联合调整(手工或自动)使飞机部件进入正确坐标位置。空中客车公司的各型号飞机采用的就是这种技术，如图 8-9 所示。

2) 托架式调整对接

托架式调整对接技术的关键点在于放弃了将支点式联调对接技术中的部分 POGO 柱直接与机体表面的支撑接头连接，而是通过一个连在机体外表面带保型的固定托架将机体托起，参与对接。这种方式使飞机部件对接更稳定、更准确、更不容易变形。波音 787 率先采用了托架式调整对接技术，如图 8-10 所示。

图 8-9　A380 支点式联调对接

图 8-10　波音 787 托架式调整对接

3. 对接中采用的基准方法

飞机对接中基准的选择很重要，它是保证飞机准确到位的基础。由于设计理念的不同和制造技术习惯的差异，不同的飞机制造厂商有不同的基准定位方法，如原麦道系列飞机选择的是机身内部基准定位法、空中客车飞机普遍采用机身段截面基准定位法或非机身基准定位法、波音飞机不同的机型有不同的基准定位方法。

1) 机身内部基准定位法

机身内部基准通常选取在特定基准长桁上或地板座椅滑轨上，因为它们是贯通机身前后的直线零件。ARJ21-700 采用的就是这种方法。这种对接是将精度控制在机身内部，而将误差累积推移到机身外部。这种方法的精度往往取决于特定基准长桁或地板座椅滑轨自身的制造精度和装配准确度。

2) 机身段截面基准定位法

机身段截面基准定位法是指将定位基准选取在部件的对接截面，边对接边调整，最终将部件对合。这种方法特别适用于自动对接。

3) 机身表面基准定位法

机身表面基准定位法是指在工程设计时就在机体表面特定几何元素上标定基准点，或预留测量孔(面)，零件制造和部件装配时始终保持这些特定点的准确度，直至总装对接。

4) 非机身基准定位法

随着现代飞机制造技术的发展，以及制造和安装精度的提高，工程师试图将飞机总装基准从飞机机体上转移到支撑飞机的承载物体上，如承载接头、AGV、托架、地面、升降机等。基准的外延使得飞机总装对接有更大的自由度。波音公司和空中客车公司都采用了这种方法。

8.2.3　飞机部件水平测量

水平测量的目的是调整和检验各部件间的相对位置。

水平测量的基本过程是：首先在部件装配时，在部件表面规定的位置上，按型架上专用指示器做出测量点的记号(涂红色漆的冲坑、凸头或空心铆钉)，这些记号称为水平测量点，它实际上是将飞机理论轴线转移到部件表面的测量依据。因此，在测量过程中，只要检查这些点的相对位置数值，就可以确定部件间相对位置是否符合技术要求。

水平测量原理示意图如图 8-11 所示。机体表面上各测量点都在部件装配时标出，测量时以机身 2 段为基准，先用水平仪将 1、2 和 1′、2′调在同一个水平面内，再用经纬仪将 5、6 调在同一个垂直面内，随后用水平仪和经纬仪分别测 3、4、7 和 8，即可确定机身的同轴度。

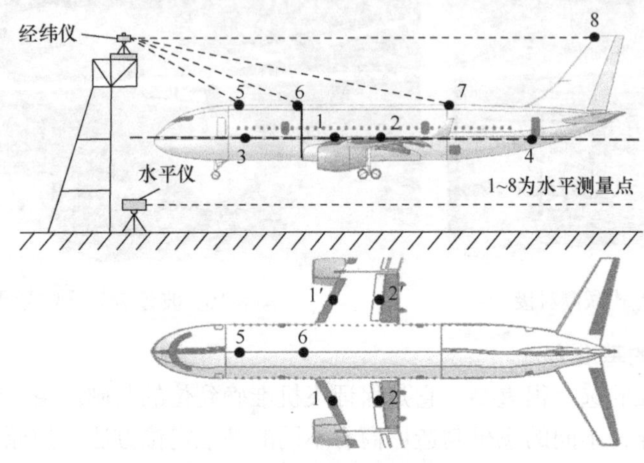

图 8-11　水平测量原理示意图

为减少段件、部件对接和水平测量时间，也可设计成如图 8-12 所示的专门的水平测量台或测量夹具，以代替水平仪和经纬仪。水平测量台的结构原理是将测量点指示器固定在可靠的基座上，将飞机用千斤顶固定于测量台中应有的位置后，依据测量点指示器读出的数据，即可确定各部件间相对位置是否符合技术要求。

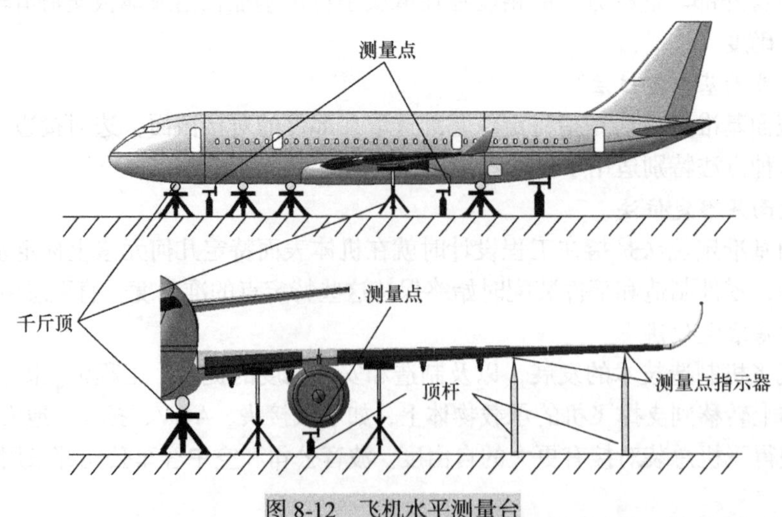

图 8-12　飞机水平测量台

机翼的安装角、上反角(下反角)、舵面转角也可用同样的方法测量，如图 8-13 所示。首先将飞机调平，机翼安装角和上反角分别通过测量点差值 a、b 来检查；活动翼面的开启角通

过测量点差值 c、d 来检查；机翼的后掠角仅检查其对称性，方法是用卷尺测量机翼两端头处测量点至机身测量点的距离来检查，如图 8-14 所示。

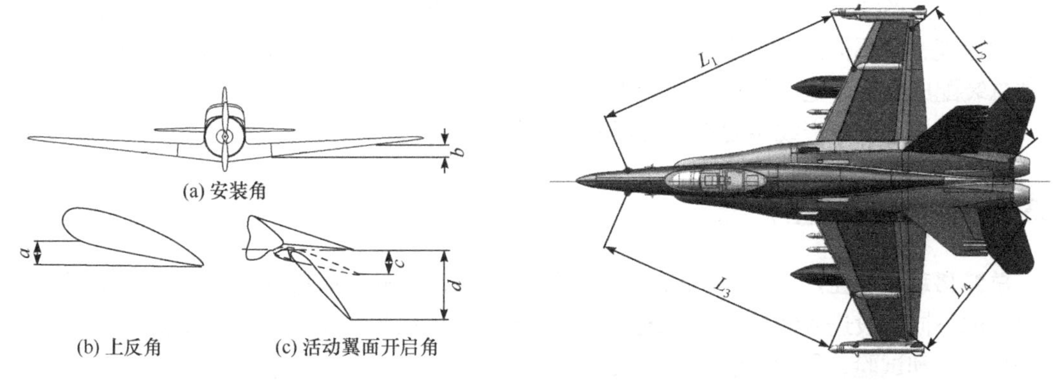

图 8-13　翼面测量图　　　图 8-14　机翼对称性检查

歼击机水平测量点分布如图 8-15 所示。用水平仪按 1、2 两测量点调整纵向水平，按 3、4 两测量点调整横向水平，在飞机已调平的情况下，测量与检查各测量点之间的差值。

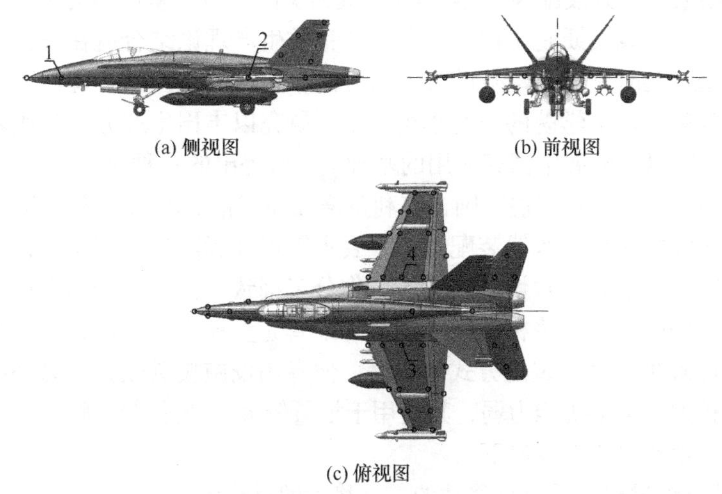

图 8-15　歼击机水平测量点分布图

8.3　总装生产线

现代大批量生产中广泛采用自动化生产线来提高劳动生产率，稳定和提高产品质量，改善劳动条件，缩减生产占地面积，降低生产成本，缩短生产周期，以保证生产均衡性。以波音移动总装生产线为代表的飞机装配流水线，揭开了采用现代化流水生产线进行飞机生产的序幕，促进了飞机装配向数字化柔性化生产线的发展。

广义的生产线是指配置有操作工人或工业机器人的机械系统，能够按顺序完成设定的生产流程的作业线，涉及从原料进入生产现场，经过加工、运送、装配、检验等一系列生产活动。

装配生产线是以产品为对象，完成其工艺过程的一种生产组织形式，即按产品专业化原则，配备装配某种产品所需要的各种工装、设备和工人，负责完成某种产品的部装或总装的全部装配工作，对相同类型的产品对象进行不同工艺加工的生产组织和生产布局。

在装配生产线中，工作地按产品装配工艺路线的先后顺序排列，其功能是使加工对象按规定的速度，在不同的装配工作站位上流转，逐步由零件装配成组件、段件、部件，再由大部件总装配成整机，是一种流水式的生产组织形式。

现代飞机总装生产线主要有两种形式，即移动式和脉动式。

8.3.1 移动装配生产线

总装移动装配生产线：在飞机总装阶段，基准部件(机身)沿着流水线移动，其他部件则在总装的不同阶段进入装配。各系统、设备、附件等也在各个不同的阶段安装到飞机结构上，并进行调整和试验，最后总装出整架飞机。

在整个装配过程中，飞机始终以平稳的速度移动，因此被形象地称为移动生产线。

生产线概念起源于以丰田公司、福特公司为代表的汽车领域。第二次世界大战期间，福特公司照搬汽车生产流水线模式，建成轰炸机装配线，这就是最早的飞机总装移动生产线。第二次世界大战结束后，共装配 8600 架 B24，成为美国当时产量最多的飞机。

飞机总装移动生产线实质是丰田生产方式和精益生产理论结合后在飞机制造业的应用。丰田生产方式是采用准时化和自动化的方式与方法，追求制造产品合理性的一种生产方式；精益生产方式则是麻省理工学院的研究小组在全面研究以丰田生产方式为代表的日本式生产方式在西方发达国家以及发展中国家应用的基础上，所提出的一种完整的生产经营管理理论，“精”即完美、周密、高品质，“益”则含有利益增加和“精益求精”的双重含义。

移动装配生产线是一种流水线装配方式，要求零组件标准化、模块化，并且互换性好；工序、工步分解精细，节拍一致性好，工人工作分工细致，操作动作标准化、规范化；物料配送准确，在需要的时间必须将标准件、成品等配套完整地送到工位；生产组织管理严谨，出现问题必须立即解决。这种装配方式效率高，但专用设施投资较大，另外由于缺少柔性，受外部条件影响较大，抗干扰能力弱，其适用于批量较大、产品结构简单的产品。

飞机总装移动生产线的特点如下：

(1) 飞机在总装配过程中是连续移动的，且移动的过程中速度是恒定不变的；

(2) 飞机在总装配时依次经过各个装配工作小组的工段；

(3) 装配工作小组在规定的时间和分段内完成规定的装配工作，一个小组的装配工作完成后，飞机会准时移动到下一个装配工段，新的小组进行下一项装配；

(4) 为了在移动的过程中进行装配工作，必要的工装也要同步移动；

(5) 飞机总装配的移动速度与客户需求有关；

(6) 飞机总装配的进度可以直接从飞机移动的距离得出；

(7) 飞机总装配过程中有专业团队提供技术支持以确保飞机能够连续移动；

(8) 飞机由带导向的牵引车拉动向前移动。

飞机总装移动生产线把原来固定机位的装配模式改为飞机移动装配，能更清晰地识别生产过程中的问题并促进其解决，具体内容如下：

(1) 通过移动飞机，可以使所有员工清晰地了解当前的装配进度和总体进度目标，有利于生产进度的控制；

(2) 物流配送可以采取准时制，大大降低库存水平，节约生产场地；

(3) 延误装配进度的问题可以清晰地反映出来，并要求及时解决；

(4) 总装移动生产线要求装配件有更高的集成化、模块化；

(5) 总装过程中的修配工作大大减少，提高了装配质量。

为满足飞机的快速生产需求，降低装配成本，各飞机制造商进行了生产线流程再造，在总装中采用移动生产方式，从而大大缩短了飞机总装时间，降低了飞机制造的成本，提高了装配质量。波音 737 总装移动生产线如图 8-16 所示，其总装流程时间从 1999 年的 22 天缩短为 2005 年的 11 天，生产过程中存货比 1999 年下降了 50%，储备存货比 1999 年下降了 59%，经过持续精益，波音 737 的总装时间最终缩短至 8 天。

图 8-16　波音 737 总装移动生产线

8.3.2　脉动装配生产线

脉动装配生产线：在飞机装配过程中，将机装配分成多个站位，按站位组织装配。飞机在运送到站位后静止停放，在一定时间(装配节拍或间歇时间)内完成装配任务后，通过相关运输设备(如 AGV、智能运输线等)移动到下一个站位的生产组织模式。

简单来说，总装脉动装配生产线就是介于固定站位装配与连续移动装配之间的一种装配生产线形式，其典型特征是产品移动时不进行装配作业，装配作业时产品不移动。这样既可以提高生产效率，也可以有效地实现飞机批量生产的目标。

与传统的固定装配模式相比，脉动装配生产线模式下的工序分配重点强调的是工作站平衡。脉动装配生产线是一种不完全的移动装配线，这种装配线通过将全部装配工作按照工序和装配工时划分成用时相等的多个装配工位，被装配对象进入一个工位就停顿下来，完成该工位所有的装配工作，然后移动到下一个工位再停顿下来进行新的装配工作，依次完成各个工位的装配工作后，最终完成全部装配。

现代化脉动装配生产线已成为飞机生产的新模式，世界各大航空制造企业竞相采用。飞机脉动装配生产线是在飞机装配中深入推行精益生产理念与方法的成果，也是长期精益实践的成果。应用脉动装配生产线具有以下优点：

(1) 提高生产效率，缩短装配生产线生产周期和装配站装配工时；

(2) 减小飞机总装厂房的占用面积，提高装配车间厂房单位面积的利用率；

(3) 改善装配现场的工作环境，使作业标准化，更易保证质量和生产安全；

(4) 对整个企业和整个飞机生产供应链起规范和拉动作用。

首条飞机脉动装配生产线由美国波音公司建成。2008 年 8 月，波音公司宣布开通了有 13 个站位的卫星精益脉动装配生产线，突破了传统的多品种小批量飞机生产不能采用移动式生产线的现状，后续在西雅图的 737 一号生产线中应用，2019 年达到月产 57 架。波音公司的成功带动了世界各大飞机制造商，空中客车、庞巴迪、巴西航空等公司都为新机建立了移动或脉动装配生产线。

目前，我国也在大量运用脉动装配生产线。2010 年，中国航空集团有限公司建立了我国第一条"飞豹"飞机整体脉动装配生产线，我国的歼 10、歼 20 等战斗机已经全面采用这种新的装配模式。

8.4 飞机导管、电缆的安装与试验

8.4.1 飞机导管的安装与试验

飞机上很多系统采用导管传输工作介质，维持和操纵系统工作。例如，冷气液压系统用于完成飞机操纵、起飞着陆、应急操纵等重要功能；弹射救生系统利用燃爆气体的能量使机构工作，完成弹射动作。在飞机导管中的工作介质有气体和液体，气体包括空气、氧气、燃烧气体等，液体包括液压油、燃油、滑油等。

根据各系统工作的不同要求，飞机上常用的导管材料有铝合金、铜、碳钢、合金钢、不锈钢和钛合金等，橡胶软管、氟塑料管也有采用。导管的直径小至 6mm，大至 80～90mm。金属导管大都为薄壁管，壁厚为 0.5～2mm。

飞机上很多导管都处于高负荷作用下工作，如由工作介质的脉动流引起的压力和振动，以及温度、安装、使用中的变形等。导管系统的多数故障是由导管连接不密封和被破坏造成的。因此，管路系统的可靠性很大程度上决定了整个飞机的可靠性。这就要求导管的制造和安装质量应特别加以保证。由于导管零件品种多、数量大、形状复杂、制造准确度要求高等，解决这一问题要克服许多困难。

1. 飞机导管的安装

飞机上的导管除了承受由压力、振动、温度引起的使用载荷，还承受由安装应力造成的额外载荷。可根据给定的允许安装应力，确定安装时允许的极限变形，进而制定系统对导管的安装公差要求。因此，导管的安装应严格按照技术要求进行。

(1) 进入安装的全部导管应经制造部门检验。导管在安装前应用干燥、清洁的空气吹过，直至安装前再从导管上取下堵盖和去除包扎层。

(2) 导管敷设路线应使导管长度最短、弯曲最少，没有囊袋形弯曲，尽可能平行。

(3) 导管固定应符合安装公差要求，不可强迫装配；应保证导管和结构之间的间隙，导管应固定牢固，在导管固定处没有间隙，并具有合适的弯曲半径。

(4) 在安装导管时，应使用清洁的镀铬或法兰的工具，并且必须采用定力扳手，连接不紧会导致不密封，而拧得过紧会造成变形和螺纹脱扣。每一处接头的拧紧力矩都要明确规定，

列入技术文件。

(5) 导管敷设还应便于显示导管上的识别标记。

(6) 导管安装后需要检验导管安装质量，主要检查导管与结构元件之间、导管与导管之间、导管与电缆之间的实际间隙；检查导管安装线路与图纸是否相符；检查导管有无机械损伤。

2. 飞机导管的试验

导管在飞机上安装后，根据各系统特点，有不同的试验要求。一般要有气密试验和清洁度检验。

系统导管密封性试验可以在单个部件上进行或在总装配车间已装配好的完整的飞机上进行。一般将气密性检查安排在系统工作性能检查之前进行。

气体法检验密封性，是用一定剩余压力的空气或氮气填充系统，将肥皂溶液涂在被检查处，并在规定时间内观察剩余压力是否下降至超出规定值，同时在检查处观察是否出现空气气泡，要注意若有微小量泄漏，气泡生成很慢，且很小，则需要耐心细致地观察；若充填的是氟氯烷混合物，则要用探头探测漏气处，探头能发出声响信号或仪表指示信号。为了明确显示泄漏源，也可以利用试纸或试剂，涂在被检查处，用颜色显示。

液体法检验密封性，是用工作流体在压力下充填系统持续一定时间。目视检查连接处有无泄漏，也可用过滤纸帮助发现泄漏。在发现有泄漏时，应将系统中的压力降到零，拧紧连接处的接头或螺帽，或更换导管。在排除泄漏后重复检查密封性，直至达到要求。

管路系统的清洁度检查。以液压系统为例，系统安装完成后，应进行系统的清洗并进行清洁度检验。系统清洗方法是使系统重复动作，如收放起落架、收放襟翼、收放减速板等，使系统内的杂质被冲刷下来，并被油滤过滤掉。因此，系统内液体运动速度应该超过工作速度的 1.5～2 倍；液体压力应该等于清洗导管和清洗设备液压阻力的总和，但不应超过工作压力。清洗时间的长短与导管的总长度、系统内部的清洁状态有关。一般需要清洗 30min 左右，而对于极重要的系统，可以超过 1h。最后在实验室检验液压系统的清洁度。可用自动计算器统计或在显微镜下观察微粒试样，根据液体试样中所含杂质的数量多少，判断系统清洁达到的标准等级。

8.4.2 飞机电缆的制造和检测

飞机电缆担负着向全机各用电设备输送电能和完成各系统传递交换信号的任务。为了便于安装和检查，飞机电网划分为电缆，由很多导线装配成为导线束。

1. 飞机电缆的制造

飞机电缆按图纸和工艺规程在专门的样板台上制造。电缆制造的质量要求较高，即在最小的接触电阻下，导线与电气元件连接应有较高的机械强度。电缆应当避免引起失火的短路可能性，防止机械损伤和其他损伤。

电缆制造工艺过程包括导线印字、布线、端头装配、试验、包扎等。

1) 电缆导线束成形

将导线按样板要求集束成形，称为布线或划线。布线时要求导线具有线号标记或者在导线两端套以线号标套。复杂的电缆一般应按样板布线后成形。

电缆样板有单功能与多功能之分。单功能的电缆样板一块样板上只能生产单一机种的少数电缆。多功能的电缆样板采用网孔阵列样板和明胶图板，一块样板上可生产多机种的多种电缆。

布线工作大多仍是手工操作，较先进的有计算机显示布线程序，人工布线。

布线前需要在导线上印刷线号。这一工作可以实现计算机控制的自动印字机械化，能将导线号以一定的长度间隔印在成盘的导线上，然后送去布线。

对标笺管也可以实现自动印字，定长切割。自动印字有热压印、喷印等方法，导线印字用的墨水，根据导线材料不同，需要选用专门配方。国内较普遍地采用薄膜涂敷、钢字热压印工艺，用于标笺管的印字。

2) 导线的焊接和压接工艺

导线的焊接和压接工艺是将导线端头与专门元件连接，具有良好的导电性能并有一定机械强度的方法，分为焊接和压接。

电缆制造采用的焊接为锡焊，也称为软焊。焊接具有工具简单、性能可靠、使用广泛的特点。软焊是借助工件接触面之间熔入焊料而完成工件连接的工艺方法。所用的焊料是熔点低于450℃的软金属合金、锡铅合金。

压接工艺现已广泛应用于航空插头插针(孔)与导线的连接，美国插头座标准中有一半数量采用压接。压接工艺是借助可控制变形量的压力，使端接件尾管与导线线芯或导体线股产生塑性变形，从而排除它们之间的间隙，以达到紧密的连接。压接接头应具有足够的机械强度和良好的导电性能。接头压接是用专用的压接工具来完成的，如用手动压接钳、小型气动压接工具或在中小型压床上配以不同的压模进行压接。

2. 飞机电缆的检测

电缆制造中由于人为失误及环境对人的影响，时常有错误发生，如拉线错位、标套装错、插头座左右件搞错、焊线错位、多焊线等。这些差错的发生有偶然性，但在依靠人工制造时又有必然性。因此，必须在电缆装上飞机前进行检测，彻底排除故障。

电缆检测的主要内容有：

(1) 线路故障检查，以发现短路、断路、混线、搭壳等故障及部位；

(2) 绝缘电阻测量，要求每两点间在500V电压下大于20MΩ；

(3) 元件组合逻辑功能检查和电子元件装配质量检查，以发现断路、短路、反接、错装等故障。

上述检测属于正常检查，必须进行。除此之外，还要按一定的比例进行典型试验，如振动、低温等试验。

电缆检测的方法发展很快。最初是采用导通灯、三用表和兆欧表手工检测，后来应用开关指示灯电路的手工导通仪、半导体电路的导通仪、数字电路导通仪、程序控制检验仪，以及较先进的计算机自动电缆检测系统检测。简单的手工重复劳动被测试仪器所取代。

8.4.3 飞机系统的安装、调整和测试

进入系统安装的飞机部件或段件应装配完整，清除多余物。其内表面应用抗腐蚀的覆盖层保护，如对飞行员座舱、机轮舱内表面进行喷漆。

1. 对装机系统元件的要求

在系统安装前，应对全部系统零件、附件进行检验。各个系统有不同的检查要求。

对于操纵系统，应检查拉杆和钢索装置的成套性，涂层有无损伤、锈蚀、压坑、擦伤和钢索紊乱。钢索在编结到套环节头前应进行拉伸试验。检查导管表面有无机械损伤。

对于电气和无线电系统，应检查电缆的绝缘电阻、电缆装配的正确性、连接强度和导通情况，并测量接触电阻。为验证装机设备的工作性能，应进行地面检查和测试。

带有损伤的保护套或防波套的电缆不允许安装，安装的全部设备和电缆、导管、紧固零件都应具有互换性。

2. 操纵系统的安装调整和试验

操纵系统的很多元件是在部件装配时安装、调整和检查的。例如，在机身或机翼内安装操纵飞机和发动机的拉杆和钢索，安装滑轮、摇臂、支架和导向件，在驾驶舱内安装驾驶杆、脚蹬和拉杆等。

操纵系统安装应保证运动件和结构之间有足够的间隙；在三滚轮导向件中拉杆不应过紧；固定拉杆端接头的空心铆钉不应使拉杆在滚轮中运动困难；在极限位置，摇臂和拉杆之间应有允许的间隙。在敷设和连接钢索时，钢索的轴线应与滑轮的对称平面重合；钢索从滑轮上退出点的偏斜不应大于 2°，所有运动和转动零件与钢索的距离应不小于 3mm，拉紧钢索，在气温较高时不致松弛下垂，在气温低时又不能太紧。

操纵系统的调整可以采用改变拉杆长度，或者改变摇臂长度。用拉杆端头装的带螺纹端接头来调整长度，其调整范围不应超出极限尺寸。用力臂调节器来调节摇臂长度，其一般是专用附件。

操纵系统在调整时一般采用专用的中立位置夹具，使操纵系统处于中立位置。例如，国外飞机使用各种长短不一的高精度的中立位置销子，插在相同名义尺寸的结构固定孔中，这些孔位置均在型架上定位，准确度高。因此，拉杆长短调整非常准确，既可以保证中立位置准确，又可以保证操纵面的极限偏转范围。

对于装有液压助力器的操纵系统，驾驶杆力是由载荷机构产生的。因此，操纵系统的调整检查应测量驾驶杆力与行程的关系曲线,并由此杆力曲线得出杆力变化的梯度和系统的摩擦力大小。

近代高速飞机多采用多余度电传操纵，或称为飞行控制系统。此系统除了舵机与舵面之间有拉杆和摇臂，从驾驶杆、脚蹬到舵机之间均用导线传递信号。飞行控制系统采用飞行控制计算机，并与航空电子系统、液压系统、电气系统综合显示。因此，为保证飞行控制系统在飞机上工作安全可靠，必须将飞行控制系统、液压系统、电子系统等在地面试验台上进行 1∶1 的联机工作试验，国外称为“铁鸟”台上试验。通过“铁鸟”台上试验的飞行控制系统、电气系统、液压系统，才能进行飞机安装。

3. 电气和通信系统的安装

电缆安装应保证牢固，不破坏绝缘并便于识别打印标记。电缆和导线的弯曲弧度应符合规定，应保证与零件之间的间隙。电缆敷设不应太紧、交错或被折断，也不应将电缆置于锋利的结构边缘上，连接到运动构件的电缆应松缓，有活动余地。

电缆、个别的设备和装置组合安装在带引出线的板件上，以插座式接头的形式同飞机上对应的线路连接，这种组合安装形式、工艺性最好，便于检查和维修。

电气设备的插接头连接应用定力扳手；利用螺旋缠绕带进行缠绕操作。电缆在飞机上安装后应进行试验。检查电缆连接的机械强度，测量接触电阻、绝缘电阻、电线之间是否接通，检查有无错线、混线和短路。检测设备有手动控制和自动控制两种。对于全机有数千根导线的检测，采用自动检测比较有利。

通信设备的工作检查按专用试验说明书进行。

8.4.4 试验与试飞

机场车间的工作是飞机生产的最后阶段，这一阶段工作完成后，飞机移交给使用单位。机场车间的工作内容包括从总装配车间验收飞机，进行飞机地面检验及试验、飞行前准备，飞行试验，排除故障，最后移交给订货方。

1) 验收飞机

飞机总装配工作结束后，由机场车间与总装配车间共同检查飞机的总装配质量。飞机验收按一定提纲进行，其主要内容为检查飞机的外表情况，仪表和设备的成套性，进行车间分工的某些试验工作。

2) 地面试验

地面试验包括发动机试车前的试验和发动机试车过程中的试验。

各系统的检验和试验包括全机的电气、无线电和仪表系统的试验，液压、冷气和操纵系统的试验，发动机操纵和燃油、滑油系统的试验等。其中，有些试验工作是为了保证飞机质量，在总装配后需要再重复进行一遍。

罗盘校正是为了检查罗盘指示是否正确，并修正其误差。为使罗盘校正不受周围磁性物质的影响，罗盘校正场应远离建筑物百米以上。

上述工作完成后，加注燃油、滑油，准备发动机试车。在发动机试车时，除了要检查发动机装置本身，还要在发动机开车的情况下，检查飞机各系统的工作情况。

3) 飞行前准备

加添燃油、滑油等，对飞机各部分及系统进行外表检查。为保证质量，飞机的外表检查应按一定的顺序进行。

4) 飞行试验

成批生产的飞机，飞行试验分为以下两种。

(1) 移交试飞：每架飞机必须进行，试飞时检查的项目不多，只对飞机的主要性能进行鉴定。

(2) 成批试飞：对于一批飞机，抽出少数几架飞机，检查的项目比移交试飞多，以更全面地检查这一批飞机的制造质量。

成批生产的飞机，在试飞合格后移交给订货方。移交时不仅包括飞机本身，还包括备件、随机工具以及飞机、发动机、仪表和设备的合格证和履历书等。

习 题

8-1 飞机总装配的概念是什么？包括哪些工作内容？

8-2 飞机总装配的工作特点是什么？

8-3 机身段对接按安装顺序和集成规模分别如何分类？

8-4 带翼对接和成龙对接的内涵和特点分别是什么？

8-5 非自动对接和自动对接的具体方式有哪些？

8-6 飞机部件水平测量的目的和过程是什么？

8-7 装配生产线的形式有哪几种？其特点是什么？

主要参考文献

昂海松, 童明波, 余雄庆. 2008. 航空航天概论[M]. 北京: 科学出版社.

陈文亮, 安鲁陵. 2014. 飞行器制造技术基础[M]. 北京: 北京航空航天大学出版社.

程宝蕖. 1979. 飞机制造协调准确度与容差分配[M]. 北京: 国防工业出版社.

范玉青. 2001. 现代飞机制造技术[M]. 北京: 北京航空航天大学出版社.

《航空制造工程手册》总编委会. 1994. 航空制造工程手册:飞机工艺装备[M]. 北京: 航空工业出版社.

《航空制造工程手册》总编委会. 2010. 航空制造工程手册: 飞机装配[M]. 北京: 航空工业出版社.

何胜强. 2013. 大型飞机数字化装配技术与装备[M]. 北京: 航空工业出版社.

贾玉红, 何景武. 2010. 现代飞行器制造工艺学[M]. 北京: 北京航空航天大学出版社.

康永刚. 2018. 飞机装配工艺装备[M]. 西安: 西北工业大学出版社.

刘检华, 孙清超, 程晖, 等. 2018. 产品装配技术的研究现状、技术内涵及发展趋势[J]. 机械工程学报, 54(11): 2-28.

刘巽尔. 2006. 偏差、公差和误差[J]. 机械工业标准化与质量, (10): 15-17.

陆申龙. 1992. 准确度、正确度和精度的正确涵义[J]. 实验室研究与探索, (1): 44-45.

宋静波. 2004. 飞机构造基础[M]. 北京: 航空工业出版社.

薛红前. 2015. 飞机装配工艺学[M]. 西安: 西北工业大学出版社.

杨华保. 2002. 飞机原理与构造[M]. 西安: 西北工业大学出版社.

姚卫星, 顾怡. 2016. 飞机结构设计[M]. 北京: 国防工业出版社.

易旺民. 2019. 航天器智能装配技术与装备[M]. 北京: 中国宇航出版社.

袁贵星, 王平. 2008. 蒙特卡罗模拟及其在公差设计中的应用[J]. 天津科技大学学报, 23(2): 60-64.